Wahrscheinlichkeitstheorie

Einführung

Von

Professor Dr. Georg Bol

R. Oldenbourg Verlag München Wien

Die Deutsche Bibliothek – CIP-Einheitsaufnahme

Bol, Georg:
Wahrscheinlichkeitstheorie : Einführung / von Georg Bol. –
München ; Wien : Oldenbourg, 1992
ISBN 3-486-22288-0

Gesamtherstellung: WB-Druck, Rieden

ISBN 3-486-22288-0

Vorwort

Die vorliegende Einführung in die Wahrscheinlichkeitstheorie entstand aus Aufzeichnungen zu einem zweisemestrigen Statistikkurs, den der Autor wiederholt für Studenten der Wirtschaftswissenschaften, vornehmlich des Wirtschaftsingenieurwesens an der Universität Karlsruhe gehalten hat[1]. Dabei war es die Intention, die Grundlagen zu vermitteln, die in den Spezialvorlesungen des Hauptstudiums (z.B. Statistische Methoden im Marketing, Qualitätskontrolle, Zuverlässigkeitstheorie, Risikotheorie, Portfoliotheorie,...) benötigt werden, und dabei an die stochastische Denkweise heranzuführen. Das Problem, das sich dabei jedem Dozenten stellt, ist es, einerseits mathematisch korrekt vorzugehen, aber andererseits den Hörer nicht zu überfordern, der (in der Regel) nicht über tieferliegende mathematische Vorkenntnisse und Vertrautheit mit abstrakten mathematischen Begriffen verfügt. Wir haben versucht, diese Schwierigkeit dadurch zu überwinden, daß immer dort, wo elementare Beweise möglich sind, diese auch gegeben werden, daß aber, wenn schwereres mathematisches Geschütz erforderlich wäre, statt eines Beweises der Sachverhalt anschaulich dargestellt wird. (Dennoch kann das Buch natürlich nicht als Entspannungslektüre empfohlen werden.) Eine Frage bleibt dabei weiter umstritten: Soll man σ-Algebren (s.§ 2) explizit einführen oder, wie dies gerade in Lehrbüchern für wirtschaftswissenschaftliche Fakultäten häufig praktiziert wird, diesen Begriff nur andeuten oder ganz übergehen? Wir haben uns dazu entschlossen, im § 1 mit den einführenden Beispielen in die Problematik einzuführen und dann bei der Einführung des Wahrscheinlichkeitsraums eine exakte Definition anzugeben. Wir weisen aber dort – wie auch hier – darauf hin, daß bei einer ersten Lektüre dieser Punkt und auch alles, was mit Meßbarkeit von Abbildungen zu tun hat, getrost übergangen werden kann. So ist diese Einführung gedacht für Leser, die über die mathematischen Grundkenntnisse der Differential- und Integralrechnung verfügen und keine Abneigung gegenüber Mathematik verspüren. Durch viele Abbildungen und Beispiele soll das Verständnis so erleichtert werden, daß das Buch nicht nur als Begleitlektüre zu einer Vorlesung, sondern auch zum Selbststudium geeignet ist. Leser, die nach (oder auch während oder statt) der Lektüre interessiert sind, den Stoff mathematisch zu vertiefen, seien z.B. auf die Standardwerke Bauer (1978) und Rohatgi (1976) verwiesen. Leser, denen es noch an der Motivation zur Statistik fehlt, wird empfohlen, beispielsweise G. Kennedy, „Einladung zur Statistik“ zu lesen.

Danken muß ich in erster Linie den Hörern meiner Vorlesungen und den Tutoren der Übungen, die mich durch ihre Fragen und Kritik auf die Punkte

[1] Der Bereich „Deskriptive Statistik“ dieser Vorlesung wurde bereits 1989 veröffentlicht, der dritte Teil „Grundlagen der schließenden Statistik“ ist in Arbeit und wird hoffentlich bald folgen.

hingewiesen haben, die besondere Schwierigkeiten bereiten, mich aber auch ermutigt haben, in der Arbeit fortzufahren. Besonderen Dank schulde ich Frau cand. Wi-Ing. Monika Kansy und Herrn stud. inf. Thomas Niedermeier, die sich die Mühe gemacht haben, sich in LaTeX einzuarbeiten und den Text zu schreiben. Trotz ständiger Korrekturwünsche haben sie nie die Geduld verloren. Herrn Dipl.-Ing. Jörn Basaczek bin ich dankbar für die mühsame Arbeit, ein Register zu erstellen. Den Herren Dipl. Wi-Ing. Wolfgang Bea und Dipl. Wi-Ing. Johannes Wallacher danke ich sehr für viele Verbesserungsvorschläge, Auswahl von und Lösungen zu Übungsaufgaben und die mühevolle Anfertigung der Zeichnungen. Dem Verlag schulde ich Dank für die reibungslose Zusammenarbeit.

Quatre Vents, im Februar 1992 Georg Bol

Inhaltsverzeichnis

1 Einführende Beispiele

Ziel dieses Paragraphen ist es, die Begriffsbildung des Wahrscheinlichkeitsraumes, wie sie sich seit der axiomatischen Begründung der Wahrscheinlichkeitstheorie im Jahre 1933 durch Kolmogoroff[1] allgemein durchgesetzt hat, durch einige Beispiele zu motivieren.

1.1 Beispiel („Qualitätskontrolle")

Eine Warenpartie, bestehend aus $N=10000$ Blitzlichtbirnen, wird einem Händler zu einem bestimmten Preis angeboten. Der Händler hat keine Erfahrung mit diesem Produkt, ist also ungewiß darüber, wieviele der Blitzlichtbirnen versagen.[2]

In Relation zum Gesamtumfang von 10000 sprechen wir dann vom Ausschußanteil

$$p = \frac{1}{N} \cdot \text{Anzahl der schlechten Teile.} \qquad (1)$$

Der Ausschußanteil p ist also dem Händler unbekannt. Eine Kontrolle aller Teile, eine sogenannte Voll- oder Totalkontrolle kommt nicht in Frage, da jedes Birnchen nur einmal funktioniert, eine Funktionsprüfung demnach das Teil unbrauchbar macht („zerstörende Kontrolle").

Neben einem Verzicht auf Kontrolle kommt also höchstens eine Stichprobenkontrolle in betracht.[3]

Der Händler entschließt sich zu einer Stichprobe vom Umfang 150. Er entnimmt der Partie „zufällig" 150 Birnen und stellt fest, daß drei von diesen nicht funktionieren. Damit erhält er einen Ausschußanteil in der Stichprobe von 2%. Welche Information liefert ihm dies? Kann er davon ausgehen, daß auch die Gesamtpartie einen Ausschußanteil von – zumindest ungefähr – 2% enthält? Welche „Sicherheit" besteht für ein solches Ergebnis?

Zunächst sollten wir versuchen, einige Begriffe näher zu präzisieren. Was bedeutet beispielsweise „zufällige" Entnahme? Intuitiv wird man sagen, daß bei der Entnahme keine Systematik bzw. Regelmäßigkeit vorliegen sollte.

[1] Kolmogoroff, A.N., 1903-1987, russ. Mathematiker.

[2] Qualitätsmerkmal ist hier die Funktionsfähigkeit mit den Ausprägungen „funktioniert" und „funktioniert nicht".

[3] Auch bei nicht zerstörender Kontrolle ist eine Totalkontrolle häufig aus wirtschaftlichen Gründen nicht sinnvoll.

Betrachtet man alle denkbaren Möglichkeiten für eine Auswahl von 150 Exemplaren aus 10000, so erhält man eine Zahl von

$$\binom{10000}{150} = \frac{10000!}{150!\; 9850!}$$

verschiedenen Stichproben. Diese Zahl ist von der Größenordnung 10^{300}, also sehr, sehr groß, aber dennoch endlich. Liegt keinerlei Systematik bei der Entnahme vor, so ist keine dieser Stichproben gegenüber der anderen bevorzugt, sie haben alle dieselbe Chance, sie sind „gleich wahrscheinlich". Zur Abkürzung schreiben wir Ω für die Menge aller Stichproben und $\omega \in \Omega$ für eine Stichprobe (also ein Element) in Ω. $\omega \in \Omega$ ist damit eines der möglichen „Ereignisse" bei dem durchgeführten Kontrollverfahren.

Die Gesamtwahrscheinlichkeit, die auf die einzelnen Ereignisse, sprich Stichproben, zu verteilen ist, legen wir willkürlich mit 1 fest, sie wird auf 1 normiert. Da alle Stichproben gleichwahrscheinlich sind, haben wir die Gesamtwahrscheinlichkeit von 1 gleichmäßig auf die $\binom{10000}{150}$ Stichproben zu verteilen. Jede einzelne Stichprobe erhält damit die Wahrscheinlichkeit

$$\frac{1}{\binom{10000}{150}}.$$

Bei der Auswertung der ausgewählten Stichprobe hat sich der Händler darauf beschränkt, die Anzahl der schlechten, nicht funktionierenden Blitzlichtbirnchen in der Stichprobe festzustellen. Er ist dabei intuitiv – und, wie wir später[4] sehen werden, zu recht – davon ausgegangen, daß in dieser Zahl die relevante Information der Stichprobe über den unbekannten Ausschußanteil der Gesamtpartie enthalten ist. Wie sieht diese Information aus? Bezeichnen wir diesen Ausschußanteil mit p, so ist $M := p \cdot N = p \cdot 10000$ die Anzahl der schlechten Blitzlichtbirnen in der Partie. Wieviele verschiedene Stichproben gibt es dann mit exakt 3 schlechten Blitzlichtbirnchen? Es sind genau die Stichproben, bei denen wir 3 aus den M schlechten und 147 aus den verbleibenden $10000 - M$ guten Blitzlichtbirnchen auswählen. Beides beeinflußt sich gegenseitig nicht, d.h. wir erhalten

- $\binom{M}{3}$ verschiedene Möglichkeiten, die schlechten auszuwählen,

und

- $\binom{10000-M}{147}$ verschiedene Möglichkeiten, die guten auszuwählen,

[4] Im Band „Schließende Statistik".

und damit

- $\binom{M}{3}\binom{10000-M}{147}$ verschiedene Stichproben mit exakt 3 schlechten Blitzlichtbirnen.

Jede dieser Stichproben hat nach der Überlegung oben die Wahrscheinlichkeit

$$\frac{1}{\binom{10000}{150}}.$$

Die Wahrscheinlichkeit für das Ereignis, genau 3 schlechte Blitzlichtbirnchen in der Stichprobe vorzufinden, erhalten wir somit, indem wir die Wahrscheinlichkeiten für die einzelnen, verschiedenen Stichproben mit genau 3 schlechten Birnchen aufaddieren:

$$\frac{\binom{M}{3}\binom{10000-M}{147}}{\binom{10000}{150}}$$

Diese Wahrscheinlichkeit hängt natürlich von M und damit von p ab. Einzelne Werte sind in der folgenden Tabelle angegeben:

M	p	Wahrscheinlichkeit für genau 3 schlechte Teile in der Stichprobe
0	0	0
5	0.0005	0.00003
10	0.001	0.00036
25	0.0025	0.00549
50	0.005	0.03227
100	0.01	0.12630
200	0.02	0.22800
500	0.05	0.03595
1000	0.1	0.00010

Damit hat der Händler jedenfalls einen Überblick, mit welchem Ausschußanteil in der Gesamtpartie sinnvollerweise noch zu rechnen ist, zumindest wenn er akzeptiert, daß unwahrscheinliche Ereignisse eben auch selten auftreten. Dennoch – oder vielleicht gerade deswegen – muß an dieser Stelle deutlich darauf hingewiesen werden, daß auch bei dem Ergebnis von nur drei schlechten Teilen in der Stichprobe die Extremfälle

(a) genau 3 schlechte Teile in der Gesamtpartie und

(b) genau 147 gute Teile in der Gesamtpartie

nicht ausgeschlossen werden können. Sie sind theoretisch möglich, aber eben sehr unwahrscheinlich.

Fassen wir die Vorgehensweise zur Analyse des Stichprobenergebnisses kurz zusammen:

1. Die Gesamtheit der Stichproben wurde in einer Menge Ω zusammengefaßt.

2. Jeder Einzelstichprobe $\omega \in \Omega$ (einem „Elementarereignis") wird als Wahrscheinlichkeit[5]

$$\frac{1}{\binom{10000}{150}} = \frac{1}{\#\Omega}$$

zugewiesen.

3. Einer Teilmenge A von Stichproben (einem – zusammengesetzten – „Ereignis"), hier die Teilmenge aller Stichproben mit genau 3 schlechten Teilen (das Ereignis, genau 3 schlechte Teile in der Stichprobe vorzufinden), wird als Wahrscheinlichkeit die Summe der Wahrscheinlichkeiten ihrer Elemente zugewiesen, also

$$\text{Wahrscheinlichkeit von } A: \ \#A \cdot \frac{1}{\#\Omega}. \tag{2}$$

Mathematisch formalisiert erhalten wir das abstrakte Wahrscheinlichkeitsmodell, bestehend aus einer nichtleeren Menge („Grundgesamtheit") Ω und einer Zuordnung, die jeder Teilmenge von Ω eine Zahl zwischen 0 und 1 zuordnet, d.h. eine Abbildung $P: \mathcal{P}(\Omega) \to [0,1]$ mit

$$P(A) = \frac{\#A}{\#\Omega}. \tag{3}$$

$\mathcal{P}(\Omega)$ bezeichne dabei die Potenzmenge von Ω, d. h. die Menge aller Teilmengen von Ω. P steht für das englische Wort für Wahrscheinlichkeit (*probability*).

[5]Mit # wird „Anzahl der Elemente in" abgekürzt.

1.2 Beispiel („Telefonverbindung")

In der Hauptgesprächszeit versuchen wir, eine Telefonverbindung nach den USA herzustellen. Aus Erfahrung wissen wir, daß nur in einem Drittel aller Wählversuche eine Verbindung zustande kommt. Wenn wir also häufiger eine Verbindung benötigen, werden wir feststellen, daß wir

- zu einem Drittel direkt eine Verbindung erhalten,
- bei den verbleibenden zwei Drittel zu einem Drittel beim zweiten Versuch, also in $\frac{1}{3} \cdot \frac{2}{3}$ aller Fälle,
- bei den verbleibenden vier Neunteln ($\frac{1}{3} + \frac{1}{3} \cdot \frac{2}{3} = \frac{5}{9}$) wiederum zu einem Drittel beim dritten Versuch, also in $\frac{1}{3} \cdot \left(\frac{2}{3}\right)^2$ aller Fälle
- etc.

Wir können also bei sehr vielen Gesprächsabsichten erwarten, daß die relative Häufigkeit der Wählversuche wie in der folgenden Tabelle verteilt ist:

Anzahl der Wählversuche	rel. Häufigkeit (hypothetisch[6])
1	$\frac{1}{3}$
2	$\frac{1}{3} \cdot \left(\frac{2}{3}\right)$
3	$\frac{1}{3} \cdot \left(\frac{2}{3}\right)^2$
4	$\frac{1}{3} \cdot \left(\frac{2}{3}\right)^3$
.	.
.	.
.	.
k	$\frac{1}{3} \cdot \left(\frac{2}{3}\right)^{k-1}$

[6] Die Angabe der relativen Häufigkeiten beruht natürlich auf theoretischen Überlegungen. Bei empirischen Untersuchungen kann schon aus zeitlichen Gründen die Anzahl der Wählversuche nicht beliebig groß werden.

Summieren wir alle relativen Häufigkeiten auf, so erhalten wir

$$\sum_{k=1}^{\infty} \frac{1}{3} \cdot \left(\frac{2}{3}\right)^{k-1} = \frac{1}{3} \cdot \sum_{k=0}^{\infty} \left(\frac{2}{3}\right)^{k} = \frac{1}{3} \cdot \frac{1}{1-\frac{2}{3}} = 1.$$

Der theoretisch mögliche Fall, daß nie eine Verbindung zustande kommt (Anzahl der Wählversuche ist unendlich), hat damit die relative Häufigkeit 0. Betrachten wir die Anzahl der Wählversuche bis zur Verbindung als das relevante Ereignis, so ist die Menge aller möglichen Ereignisse gegeben durch

$$\Omega = \{1, 2, 3, ..., \infty\}.$$

Interpretiert man die relative Häufigkeit auch als Wahrscheinlichkeit, hat die Anzahl k die Wahrscheinlichkeit

$$p_k = \frac{1}{3} \cdot \left(\frac{2}{3}\right)^{k-1}$$

und die Möglichkeit, keine Verbindung zu erhalten, die Wahrscheinlichkeit

$$p_\infty = 0.$$

Wie in Beispiel 1 kann man für eine Teilmenge A von Ω dann

$$P(A) = \sum_{k \in A} p_k \tag{4}$$

setzen. Also zum Beispiel für das Ereignis, nach höchstens drei Versuchen eine Verbindung zu erhalten:

$$\sum_{k=1}^{3} p_k = \sum_{k=1}^{3} \frac{1}{3}\left(\frac{2}{3}\right)^{k-1} = \frac{1}{3} + \frac{1}{3} \cdot \frac{2}{3} + \frac{1}{3} \cdot \left(\frac{2}{3}\right)^{2} = \frac{19}{27}.$$

Der Unterschied zu Beispiel 1.1 besteht im wesentlichen darin, daß die Grundgesamtheit nicht endlich ist und daß den Einzelereignissen $\omega \in \Omega$ keine übereinstimmende Wahrscheinlichkeit zugeordnet wird.

1.3 Beispiel („Häufigkeitsverteilung")

Das vorangegangene Beispiel mit der Identifizierung von (dort hypothetischen) relativen Häufigkeiten und Wahrscheinlichkeiten legt nahe, dieselbe Überlegung auch allgemein durchzuführen. Gehen wir aus von einer statistischen Masse S und einem Merkmal auf dieser statistischen Masse mit den Merkmalsausprägungen $a_1, a_2, a_3, ...$, deren Anzahl durchaus auch unendlich sein kann. Belassen wir es zunächst einmal bei höchstens abzählbar vielen, wir können sie also, wie angedeutet, durchnumerieren. Die Merkmalsausprägung a_k wurde mit der relativen Häufigkeit $p(a_k)$ beobachtet und, wenn die statistische Masse S aus N Elementen besteht, so ist die absolute Häufigkeit $h(a_k) = p(a_k) \cdot N$.

Identifizieren wir wie in Beispiel 2 relative Häufigkeiten mit Wahrscheinlichkeiten, so ergibt sich folgendes Wahrscheinlichkeitsmodell. Grundgesamtheit ist die Menge $M = \{a_1, a_2, ...\}$ der Merkmalsausprägungen. Einer speziellen Merkmalsausprägung a_k wird die Wahrscheinlichkeit

$$p(a_k) = \frac{1}{N} \cdot h(a_k) \tag{5}$$

zugeordnet.

Einer Teilmenge A von M wird analog zu oben die Wahrscheinlichkeit

$$P(A) = \sum_{a_k \in A} p(a_k) \tag{6}$$

zugewiesen.

Wegen dieser Summenbildung ist es erforderlich, sich auf höchstens abzählbar viele Merkmalsausprägungen zu beschränken. Konvergenzprobleme treten nicht auf, da die statistische Masse S endlich ist, und damit in dieser Summe nur endlich viele Summanden von 0 verschieden sind.

Auch auf andere Weise kommen wir zu diesem Modell. Betrachten wir die Situation, daß wir zufällig eine statistische Einheit aus S herausgreifen. Dazu haben wir N verschiedene Möglichkeiten und analog zu Beispiel 1 bilden wir das Wahrscheinlichkeitsmodell mit

- der Grundgesamtheit $\Omega = S$,
- der Abbildung

$$P : \mathcal{P}(\Omega) \to [0,1] \text{ mit } P(A) = \frac{\#A}{\#\Omega} = \frac{\#A}{N}.$$

Interessieren wir uns nun dafür, welche Merkmalsausprägung wir bei dieser zufällig herausgegriffenen Einheit feststellen, so erhalten wir für eine Merkmalsausprägung a_k genau $h(a_k)$ verschiedene statistische Einheiten mit der Merkmalsausprägung a_k.

Mit $A_k = \{\omega \in \Omega | \omega \text{ trägt Merkmalsausprägung } a_k\}$ ist

$$P(A_k) = \frac{\#A_k}{\#\Omega} = \frac{1}{N} \cdot h(a_k) = p(a_k). \tag{7}$$

Die Wahrscheinlichkeit, die Merkmalsausprägung a_k bei dieser zufälligen Entnahme zu beobachten, entspricht damit hier genau dem Wert der Wahrscheinlichkeit der Merkmalsausprägung a_k im ersten Modell, also der relativen Häufigkeit der Merkmalsausprägung a_k.

1.4 Beispiel („Häufigkeitsverteilung eines stetigen Merkmals")

Bei einem stetigen Merkmal ist die Menge der Merkmalsausprägungen nicht mehr abzählbar. Da die statistische Masse aber endlich ist, können wir Merkmalsausprägungen, die nicht aufgetreten sind, bei der Betrachtung zunächst unbeachtet lassen. Sei $M = \{a_1, ..., a_k\}$ die Menge der beobachteten Merkmalsausprägungen mit den relativen Häufigkeiten $p(a_1), ..., p(a_k)$. Wir verwenden dann die Grundgesamtheit $\Omega = \mathbb{R}$ und für $A \subset \mathbb{R}$ setzen wir $P(A) = \sum\limits_{a_k \in A} p(a_k)$.

Schwieriger wird es, wenn wir die Häufigkeitsverteilung nur noch klassiert vorliegen haben, z. B. in Form der Summenhäufigkeitsfunktion[7] $SF : \mathbb{R} \to [0, 1]$. SF ist eine Näherung der empirischen Verteilungsfunktion und damit $SF(\alpha)$ ein Näherungswert für die relative Häufigkeit des Auftretens von Merkmalsausprägungen mit Höchstwert α. Als Grundgesamtheit bietet sich $\Omega = \mathbb{R}$ wie oben an. Problematisch wird jetzt die Definition der Abbildung P für *beliebige* Teilmengen reeller Zahlen.

Für halboffene Intervalle $(-\infty, \alpha]$ liefert die Summenhäufigkeitsfunktion SF mit $SF(\alpha)$ einen Näherungswert für die relative Häufigkeit und damit die Wahrscheinlichkeit:

$$P\Big((-\infty, \alpha]\Big) = SF(\alpha). \tag{8}$$

Analog zu Beispiel 1.3 kann jetzt $P((-\infty, \alpha]) = SF(\alpha)$ interpretiert werden als Wahrscheinlichkeit dafür, bei der zufälligen Entnahme von einer Einheit aus der statistischen Masse einen Merkmalswert von höchstens α zu beobachten; allerdings gilt diese Interpretation nur näherungsweise, da die Summenhäufigkeitsfunktion nur eine Näherung des wahren Sachverhaltes, z.B. ausgedrückt durch die empirische Verteilungsfunktion, ist.

Wie kann nun für andere Teilmengen A der reellen Zahlen die Wahrscheinlichkeit dafür festlegt werden, daß bei einer zufälligen Entnahme der Merkmalswert in A liegt?

[7] S. z.B. Bol „Deskriptive Statistik" S. 54 ff.

Dazu können wir die Eigenschaften heranziehen, die eine Festlegung von Wahrscheinlichkeiten sinnvollerweise haben sollte.

Als erstes haben wir die Gesamtwahrscheinlichkeit willkürlich mit 1 festgelegt („normiert"). Daraus ergibt sich, daß dem Komplement einer Teilmenge (dem Rest) die Differenz zu 1 als Wahrscheinlichkeit zugeordnet wird.

Für das Komplement von $(-\infty, \alpha]$ in den reellen Zahlen – $(\alpha, +\infty)$ – hilft damit folgende Überlegung weiter:

Beide Intervalle zusammen ergeben die Menge aller reellen Zahlen:

$$(-\infty, \alpha] \cup (\alpha, +\infty) = \mathbb{R}, \tag{9}$$

und sie haben auch keine Elemente gemeinsam:

$$(-\infty, \alpha] \cap (\alpha, +\infty) = \emptyset. \tag{10}$$

Da die relative Häufigkeit insgesamt 1 ist, bleibt damit für $(\alpha, +\infty)$ nur der Rest $1 - SF(\alpha)$:

$$P\Big((\alpha, +\infty)\Big) = 1 - SF(\alpha). \tag{11}$$

Als zweites sollte sich die Wahrscheinlichkeit, die wir einer Teilmenge zuordnen, wenn wir einen Teilbereich aus der Teilmenge entfernen, gerade um die Wahrscheinlichkeit dieses Teilbereichs verringern:

Es ist $(\alpha, \beta] = (-\infty, \beta] \setminus (-\infty, \alpha]$; so daß sich

$$\begin{aligned} P\Big((\alpha,\beta]\Big) &= P\Big((-\infty,\beta]\setminus(-\infty,\alpha]\Big) \\ &= P\Big((-\infty,\beta)\Big) - P\Big((-\infty,\alpha]\Big) \\ &= SF(\beta) - SF(\alpha) \end{aligned} \tag{12}$$

in natürlicher Weise ergibt.

Außerdem ist Wahrscheinlichkeit additiv, d.h. wenn wir verschiedene Möglichkeiten zusammenfassen, so addieren sich die Wahrscheinlichkeiten:

Seien also A und B disjunkte Teilmengen, so ist die Wahrscheinlichkeit der Zusammenfassung $A \cup B$ gerade die Summe der Wahrscheinlichkeiten von A und B, d.h.

$$A \cap B = \emptyset \Rightarrow P(A \cup B) = P(A) + P(B). \tag{13}$$

Diese Regel kann man verallgemeinern auf ein abzählbares System (A_i), $i = 1, 2, 3, \ldots$, wenn keine zwei Teilmengen A_i, A_j sich überschneiden, d.h. die Teilmengen paarweise disjunkt sind: $A_i \cap A_j = \emptyset$ für $i \neq j$. Dann wird analog

$$P\Big(\bigcup_{i=1}^{\infty} A_i\Big) = \sum_{i=1}^{\infty} P(A_i). \tag{14}$$

(Da man sinnvollerweise Monotonie im Sinne von

$$A \subset B \Rightarrow P(A) \leq P(B) \tag{15}$$

hat, ergeben sich auch keine Konvergenzprobleme, denn $P(\Omega) = 1$ ist dann eine obere Schranke.)

Alle diese Überlegungen kann man sich auch am Histogramm und der Interpretation von Flächeneinheiten als Häufigkeitsanteile verdeutlichen. Z.B. erhält man den Gesamtflächeninhalt über zwei disjunkten Intervallen durch Aufsummieren der Flächeninhalte über den einzelnen Intervallen.

Formel (14) hat dann weitere Anwendungen:

Setzt man z.B. $A_i = (1 - \frac{1}{i-1}, 1 - \frac{1}{i}]$ für $i = 2, 3, \ldots$ und $A_1 = \emptyset$, so ist

$$\bigcup_{i=1}^{\infty} A_i = (0, \frac{1}{2}] \cup (\frac{1}{2}, \frac{1}{3}] \cup \ldots = (0, 1) \tag{16}$$

Damit kann man etwa $P((0,1))$ berechnen:

$$P((0,1)) = \sum_{i=1}^{\infty} P(A_i) = \lim_{k\to\infty} \sum_{i=1}^{k} P(A_i). \tag{17}$$

Da $P(A_i) = P((1 - \frac{1}{i-1}, 1 - \frac{1}{i}]) = SF(1 - \frac{1}{i}) - SF(1 - \frac{1}{i-1})$ ist, gilt

$$\begin{aligned} \sum_{i=1}^{k} P(A_i) &= \sum_{i=2}^{k} (SF(1 - \frac{1}{i}) - SF(1 - \frac{1}{i-1})) \\ &= SF(1 - \frac{1}{k}) - SF(0). \end{aligned} \tag{18}$$

Damit ist

$$\begin{aligned} P((0,1)) &= \lim_{k\to\infty} SF(1 - \frac{1}{k}) - SF(0) \\ &= SF(1) - SF(0) \end{aligned} \tag{19}$$

wegen der Stetigkeit von SF. Analog gilt dann auch

$$P((\alpha,\beta)) = SF(\beta) - SF(\alpha). \tag{20}$$

In dieser Weise ist P für beliebige offene Intervalle erklärt, und mit der Komplementbildung erhalten wir auch eine Defnition für beliebige abgeschlossene Intervalle:

$$\begin{aligned} P\Big([\alpha,\beta]\Big) &= 1 - P\Big((-\infty,\alpha) \cup (\beta,+\infty)\Big) \\ &= 1 - \Big(P\Big((-\infty,\alpha)\Big) + P\Big((\beta,+\infty)\Big)\Big) \\ &= 1 - \Big(SF(\alpha) + 1 - SF(\beta)\Big) \\ &= SF(\beta) - SF(\alpha). \end{aligned} \tag{21}$$

Bemerkenswerterweise ergibt sich

$$P((\alpha,\beta]) = SF(\beta) - SF(\alpha) = P([\alpha,\beta]) \tag{22}$$

und damit

$$\begin{aligned} P(\{\alpha\}) &= P([\alpha,\beta] \backslash (\alpha,\beta]) \\ &= P([\alpha,\beta]) - P((\alpha,\beta]) \\ &= 0. \end{aligned} \tag{23}$$

Die Wahrscheinlichkeit für einelementige Teilmengen ist also 0. Wegen (14) ist dann aber für alle abzählbaren Teilmengen A

$$P(A) = 0, \tag{24}$$

also z.B. auch für die Menge der rationalen Zahlen.

Man beachte: Diese Tatsache ist einer der Gründe dafür, daß es nicht genügt, Wahrscheinlichkeiten für die Elemente der Grundgesamtheit anzugeben. Im Rahmen dieses Beispiels (und auch für die bei Anwendungen wichtige Klasse der stetigen Verteilungen, s. § 5) erhält man als Wahrscheinlichkeit für einzelne Elemente 0, und erst, wenn mehr als abzählbar viele Elemente zusammengefaßt werden, kann sich eine positive Wahrscheinlichkeit ergeben. Es ist also gewissermaßen eine „kritische Masse" erforderlich.

Durch die angewandten Methoden läßt sich die Menge der Teilmengen, für die P erklärt ist, immer weiter vergrößern. Man kann aber Teilmengen konstruieren, für die es so nicht möglich ist, eine Wahrscheinlichkeit sinnvoll zu erklären. Diese Teilmengen sind kompliziert und erfordern mathematische Kenntnisse, die über diese Einführung hinausgehen (vgl. z.B. Bauer, Wahrscheinlichkeitstheorie und Grundzüge der Maßtheorie, S.49).

Ist die Grundgesamtheit die Menge $\mathbb{R}$ der reellen Zahlen (und umso mehr dann auch beim $\mathbb{R}^n$), so ist es – wie im Beispiel dargelegt – nicht immer möglich, P für die gesamte Potenzmenge in sinnvoller Weise zu definieren. Man muß sich also auf ein Mengensystem in der Potenzmenge beschränken. Dieses Mengensystem hat die folgenden Eigenschaften:

1. Ω und $\emptyset$ gehören zu dem Mengensystem.
2. Zu jeder Teilmenge A gehört auch das Komplement dazu.
3. Zu jeder abzählbaren Folge $A_i, i = 1, 2, 3, \ldots$ von paarweise disjunkten Teilmengen A_i gehört auch die Vereinigung $\bigcup_{i=1}^{\infty} A_i$ dieser Teilmengen zum Mengensystem.

„Kern" dieses Mengensystems sind die Halbgeraden $(-\infty, \alpha], \alpha \in \mathbb{R}$.

Dieses Beispiel kann man auch verallgemeinern, indem man an Stelle der Summenhäufigkeitsfunktion SF eine beliebige stetige Funktion F wählt, die monoton steigt mit $\lim_{\alpha \to -\infty} F(\alpha) = 0$ und $\lim_{\alpha \to +\infty} F(\alpha) = 1$.

Zusammenfassung von § 1:

Gemeinsam an den Wahrscheinlichkeitsmodellen der vier aufgeführten Beispiele ist:

- eine nichtleere Menge als Grundgesamtheit,
- ein Mengensystem von Teilmengen der Grundgesamtheit, mit denen die zufälligen Ereignisse erfaßt werden,
- eine Abbildung P, die jedem Ereignis, also jeder Teilmenge des Mengensystems eine Wahrscheinlichkeit zuordnet, das „Wahrscheinlichkeitsmaß".

Mengensystem und Wahrscheinlichkeitsmaß müssen natürlich gewisse Eigenschaften erfüllen, damit eine in sich stimmige Interpretation als Wahrscheinlichkeitsmodell gegeben ist. Mit diesen Eigenschaften beschäftigen wir uns im nächsten Paragraphen detaillierter.

2 Das wahrscheinlichkeitstheoretische Grundmodell: Der Wahrscheinlichkeitsraum

Nach den Überlegungen von § 1 besteht ein wahrscheinlichkeitstheoretisches Modell aus drei Komponenten:

- Grundgesamtheit,
- Mengensystem der „Ereignisse“,
- Wahrscheinlichkeitsmaß P

mit gewissen Eigenschaften.

Sei Ω die Grundgesamtheit. Von Ω verlangen wir nur, daß sie nichtleer ist, also mindestens ein Element enthält. Das Mengensystem der „Ereignisse“ ist ein System von Teilmengen der Grundgesamtheit Ω, ist also selbst eine Teilmenge $A(\Omega)$ von der Potenzmenge $\mathcal{P}(\Omega)$ von Ω. In Beispiel 1.4 ist dieses Mengensystem verschieden von der Potenzmenge, d.h. eine echte Teilmenge der Potenzmenge. Vom Mengensystem $A(\Omega)$ verlangen wir die drei Eigenschaften 1.–3. von Seite 12. Wir sprechen dann von einer σ-Algebra[1].

2.1 Definition

Sei $\Omega \neq \emptyset$. Eine Teilmenge $A(\Omega)$ der Potenzmenge $\mathcal{P}(\Omega)$ heißt *σ-Algebra*, wenn sie folgende Eigenschaften erfüllt:

1. $\Omega \in A(\Omega)$,
2. $A \in A(\Omega) \Longrightarrow \Omega \setminus A \in A(\Omega)$,
3. $A_i \in A(\Omega)$ für $i = 1, 2, 3, \ldots \Longrightarrow \bigcup_{i=1}^{\infty} A_i \in A(\Omega)$.

Die dritte Eigenschaft heißt auch *σ-Vollständigkeit*, sie besagt, daß das Mengensystem abgeschlossen ist gegenüber abzählbaren Vereinigungen.

[1] Für das weitere Verständnis der Wahrscheinlichkeitstheorie ist es „im ersten Anlauf“ nicht unbedingt erforderlich, daß man alle Details der Eigenschaften einer σ-Algebra verstanden hat. Wesentlich ist zunächst, daß man sich darüber klar wird, daß Wahrscheinlichkeiten für Teilmengen der Grundgesamtheit erklärt sind (vgl. die Bemerkungen im Beispiel 1.4 auf Seite 12).

Aus diesen drei Eigenschaften ergeben sich eine Fülle weiterer, von denen wir einige wichtige in dem folgenden Hilfssatz zusammenstellen:

2.2 Hilfssatz

Sei $\mathcal{A}(\Omega) \subset \mathcal{P}(\Omega)$ eine σ-Algebra.

Dann gilt:

1. $\emptyset \in \mathcal{A}(\Omega)$
2. $A_i \in \mathcal{A}(\Omega)$ für $i = 1, 2, 3, ... \Longrightarrow \bigcap_{i=1}^{\infty} A_i \in \mathcal{A}(\Omega)$
3. $A, B \in \mathcal{A}(\Omega) \Longrightarrow B \setminus A \in \mathcal{A}(\Omega)$
4. $B_i \in \mathcal{A}(\Omega)$ für $i = 1, 2, 3, ...$, dann existieren $A_i \in \mathcal{A}(\Omega)$, $i = 1, 2, 3, ...$ mit $A_i \cap A_j = \emptyset$ für $i \neq j$ und

$$\bigcup_{i=1}^{\infty} B_i = \bigcup_{i=1}^{\infty} A_i \tag{1}$$

Beweis:

1. Nach Eigenschaft 1 ist $\Omega \in \mathcal{A}(\Omega)$. Dann ist nach Eigenschaft 2 das Komplement von Ω in Ω

$$\emptyset = \Omega \setminus \Omega \in \mathcal{A}(\Omega). \tag{2}$$

2. Nach den Regeln der Mengenlehre gilt

$$A \cap B = \Omega \setminus \Big((\Omega \setminus A) \cup (\Omega \setminus B) \Big) \tag{3}$$

oder allgemeiner

$$\bigcap_{i=1}^{\infty} A_i = \Omega \setminus \bigcup_{i=1}^{\infty} (\Omega \setminus A_i). \tag{4}$$

Nach Eigenschaft 2 ist $\Omega \setminus A_i \in \mathcal{A}(\Omega)$ für alle i, damit $\bigcup_{i=1}^{\infty} (\Omega \setminus A_i) \in \mathcal{A}(\Omega)$ nach 3 und damit $\bigcap_{i=1}^{\infty} A_i \in \mathcal{A}(\Omega)$ wiederum nach 2.

3. $B \setminus A = B \cap (\Omega \setminus A) \in A(\Omega)$ nach Eigenschaft 2 und Beweis Teil 2.

4. Wir setzen $A_1 = B_1$. Dann nehmen wir die Elemente hinzu, die wir benötigen, um $B_1 \cup B_2$ zu erhalten, usw. Also:

$$\begin{aligned} A_2 &= B_2 \setminus B_1 \\ A_3 &= B_3 \setminus \bigcup_{i=1}^{2} A_i \\ &\cdot \\ &\cdot \\ &\cdot \\ A_k &= B_k \setminus \bigcup_{i=1}^{k-1} A_i \end{aligned} \tag{5}$$

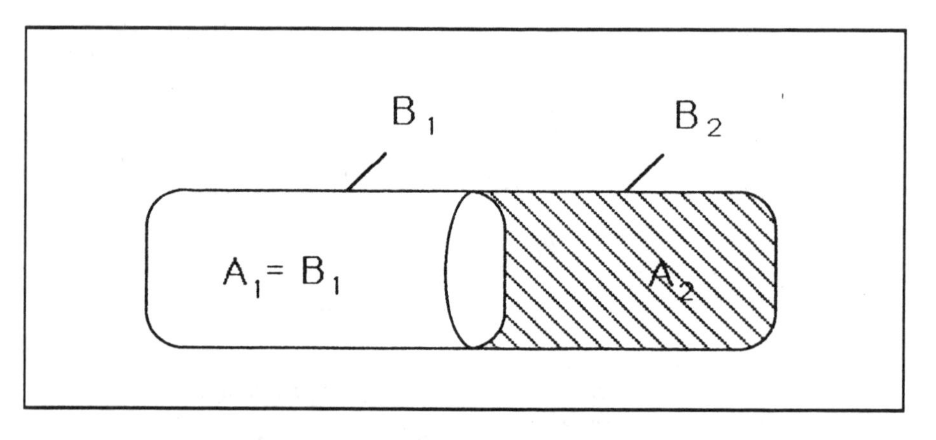

Abbildung 2.1: Konstruktionsprinzip für k=2.

Durch das Konstruktionsverfahren sind die Teilmengen A_i offensichtlich paarweise disjunkt. Ferner erhält man sukzessiv

$$\begin{aligned} A_1 \cup A_2 &= B_1 \cup (B_2 \setminus B_1) &&= B_1 \cup B_2 \\ A_1 \cup A_2 \cup A_3 &= B_1 \cup B_2 \cup (B_3 \setminus (B_1 \cup B_2) &&= B_1 \cup B_2 \cup B_3 \end{aligned}$$

usw., d.h.

$$\bigcup_{i=1}^{k} A_i = \bigcup_{i=1}^{k} B_i \qquad \text{für alle } k \tag{6}$$

und damit auch

$$\bigcup_{i=1}^{\infty} A_i = \bigcup_{i=1}^{\infty} B_i. \tag{7}$$

2.3 Beispiele für σ-Algebren

1. Sei Ω eine nichtleere Menge. Dann ist
   (a) $\mathcal{P}(\Omega)$ eine σ-Algebra,
   (b) $\{\Omega, \emptyset\}$ eine σ-Algebra,
   (c) zu $A \subset \Omega : \{\emptyset, A, \Omega\backslash A, \Omega\}$ eine σ-Algebra.
2. Sei $\Omega = \mathbb{R}$. Dann ist die Menge der Teilmengen von Ω, die entweder selbst abzählbar oder deren Komplement abzählbar ist (die leere Menge $\emptyset$ gilt dabei als abzählbar), eine σ-Algebra.

2.4 Bemerkungen

1. Sei Ω abzählbar, also o.B.d.A. $\Omega = \mathbb{N}$. Dann gibt es nur eine σ-Algebra, die alle einelementigen Teilmengen erhält, nämlich die Potenzmenge. Jede Menge A von natürlichen Zahlen läßt sich nämlich als abzählbare Vereinigung ihrer einelementigen Teilmengen schreiben.
2. Sei Ω überabzählbar, so gilt der Sachverhalt von Bemerkung 1 nicht mehr. Beispiel 2 zeigt dies: Wenn Ω überabzählbar ist, so kann Ω in zwei überabzählbare Teilmengen zerlegt werden, die damit nicht in der σ-Algebra aus Beispiel 2 liegen. Beispielsweise sind für $\Omega = \mathbb{R}$ Intervalle überabzählbar und haben ein überabzählbares Komplement.
3. Geht man bei $\Omega = \mathbb{R}$ wie im Beispiel 1.4 des vorigen Paragraphen von Intervallen als „Kernen" aus, so erhält man nach Bemerkung 2 ein umfangreicheres Mengensystem, als wenn man die einelementigen Teilmengen zum Ausgangspunkt nimmt. Man erhält also sozusagen eine neue „Qualität". Die kleinste σ-Algebra, die die Halbgeraden $(-\infty, \alpha]$ für alle $\alpha \in \mathbb{R}$ enthält, bezeichnet man als *σ-Algebra der Borelschen Mengen*[2]. Sie enthält insbesondere die einelementigen Teilmengen, aber auch alle Intervalle, deren Komplemente und abzählbaren Vereinigungen. Diese σ-Algebra ist damit sehr umfangreich, enthält aber nicht alle Teilmengen der reellen Zahlen, auch wenn es nur komplizierte Teilmengen sind, die nicht darunter fallen. Sie ist also echt verschieden von der Potenzmenge.

[2] Borel, Émile, 1871-1956, franz. Mathematiker.

4. Im $\mathbb{R}^n$ können wir analog wie in $\mathbb{R}$ vorgehen, wir müssen nur die Halbgeraden entsprechend verallgemeinern. Sei also $a = (a_1, ..., a_n)$ ein Vektor des $\mathbb{R}^n$. In Analogie zur Halbgeraden $(-\infty, \alpha] = \{\xi \in \mathbb{R} | \xi \leq \alpha\}$ bezeichnen wir jetzt mit $(-\infty, a]$ die Menge aller Vektoren, deren Komponenten die zugehörigen Komponenten von a nicht übertreffen, die also komponentenweise kleiner gleich a sind:

$$(-\infty, a] = \{x = (x_1, x_2, \ldots, x_n) \in \mathbb{R}^n | x_i \leq a_i \text{ für } i = 1, \ldots n\}. \quad (8)$$

Bilden wir jetzt wieder Komplemente, abzählbare Vereinigungen und dies wiederholt, so enthält das Mengensystem, das wir so erhalten, insbesondere alle einelementigen Teilmengen, alle „Quader"

$$(a, b] = \{x = (x_1, \ldots, x_n) | a_i < x_i \leq b_i \text{ für } i = 1, \ldots, n\} \quad (9)$$

und natürlich Komplemente und abzählbare Vereinigungen von diesen. Dieses Mengensystem (der „Borelschen Mengen im $\mathbb{R}^n$") ist damit wiederum sehr umfangreich, aber eben von der Potenzmenge verschieden.

Zusammenfassung:

Das Mengensystem der Ereignisse in[3] der Grundgesamtheit hat die Eigenschaften einer σ-Algebra. In praktischen Anwendungsfällen ist diese σ-Algebra in der Regel

- bei endlicher oder abzählbarer Grundgesamtheit die Potenzmenge,
- bei $\Omega = \mathbb{R}$ und $\Omega = \mathbb{R}^n$ die σ-Algebra $\mathcal{L}$ bzw. $\mathcal{L}^n$ der Borelschen Mengen.

Wenden wir uns jetzt dem dritten Bestandteil zu, dem Wahrscheinlichkeitsmaß P. Aufgabe des Wahrscheinlichkeitsmaßes ist es, den Ereignissen, also den Teilmengen der Grundgesamtheit, die in dem Mengensystem vorkommen, eine Wahrscheinlichkeit zuzuordnen.

Sei also $A(\Omega)$ das Mengensystem, $A(\Omega) \subseteq \mathcal{P}(\Omega)$ eine σ-Algebra, so ist ein Wahrscheinlichkeitsmaß P eine Abbildung, die jedem Element $A \in A(\Omega)$, d.h. einem „Ereignis", eine reelle Zahl zuordnet. P sollte dabei die Eigenschaften erfüllen, die wir in den Beispielen des § 1 beobachtet haben.

[3] Vielleicht wäre die Bezeichnung „über" besser, denn es handelt sich um ein System, das der Menge Ω überlagert ist.

2.5 Definition

Sei $\Omega \neq \emptyset$ eine Grundgesamtheit mit σ-Algebra $\mathcal{A}(\Omega) \subseteq \mathcal{P}(\Omega)$.

$P : \mathcal{A}(\Omega) \to \mathbb{R}$ heißt *Wahrscheinlichkeitsmaß*, wenn

1. $P(A) \geq 0$ für alle $A \in \mathcal{A}(\Omega)$.
2. für $A_i, i = 1, 2, 3, \ldots$ mit $A_i \cap A_j = \emptyset$ für $i \neq j$ gilt:

$$P\Big(\bigcup_{i=1}^{\infty} A_i\Big) = \sum_{i=1}^{\infty} P(A_i). \tag{10}$$

3. $P(\Omega) = 1$.

Eigenschaft 2 bezeichnet man auch als *σ-Additivität.* Wie wir schon in § 1 gesehen haben, bedeutet σ-Additivität, daß wir die Wahrscheinlichkeit einer Menge, die in disjunkte Bestandteile zerlegt ist, durch Addition der Wahrscheinlichkeiten der Bestandteile ermitteln können. Daraus folgt dann auch, daß

$$P(\Omega \backslash A) = 1 - P(A) \tag{11}$$

gilt.

2.6 Hilfssatz

Sei P ein Wahrscheinlichkeitsmaß, dann gilt

1. für $A \subset B$: $P(B \setminus A) = P(B) - P(A)$ und $P(A) \leq P(B)$.
2. $P(\Omega \setminus A) = 1 - P(A)$.

Beweis:

1. Nach Hilfssatz 2.2 ist $B \setminus A \in \mathcal{A}(\Omega)$. Da $A \cap (B \setminus A) = \emptyset$ ist, folgt $\big(P(B \setminus A) \geq 0\big)$:

$$P(B) = P(A) + P(B \setminus A) \geq P(A). \tag{12}$$

2. Mit $B = \Omega$ folgt daraus:

$$P(\Omega \backslash A) = P(\Omega) - P(A) = 1 - P(A). \tag{13}$$

2.7 Folgerung

Insbesondere gilt also $P(A) \leq P(\Omega) = 1$.

Bei Eigenschaft 2 des Wahrscheinlichkeitsmaßes ist neben der Übereinstimmung von linker und rechter Seite auch die Konvergenz der Reihe gefordert. Aus Folgerung 2.7 und Eigenschaft 2 für endlich viele Mengen folgt, daß jede Teilsumme durch 1 nach oben beschränkt ist. Da die Summanden alle nichtnegativ sind, folgt daraus die Konvergenz.

Bemerkung:

Beim $\mathbb{R}^n$ als Grundgesamtheit enthält die σ-Algebra $\mathcal{L}^n$ der Borelschen Mengen die Quader

$$(a,b] = \{x = (x_1, ..., x_n) | a_i < x_i \leq b_i \text{ für } i = 1, ...n\}. \tag{14}$$

Naheliegend ist, den „Inhalt"

$$I((a,b]) = \prod_{i=1}^{n} (b_i - a_i) \tag{15}$$

als Maß eines solchen Quaders zu verwenden und durch die Eigenschaft 2 und Hilfssatz 2.6 für beliebige Borelsche Mengen zu erweitern. Es ist gezeigt worden, daß diese Erweiterung in eindeutiger Weise möglich ist. Sei λ^n diese Erweiterung, so können wir den Sachverhalt in folgendem Diagramm verdeutlichen, wobei $\mathcal{Q}^n$ die Menge der Quader im $\mathbb{R}^n$ symbolisiere:

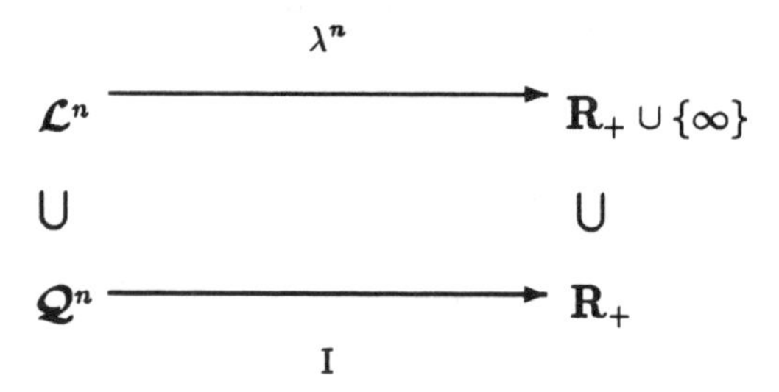

Dabei ist wegen Eigenschaft 2 λ^n nicht beschränkt und $\lambda(\mathbb{R}^n) = \infty$, denn wir können den $\mathbb{R}^n$ aus abzählbar vielen Quadern zum Beispiel von Inhalt 1

zusammensetzen. λ^n hat also nicht die Eigenschaft 3 eines Wahrscheinlichkeitsmaßes. λ^n heißt *Lebesgue*[4]*-Maß auf dem* $\mathbb{R}^n$.[5]

Daraus ergibt sich aber auch, daß wir kein Wahrscheinlichkeitsmaß auf dem $\mathbb{R}^n$ konstruieren können, das alle Quader im $\mathbb{R}^n$ gleich behandelt. Denn man müßte die Gesamtwahrscheinlichkeit 1 für den $\mathbb{R}^n$ auf unendlich viele gleichgroße Quader gleichmäßig aufteilen. Wahrscheinlichkeitsmaße im $\mathbb{R}^n$ sind also immer in bestimmten Bereichen des $\mathbb{R}^n$ konzentriert.

Das Tripel $(\Omega, A(\Omega), P)$, bestehend aus der Grundgesamtheit Ω, der σ-Algebra $A(\Omega)$ und dem Wahrscheinlichkeitsmaß P heißt *Wahrscheinlichkeitsraum.*

In § 1 haben wir schon einige Beispiele für Wahrscheinlichkeitsräume behandelt. Im folgenden werden wir das Bildungsprinzip dieser Beispiele noch einmal rekapitulieren.

Beispiele für Wahrscheinlichkeitsräume:

1. **Laplacescher[6] Wahrscheinlichkeitsraum:**
   Die Grundgesamtheit Ω ist endlich, das Mengensystem $A(\Omega)$ die Potenzmenge von Ω. Entscheidendes Merkmal des Laplaceschen Wahrscheinlichkeitsraums ist, daß alle Elementarereignisse gleichwahrscheinlich sind. Also
   - $\Omega \neq \emptyset$ endlich,
   - $A(\Omega)=\mathcal{P}(\Omega)$,
   - $P: \mathcal{P}(\Omega) \rightarrow [0,1]$ ist definiert durch
     $P(A) = \frac{\#A}{\#\Omega} = \frac{\text{Anzahl der Elementarereignisse in A}}{\text{Anzahl aller Elementarereignisse}}$.
2. **Abzählbare Grundgesamtheit:**
   Sei $\Omega = \{\omega_1, \omega_2, \omega_3, ...\}$, $A(\Omega)=\mathcal{P}(\Omega)$. Dann ist jedes Wahrscheinlichkeitsmaß P eindeutig beschrieben durch eine Folge p_i, $i = 1,2,3,\ldots$ mit $p_i \geq 0$ und $\sum p_i = 1$ durch die Zuordnung[7] $P(\{\omega_i\}) = p_i$ und damit wegen Eigenschaft 2 durch

$$P(A) = \sum_{\omega_i \in A} P(\{\omega_i\}) = \sum_{\omega_i \in A} p_i. \tag{16}$$

[4] Lebesgue, Henri, 1875-1941, franz. Mathematiker.
[5] Sind nur die Eigenschaften 1 und 2 von Definition 2.5 erfüllt, so spricht man von einem *Maß*.
[6] Laplace, Pierre Simon, Marquis de, 1749-1827, franz. Mathematiker und Astronom.
[7] Statt $P(\{\omega_i\})$ wird häufig einfacher, aber eigentlich unkorrekt, $P(\omega_i)$ geschrieben.

3. $\Omega = \mathbb{R}$, $A(\Omega)=\mathcal{L}$ **σ-Algebra der Borelschen Mengen,**
$F : \mathbb{R} \to [0,1]$ sei eine monoton steigende, stetige Funktion[8] mit $\lim_{x\to-\infty} F(x) = 0$ und $\lim_{x\to+\infty} F(x) = 1$. Dann ist P mit

$$P((-\infty,\alpha]) \quad = \quad F(\alpha) \tag{17}$$

eindeutig auf $\mathcal{L}$ festgelegt.

Insbesondere gilt damit:
1. $P([\alpha,\beta]) = F(\beta) - F(\alpha)$.
2. $P(\{\alpha\}) = 0$.
3. A endlich oder abzählbar unendlich:

$P(A) = 0$.

Daraus ergibt sich, daß nur Ereignisse mit überabzählbar vielen Elementen positive Wahrscheinlichkeiten aufweisen können (nicht notwendig aber müssen). Eine analoge Eigenschaft wie bei 2., daß man die Wahrscheinlichkeit eines Ereignisses A durch Summation der Wahrscheinlichkeiten der ihm angehörenden Elementarereignisse erhält, gilt also für überabzählbare Ereignisse **nicht** [9].

[8] F übernimmt hier die Rolle der Summenhäufigkeitsfunktion in Beispiel 1.4 aus § 1.

[9] Ganz abgesehen davon, daß man zunächst klären müßte, was überabzählbare Summation bedeutet, z.B. vielleicht mittels Integration. Vgl. auch die Bemerkungen in Beispiel 1.4 aus § 1.

Übungsaufgaben zu § 2

1. (a) Sei $\Omega = \{\alpha, \beta, \gamma, \delta\}$. Welche der folgenden Mengensysteme sind σ-Algebren?
   - $A(\Omega) = \{\emptyset; \{\alpha\}; \{\beta, \gamma\}; \{\alpha, \beta, \gamma, \delta\}; \{\delta\}\}$.
   - $B(\Omega) = \{\{\alpha, \beta\}; \{\gamma\}; \{\delta\}; \{\gamma, \delta\}; \{\alpha, \beta, \gamma\}; \{\alpha, \beta, \delta\}; \emptyset; \{\alpha, \beta, \gamma, \delta\}\}$.

   (b) Sei $\Omega = \mathbb{N}$ und $A(\Omega) = \{A \subset \mathbb{N} \mid A \text{ endlich oder } \mathbb{N} \backslash A \text{ endlich}\}$. Ist $A(\Omega)$ eine σ-Algebra?

2. Sei $(\Omega, A(\Omega), P)$ ein Wahrscheinlichkeitsraum mit $\Omega = \{V, W, X, Y, Z\}$, $A(\Omega) = \mathcal{P}(\Omega)$ und $P(\{V\}) = \frac{1}{8}$, $P(\{W\}) = \frac{1}{4}$, $P(\{X\}) = \frac{1}{16}$, $P(\{Y\}) = \frac{1}{2}$ und $P(\{Z\}) = \frac{1}{16}$.

   (a) Sei $A, B \in A(\Omega)$ und $P(A \cup B) = 1, P(A \cap B) = \frac{1}{16}$ und $P(A) = \frac{7}{16}$. Bestimmen Sie $P(B)$.

   (b) Geben Sie $P(D \cup C)$ an mit $C = \{W, X\}$ und $D = \{W, X, Y, Z\}$.

3. Bei einem Gewinnspiel gibt es 100 Lose mit den Nummern 00, 01,...,99. Ein Los wird zufällig gezogen.

   (a) Beschreiben Sie den zugrundeliegenden Wahrscheinlichkeitsraum.

   (b) Sei X die erste und Y die zweite Ziffer des gezogenen Loses. Berechnen Sie die Wahrscheinlichkeit folgender Ereignisse:
   - $X = 3$,
   - $X = Y$,
   - $X + Y = 9$,
   - $X \leq 2$ und $Y \leq 7$,
   - $X \neq 5$ und $Y \neq 2$.

4. Student R will sich an der Universität immatrikulieren. Er steht im Universitätshauptgebäude in einem Flur mit 8 Türen. Hinter einer der Türen kann er sich für sein Studienfach einschreiben. Student R geht nie zweimal in das gleiche Zimmer. Er steht unter einem gewissen Zeitdruck, da es bereits 11.00 Uhr ist und die Sekretariate um 11.30 Uhr schließen. Er benötigt für einen Fehlversuch 5 min Zeit, um sich zu entschuldigen und zu verabschieden. Die gleiche Zeit benötigt er für das Einschreiben.

   (a) Geben Sie den zugrundeliegenden Wahrscheinlichkeitsraum an, der die Möglichkeiten des Studenten R in der Zeit von 11.00 Uhr bis 11.30 Uhr beschreibt.

   (b) Wie groß ist die Wahrscheinlichkeit, daß er die richtige Tür nicht findet und sich am kommenden Tag einschreiben muß?

3 Zufallsvariablen

Historisch gesehen liegt dem Begriff Zufallsvariable die Vorstellung zugrunde, daß es sich um eine Variable handelt, mit der man wie üblich allgemeine Gesetzmäßigkeiten beschreiben, Rechenvorschriften angeben oder Gleichungen lösen kann, die aber nicht wie eine „gewöhnliche" Variable in „beliebiger Weise" Werte aus einem bestimmten Bereich annehmen kann, sondern diese Werte zufällig mit gewissen Wahrscheinlichkeiten annimmt. Im Rahmen der modernen Axiomatik ist diese Vorstellung eher irreführend, zumindest für den Beginn.

Betrachten wir zunächst ein Beispiel analog zu den Beispielen 1.3 und 1.4:

Bei der Lackiererei in einem PKW-Werk soll die Qualität überprüft werden. Dazu werden die lackierten Karossen eines Tages sorgfältig geprüft und die Anzahl der Lackierfehler festgestellt. Das Ergebnis ist in folgender Tabelle wiedergegeben:

Anzahl Fehler	abs. Häufigkeit
0	257
1	64
2	16
3	8
4	5
$\sum$	350

Bei zufälliger Entnahme einer Karosse aus der statistischen Masse der 350 Karossen erhält man mit den relativen Häufigkeiten auch die Wahrscheinlichkeiten für das Auftreten der einzelnen Fehleranzahlen.

Anzahl Fehler	rel. Häufigkeit
0	$\frac{257}{350}$
1	$\frac{64}{350}$
2	$\frac{16}{350}$
3	$\frac{8}{350}$
4	$\frac{5}{350}$
Σ	$\frac{350}{350}$

Dies ist intuitiv klar. In Beispiel 1.3 wurde es auch allgemeiner explizit ausgeführt. Eben weil es in diesem Beispiel so klar ist, wollen wir es hier nochmals wiederholen und dann entsprechend verallgemeinern.

Die zufällige Entnahme einer Karosse wird durch den Laplaceschen Wahrscheinlichkeitsraum formal erfaßt:

$$(\Omega = \{\omega_1, ..., \omega_{350}\}, \mathcal{P}(\Omega), P \text{ mit } P(A) = \frac{\#A}{\#\Omega}). \tag{1}$$

Auf Ω haben wir das Merkmal Fehleranzahl, also ein quantitatives Merkmal $b : \Omega \to \mathbb{N}$. Die Wahrscheinlichkeit, bei einmaligem Ziehen eine Karosse mit k Fehlern zu erhalten, ergibt sich dann dadurch, daß man die Teilmenge

$$b^{-1}(k) := \{\omega_i | b(\omega_i) = k\} \tag{2}$$

aller Karossen mit genau k Fehlern bildet. Die Wahrscheinlichkeit dieser Teilmenge im Laplaceschen Wahrscheinlichkeitsraum ist gegeben durch

$$P(b^{-1}(k)) = P(\{\omega_i | b(\omega_i) = k\}) = \frac{\#\{\omega_i | b(\omega_i) = k\}}{\#\Omega} = \frac{h(k)}{350} = p(k), \tag{3}$$

also – wie erwartet – gerade durch die relativen Häufigkeiten.

Interessiert man sich für die Wahrscheinlichkeit, höchstens 1 Fehler vorzufinden, betrachtet man analog die Teilmenge

$$b^{-1}(\{0,1\}) = \{\omega_i | b(\omega_i) = 0 \text{ oder } b(\omega_i) = 1\} \tag{4}$$

und erhält entsprechend

$$P(b^{-1}(\{0,1\})) = \frac{\#\{\omega_i | b(\omega_i) = 0 \text{ oder } b(\omega_i) = 1\}}{350} = \frac{321}{350}. \tag{5}$$

Das allgemeine Prinzip ist also:

Gegeben ist ein Wahrscheinlichkeitsraum $(\Omega, A(\Omega), P)$ und eine Abbildung $b : \Omega \to \mathbb{R}$ (im Beispiel ein Laplacescher Wahrscheinlichkeitsraum und ein Merkmal auf Ω). Sei nun R eine Teilmenge von $\mathbb{R}$. Dann betrachten wir die Teilmenge

$$b^{-1}(R) = \{\omega \in \Omega | b(\omega) \in R\} \tag{6}$$

in Ω. $b^{-1}(R)$ ist die Menge der ω, deren Funktionswert bei b in der Teilmenge R liegt, sie heißt *Urbildmenge von R bei der Abbildung b.*

Ist $b^{-1}(R)$ im Mengensystem $A(\Omega)$, so ist $b^{-1}(R)$ durch das Wahrscheinlichkeitsmaß P eine Wahrscheinlichkeit zugeordnet. Wir können damit manchen Teilmengen in $\mathbb{R}$ auf diesem Weg eine Wahrscheinlichkeit zuordnen, wie wir das im Beispiel bei der Fehleranzahl der Karossen gemacht haben. Voraussetzung dafür, daß dies für eine Teilmenge R möglich ist, ist – wie gesehen –, daß $b^{-1}(R)$ im Mengensystem $A(\Omega)$ vorkommt.

Bei den reellen Zahlen haben wir die σ-Algebra der Borelschen Mengen eingeführt. Wir möchten daher gerne jeder Borelschen Menge eine Wahrscheinlichkeit zuordnen. Das bedeutet, daß wir es als wünschenswert ansehen, daß für jede Borelsche Menge R das Urbild $b^{-1}(R)$ im Mengensystem $A(\Omega)$ aufgeführt ist, also

$$b^{-1}(R) \in A(\Omega) \text{ für alle Borelschen Mengen } R. \tag{7}$$

Eine Abbildung b, die diese Eigenschaft hat, heißt meßbar bzgl. $A(\Omega)$ und der σ-Algebra der Borelschen Mengen.

3.1 Definition

Sei $A(\Omega)$ eine σ-Algebra auf einer nichtleeren Menge Ω, $b : \Omega \to \mathbb{R}$ eine Funktion. b heißt *meßbar bzgl. $A(\Omega)$ und $\mathcal{L}$*, wenn für jede Borelsche Menge $R \in \mathcal{L}$

$b^{-1}(R) := \{\omega \in \Omega \mid b(\omega) \in R\} \in A(\Omega)$ gilt.

Müßte man diese Eigenschaft im Einzelfall für alle Borelschen Mengen R prüfen, wäre dies sicherlich sehr aufwendig. Gott sei dank genügt es aber, diese Eigenschaft für die „Kerne“ oder „Erzeuger“ der Borelschen Mengen, die Halbgeraden $(-\infty, \alpha]$, festzustellen.

3.2 Hilfssatz:

Eine Funktion b ist genau dann meßbar bzgl. $A(\Omega)$ und $\mathcal{L}$, wenn

$$\begin{aligned} b^{-1}((-\infty,\alpha]) &:= \{\omega \in \Omega | b(\omega) \in (-\infty,\alpha]\} \\ &= \{\omega \in \Omega | b(\omega) \leq \alpha\} \in A(\Omega) \end{aligned} \quad (8)$$

für alle $\alpha \in \mathbb{R}$ gilt.

Auf den Beweis dieser Behauptung wird hier verzichtet.

Im Beispiel zu Beginn des Paragraphen bereitet die Meßbarkeit keine Probleme, da dort die σ-Algebra $A(\Omega)$ mit der Potenzmenge übereinstimmt, also jede Teilmenge von Ω und damit auch $b^{-1}(k)$ für alle k in $A(\Omega)$ enthalten ist.

Probleme in den meisten für die Praxis relevanten Fällen gibt es also höchstens dann, wenn $A(\Omega)$ und $\mathcal{P}(\Omega)$ verschieden sind, also wenn $\Omega = \mathbb{R}$ oder $\Omega = \mathbb{R}^n$ ist. Da aber Meßbarkeit eine sehr schwache Forderung ist (z.B. sind stetige Funktionen $f : \mathbb{R}^n \to \mathbb{R}$ stets meßbar bzgl. der Borelschen Mengen, ebenso auch alle Funktionen, die stetig sind bis auf endlich viele Unstetigkeitsstellen), ergeben sich bei ökonomischen Fragestellungen keine Probleme mit der Meßbarkeit. Das Thema braucht hier also nicht weiter vertieft zu werden[1].

3.3 Definition:

Sei $(\Omega, A(\Omega), P)$ ein Wahrscheinlichkeitsraum. Eine Funktion $X : \Omega \to \mathbb{R}$ heißt *(eindimensionale) Zufallsvariable*, wenn X meßbar ist bezüglich $A(\Omega)$ und $\mathcal{L}$.

Bezeichnung:

$X : (\Omega, A(\Omega), P) \to \mathbb{R}$ ist Zufallsvariable (ZV).

Üblicherweise wählt man für Funktionen eher die Buchstaben f, g oder h. Bei Zufallsvariablen werden häufig wegen der Interpretation als Variable die Buchstaben X, Y oder Z verwendet; Großbuchstaben daher, um sie von „gewöhnlichen“ Variablen zu unterscheiden.

[1] Ähnlich wie bei σ-Algebren ist eine intensive Beschäftigung mit Meßbarkeitsfragen für das Verständnis des folgenden nicht erforderlich.

Aus Hilfssatz 3.2 ergibt sich unmittelbar:

3.4 Folgerung:

Sei $(\Omega, A(\Omega), P)$ ein Wahrscheinlichkeitsraum. $X : \Omega \to \mathbb{R}$ eine Funktion. X ist genau dann Zufallsvariable, wenn

$$X^{-1}((-\infty, \alpha]) \in A(\Omega) \text{ für alle } \alpha \in \mathbb{R} \tag{9}$$

gilt.

Ziel der Überlegungen war es, Teilmengen des Bildbereiches von X eine Wahrscheinlichkeit zuzuordnen. Dies ist jetzt ohne Schwierigkeiten möglich. Sei nämlich $X : (\Omega, A(\Omega), P) \to \mathbb{R}$ eine Zufallsvariable. Für eine Borelsche Menge $R \subset \mathbb{R}$ ist dann

$$X^{-1}(R) \in A(\Omega) \tag{10}$$

und damit durch P eine Wahrscheinlichkeit zugeordnet:

$P(X^{-1}(R))$ *Wahrscheinlichkeit des Urbildes von R bei X.*

Wir setzen jetzt

$$P_X(R) = P(X^{-1}(R)) \tag{11}$$

und erhalten so ein Wahrscheinlichkeitsmaß P_X auf $(\mathbb{R}, \mathcal{L})$, denn

1. $P_X(R) = P(X^{-1}(R)) \geq 0$.
2. Seien $R_i, i = 1, 2, 3, \ldots$ Borelsche Mengen mit $R_i \cap R_j = \emptyset$ für $i \neq j$. Dann gilt $X^{-1}(R_i) \in A(\Omega)$ für alle i und

$$\begin{aligned} X^{-1}(R_i) \cap X^{-1}(R_j) &= \{\omega | X(\omega) \in R_i\} \cap \{\omega | X(\omega) \in R_j\} \\ &= \{\omega | X(\omega) \in R_i \cap R_j\} \\ &= \emptyset \text{ für } i \neq j. \end{aligned} \tag{12}$$

Ferner ist $X^{-1}(\bigcup_{i=1}^{\infty} R_i) = \bigcup_{i=1}^{\infty} X^{-1}(R_i)$ und damit

$$\begin{aligned} P_X(\bigcup_{i=1}^{\infty} R_i) &= P(X^{-1}(\bigcup_{i=1}^{\infty} R_i)) = P(\bigcup_{i=1}^{\infty} X^{-1}(R_i)) \\ &= \sum_{i=1}^{\infty} P(X^{-1}(R_i)) = \sum_{i=1}^{\infty} P_X(R_i). \end{aligned} \tag{13}$$

3. $P_X(\mathbf{R}) = P(X^{-1}(\mathbf{R})) = P(\Omega) = 1.$

P hat also, wie behauptet, die Eigenschaften eines Wahrscheinlichkeitsmaßes auf $(\mathbf{R}, \mathcal{L})$. Es gilt:

3.5 Satz

Sei $X : (\Omega, A(\Omega), P) \to \mathbf{R}$ eine Zufallsvariable. Dann ist $P_X : \mathcal{L} \to [0,1]$ mit $P_X(R) = P(X^{-1}(R))$ für $R \in \mathcal{L}$ ein Wahrscheinlichkeitsmaß auf $(\mathbf{R}, \mathcal{L})$, $(\mathbf{R}, \mathcal{L}, P_X)$ ein Wahrscheinlichkeitsraum. P_X heißt *Wahrscheinlichkeitsverteilung der Zufallsvariablen* X.

3.6 Beispiele

1. In der Kontrollsituation des Beispiels 1.1 haben wir den Laplaceschen Wahrscheinlichkeitsraum der verschiedenen Stichproben vom Umfang 150. Interessiert hat uns aber die Wahrscheinlichkeit für eine bestimmte Anzahl schlechter Teile in der Stichprobe. Setzen wir

   $X(\omega) =$ Anzahl schlechter Teile in der Stichprobe ω.

   Dann ist $X : (\Omega, \mathcal{P}(\Omega), P) \to \{0, 1, 2, \ldots, 150\} \subset \mathbf{R}$ eine Zufallsvariable, da $A(\Omega) = \mathcal{P}(\Omega)$ ist, Meßbarkeit also trivialerweise vorliegt.

   Sei $k \in \{0, 1, 2, \ldots, 150\}$, so ist

$$\begin{aligned} P_X(\{k\}) &= P(X^{-1}(\{k\})) = P(\{\omega | X(\omega) = k\}) \\ &= P(\{\omega | \omega \text{ hat genau } k \text{ schlechte Elemente}\}) \\ &= \frac{\#\{\omega | \omega \text{ hat genau } k \text{ schlechte Elemente}\}}{\#\Omega} \\ &= \frac{\binom{M}{k}\binom{10000-M}{150-k}}{\binom{10000}{150}}, \end{aligned} \tag{14}$$

   wie wir schon dort berechnet haben. Unsere Konstruktion ist also widerspruchsfrei. Sei nun $R \in \mathcal{L}$, dann ist es – X nimmt ja nur Werte in

$\{0, \ldots, 150\}$ an – nur wesentlich, welche k in R liegen:

$$X^{-1}(R) = \bigcup_{\substack{k=0 \\ k \in R}}^{150} X^{-1}(k). \tag{15}$$

Es gilt also:

$$P_X(R) = \sum_{\substack{k=0 \\ k \in R}}^{150} P_X(\{k\}) \tag{16}$$

2. Bei der Untersuchung einer Abfüllanlage erhielt man folgende Summenhäufigkeitsfunktion:

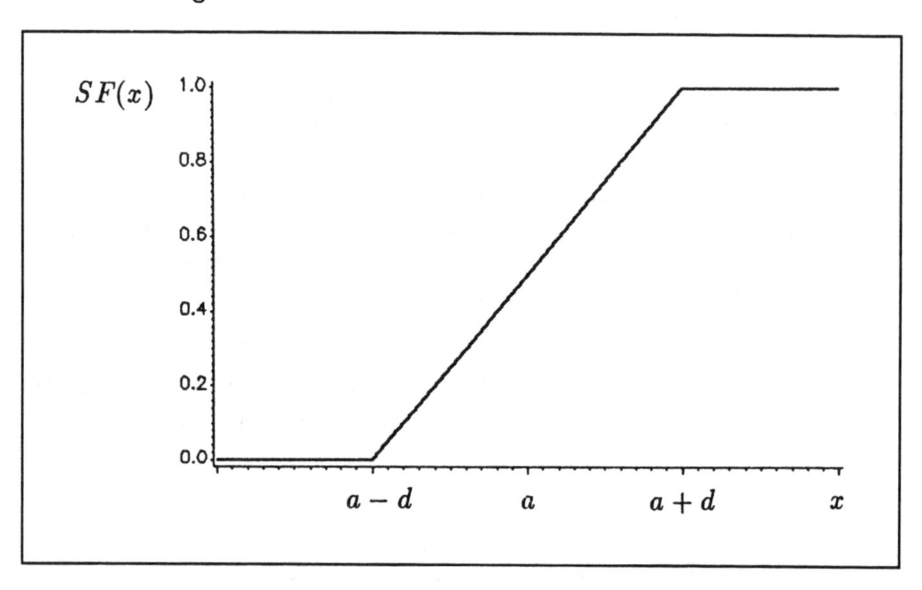

Abbildung 3.1: Summenhäufigkeitsfunktion zu Beispiel 2.

Dabei ist a das Sollgewicht. Die formale Darstellung ist also

$$SF(x) = \begin{cases} 0 & x < a-d \\ \frac{1}{2d}(x-a+d) & a-d \leq x \leq a+d \\ 1 & a+d < x \end{cases} \tag{17}$$

Damit erhält man analog zum Beispiel 1.4 den Wahrscheinlichkeitsraum $(\mathbb{R}, \mathcal{L}, P)$ mit

$$P((-\infty,\alpha]) = SF(\alpha). \tag{18}$$

Bei einem Untergewicht entsteht dem Unternehmen durch Strafen und Imageverlust ein Schaden, der umso höher ist, je größer das Untergewicht ist. Der Schadensverlauf wird durch folgende Funktion wiedergegeben:

$$V(x) = \begin{cases} (x-a)^2 & x \leq a \\ 0 & x > a \end{cases} \tag{19}$$

Der Abfüller möchte nun wissen, mit welchen Verlusten er rechnen muß. Dazu betrachten wir die Funktion $V : \mathbf{R} \to \mathbf{R}$. Für $\alpha \in \mathbf{R}$ ist

$$V^{-1}((-\infty,\alpha]) = \begin{cases} \emptyset & \alpha < 0 \\ [a,\infty) & \alpha = 0 \\ [a-\sqrt{\alpha},\infty) & \alpha > 0 \end{cases} \tag{20}$$

also in allen drei Fällen eine Borelsche Menge: $V : (\mathbf{R}, \mathcal{L}, P) \to \mathbf{R}$ ist eine Zufallsvariable. Für $\alpha > 0$ erhält man

$$\begin{aligned} P_V((-\infty,\alpha]) &= P(V^{-1}((-\infty,\alpha]) \\ &= P([a-\sqrt{\alpha},\infty)) \\ &= 1-P((-\infty,a-\sqrt{\alpha})) \\ &= 1-SF(a-\sqrt{\alpha}) \\ &= \begin{cases} 1-\frac{1}{2d}(a-\sqrt{\alpha}-a+d) & \text{falls} \quad \sqrt{\alpha} \leq d \\ 1 & \text{falls} \quad d < \sqrt{\alpha} \end{cases} \end{aligned} \tag{21}$$

Für $\alpha < 0$ gilt

$$P_V((-\infty,\alpha]) = P(V^{-1}((-\infty,\alpha])) = P(\emptyset) = 0, \tag{22}$$

und für $\alpha = 0$

$$\begin{aligned} P_V((-\infty,0]) &= P(V^{-1}((-\infty,0])) = P([a,\infty)) \\ &= 1-P((-\infty,a]) = 1-SF(a) \\ &= 1-\frac{1}{2} = \frac{1}{2}. \end{aligned} \tag{23}$$

Das heißt: Mit Wahrscheinlichkeit $\frac{1}{2}$ hat der Abfüller keinen Schaden zu erwarten, mit Wahrscheinlichkeit

$$1 - \frac{1}{2d}(d - \sqrt{\alpha}) = \frac{d + \sqrt{\alpha}}{2d} = \frac{1}{2} + \frac{\sqrt{\alpha}}{2d}$$

einen Schaden von höchstens α für $0 \leq \alpha \leq d^2$ und mit Wahrscheinlichkeit 1 einen Schaden von höchstens d^2.

Zieht man bei diesen Werten die Wahrscheinlichkeit ab, keinen Schaden – genauer einen Schaden der Höhe 0 – zu haben, so erhält man

$$P_V((0,\alpha]) = \begin{cases} \frac{\sqrt{\alpha}}{2d} & 0 < \alpha \leq d^2 \\ \frac{1}{2} & d^2 < \alpha. \end{cases} \tag{24}$$

Die Funktion $F(\alpha) := P_V((-\infty,\alpha])$ hat folgenden Verlauf:

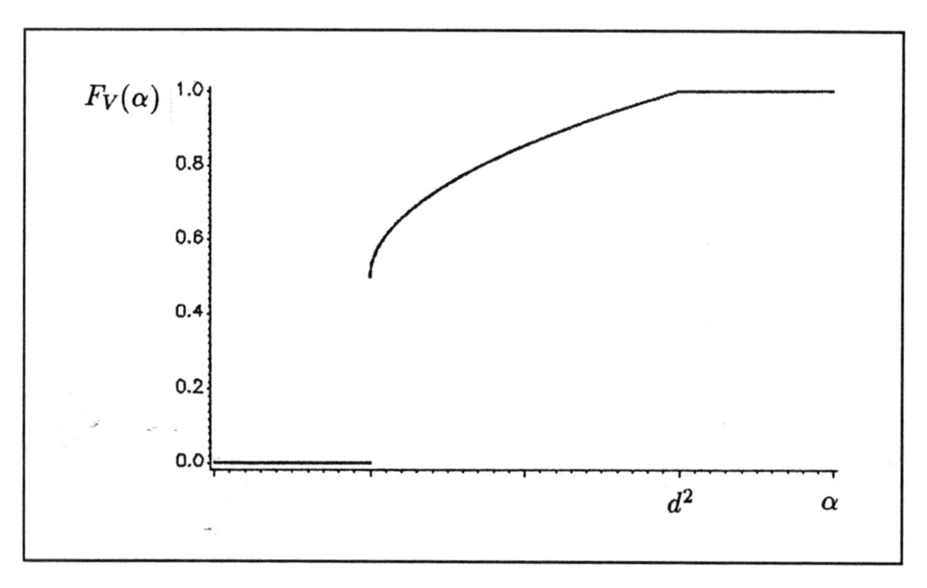

Abbildung 3.2: Wahrscheinlichkeit für einen Schaden $\leq$ α.

Die Schreibweise

$$X^{-1}(B) = \{\omega | X(\omega) \in B\} \tag{25}$$

ist etwas umständlich. Daher wird häufig eine Schreibweise benutzt, die wieder an die Idee einer Zufallsvariablen erinnert, nämlich

$$
\begin{array}{lll}
„X \in B" & \text{für} & X^{-1}(B), \\
„X \leq \alpha" & \text{für} & X^{-1}((-\infty, \alpha]), \\
„\alpha \leq X \leq \beta" & \text{für} & X^{-1}([\alpha, \beta]), \quad \text{usw.}
\end{array} \tag{26}
$$

Dadurch wird der Sachverhalt, z.B. X nimmt einen Wert in B an für „$X \in B$", richtig ausgedrückt. Verdeckt wird dadurch aber, daß z.B. „$X \in B$" eine Teilmenge des Definitionsbereichs von X, also von Ω beschreibt.

Mit dieser Schreibweise ist

$$
\begin{aligned}
P_X((-\infty, \alpha]) &= P(X \leq \alpha) \\
P_X(B) &= P(X \in B) \\
P_X([\alpha, \beta]) &= P(\alpha \leq X \leq \beta),
\end{aligned} \tag{27}
$$

wie man häufig lesen kann.

Wie schon mehrfach angedeutet, ist ein Wahrscheinlichkeitsmaß P auf $(\mathbf{R}, \mathcal{L})$ eindeutig festgelegt durch

$$P((-\infty, \alpha]) \text{ für alle } \alpha \in \mathbf{R}. \tag{28}$$

Zur Angabe des Wahrscheinlichkeitsmaßes genügt also die Funktion

$$F : \mathbf{R} \to [0, 1] \text{ mit } F(\alpha) = P((-\infty, \alpha]). \tag{29}$$

Damit gilt dies auch für die Wahrscheinlichkeitsverteilung einer Zufallsvariablen.

3.7 Definition

Sei $X : (\Omega, A(\Omega), P) \to \mathbf{R}$ eine Zufallsvariable. Dann heißt $F_X : \mathbf{R} \to [0, 1]$ mit

$$F_X(\alpha) = P_X((-\infty, \alpha]) = P(X \leq \alpha) \tag{30}$$

Verteilungsfunktion von X.

Merke:

Durch die Verteilungsfunktion F_X ist die Wahrscheinlichkeitsverteilung von X eindeutig festgelegt.

3.8 Bemerkung

In nahezu allen Anwendungsbeispielen wird von einer Zufallsvariablen nur die Wahrscheinlichkeitsverteilung benötigt, nicht aber, wie der Definitionsbereich der Zufallsvariablen X und die Funktion X, also die Zuordnungsvorschrift, aussieht. Dies bedeutet, daß im Grunde nur die Verteilungsfunktion F_X für das weitere Vorgehen relevant ist. Typisch dafür ist eine Formulierung der Art: Gegeben sei eine Zufallsvariable X mit Verteilungsfunktion F_X. Dazu ist es aber erforderlich, daß man die Eigenschaften der Funktion F_X kennt, die charakteristisch, also notwendig und hinreichend dafür sind, daß es sich um eine Verteilungsfunktion handelt.

3.9 Eigenschaften einer Verteilungsfunktion F

1. F ist monoton steigend.

2. $\lim_{\alpha \to -\infty} F(\alpha) = 0, \ \lim_{\alpha \to +\infty} F(\alpha) = 1.$

3. F ist von rechts stetig, d.h. $\lim_{\substack{\alpha \to \alpha_0 \\ \alpha > \alpha_0}} F(\alpha) = F(\alpha_0).$

Beweis:

1. Sei $\alpha \leq \beta$. Dann ist $(-\infty, \alpha] \subset (-\infty, \beta]$ und damit

$$F(\alpha) = P_X((-\infty, \alpha]) \leq P_X((-\infty, \beta]) = F(\beta). \tag{31}$$

2. Sei (α_n) eine Folge mit $\lim_{n \to \infty} \alpha_n = -\infty$ und $\alpha_n > \alpha_{n+1}$.

   Dann ist

$$(-\infty, \alpha_{n+1}] = (-\infty, \alpha_n] \backslash (\alpha_{n+1}, \alpha_n]$$

und

$$(-\infty, \alpha_1] = \bigcup_{n=1}^{\infty} (\alpha_{n+1}, \alpha_n]. \tag{32}$$

Daraus folgt:

$$\begin{aligned} F(\alpha_1) &= P_X(\bigcup_{n=1}^{\infty}(\alpha_{n+1}, \alpha_n]) \\ &= \sum_{n=1}^{\infty}(F(\alpha_n) - F(\alpha_{n+1})) \\ &= \lim_{k\to\infty} \sum_{n=1}^{k}(F(\alpha_n) - F(\alpha_{n+1})) \\ &= \lim_{k\to\infty} F(\alpha_1) - F(\alpha_{k+1}) \\ &= F(\alpha_1) - \lim_{k\to\infty} F(\alpha_{k+1}) \end{aligned} \tag{33}$$

und damit die Behauptung.

$\lim_{\alpha\to\infty} F(\alpha) = 1$ kann analog bewiesen werden (Übungsaufgabe).

3. Sei (α_n) Folge mit $\alpha_n > \alpha_{n+1} > \alpha_0$ für alle n und $\lim_{n\to\infty} \alpha_n = \alpha_0$. Dann gilt

$$(\alpha_0, \infty) = (\bigcup_{n=1}^{\infty}(\alpha_{n+1}, \alpha_n]) \cup (\alpha_1, \infty) \tag{34}$$

und damit

$$\begin{aligned} 1 - F(\alpha_0) &= \sum_{n=1}^{\infty}(F(\alpha_n) - F(\alpha_{n+1})) + (1 - F(\alpha_1)) \\ &= F(\alpha_1) - \lim_{k\to\infty} F(\alpha_{k+1}) + 1 - F(\alpha_1) \\ &= 1 - \lim_{k\to\infty} F(\alpha_{k+1}). \end{aligned} \tag{35}$$

Durch eine analoge Konstruktion wie in Beispiel 1.4 kann man zu jeder Funktion F mit den Eigenschaften 1.–3. einen Wahrscheinlichkeitsraum dadurch konstruieren, daß für die Erzeuger $(-\infty, \alpha]$ der Borelschen Mengen in $\mathbb{R}$ $P((-\infty, \alpha]) = F(\alpha)$ gesetzt wird. P läßt sich dann auf eindeutige Weise zu einem Wahrscheinlichkeitsmaß auf $(\mathbb{R}, \mathcal{L})$ erweitern. Man benötigt wieder dieselbe Fortsetzungseigenschaft wie in Beipiel 1.4, die einen umfangreichen Beweis erfordert, auf den wir nicht eingehen (s. etwa Bauer, Wahrscheinlichkeitstheorie und Grundzüge der Maßtheorie, S. 144).

3.10 Satz

Eine Funktion $F : \mathbf{R} \to [0,1]$ ist genau dann Verteilungsfunktion einer Zufallsvariablen, wenn sie die Eigenschaften 1.–3. von 3.9 erfüllt.

Weitere Beispiele für Zufallsvariablen und ihre Verteilungen werden im nächsten Paragraphen angegeben, in dem einige für Anwendungen wichtige Verteilungen behandelt werden.

Übungsaufgaben zu § 3

1. In einer Urne befinden sich 10 Kugeln, wobei zwei weiß und der Rest schwarz sind. Es werden 3 Kugeln nacheinander ohne Zurücklegen entnommen. Die Zufallsvariable Z gebe die Anzahl der entnommenen weissen Kugeln an.

   (a) Stellen Sie den Wahrscheinlichkeitsraum mit Grundgesamtheit Ω auf.

   (b) Geben Sie für die Zufallsvariable Z die Wahrscheinlichkeitsverteilung an.

   (c) Bestimmen Sie die Verteilungsfunktion der Zufallsvariablen Z.

2. Ein physikalisches Experiment wird solange durchgeführt, bis es brauchbare Ergebnisse liefert. Wegen der hohen Kosten wird es maximal 5 mal wiederholt. Man nimmt an, daß die einzelnen Versuche voneinander unabhängig sind und die Wahrscheinlichkeit für einen erfolgreichen Abschluß gleich 0,4 ist. Die Kosten für das erste Experiment betragen DM 100.000,– und für die nachfolgenden Versuche jeweis DM 80.000,–. Bei einer erfolgreichen Durchführung erhält man eine Prämie von DM 250.000,–. Die Zufallsvariable G beschreibe den Nettogewinn des Experiments.

   (a) Geben Sie die Wahrscheinlichkeitsverteilung von G an.

   (b) Bestimmen Sie die Verteilungsfunktion von G.

3. Von einer Zufallsvariablen X ist lediglich die Verteilungsfunktion $F_X(x)$ bekannt:

$$F_X(x) = \begin{cases} 0 & \text{für} \quad x < 0 \\ 0,4 & \text{für} \quad 0 \leq x < 1 \\ 0,64 & \text{für} \quad 1 \leq x < 2 \\ 0,8 & \text{für} \quad 2 \leq x < 3 \\ 0,94 & \text{für} \quad 3 \leq x < 4 \\ 0,95 & \text{für} \quad 4 \leq x < 5 \\ 0,95 & \text{für} \quad 5 < x < 6 \\ 0,98 & \text{für} \quad 6 \leq x < 7 \\ 0,99 & \text{für} \quad 7 \leq x < 8 \\ 1 & \text{für} \quad 8 \leq x \end{cases}$$

   (a) Geben Sie eine explizite Darstellung der Zufallsvariablen X an.

   (b) Geben Sie die Wahrscheinlichkeitsverteilung von X an.

4 Diskrete Verteilungen

1. **Hypergeometrische Verteilung**

   Sei $X(\omega)$ die Anzahl der schlechten Teile in einer Stichprobe vom Umfang n aus einer Warenpartie vom Umfang N mit M schlechten Teilen (vgl. Beispiel 1 aus § 1).

   Dann gilt

$$P(X = m) = \frac{\binom{M}{m}\binom{N-M}{n-m}}{\binom{N}{n}} \tag{1}$$

   für $m = 0, 1, \ldots, n$.

   Verteilungsfunktion von X ist damit

$$F_X(\alpha) = P(X \leq \alpha) = \sum_{\substack{m=0 \\ m \leq \alpha}}^{n} \frac{\binom{M}{m}\binom{N-M}{n-m}}{\binom{N}{n}} \tag{2}$$

   Also z.B. für $N = 100, M = 10, n = 5$:

m	0	1	2	3	4	5
$P(X = m)$	.583	.339	.070	.006	$3 \cdot 10^{-4}$	10^{-6}

   Die graphische Darstellung von F_X ist aus Abbildung 4.1 ersichtlich.

   Diese Verteilung heißt *hypergeometrisch* und X *hypergeometrisch verteilt*. Die Verteilung ist festgelegt durch die Größen N, M und n. Man verwendet daher auch die Abkürzung $H(N, M, n)$.

2. **Bernoulli-Verteilung**[1]

   Zieht man genau eine Einheit aus der Warenpartie ($n = 1$), so nimmt X nur die Werte 0 (die Einheit ist gut) und 1 (die Einheit ist schlecht) an, und man erhält[2]

$$P(X = 1) = \frac{\binom{M}{1}\binom{N-M}{0}}{\binom{N}{1}} = \frac{M}{N} \tag{3}$$

   und

$$P(X = 0) = \frac{N - M}{N} = 1 - \frac{M}{N}. \tag{4}$$

[1] Bernoulli, Jacob, 1654-1705. Mitglied einer Schweizer Mathematikerfamilie aus Basel.

[2] Vgl. auch Beispiel 1.3.

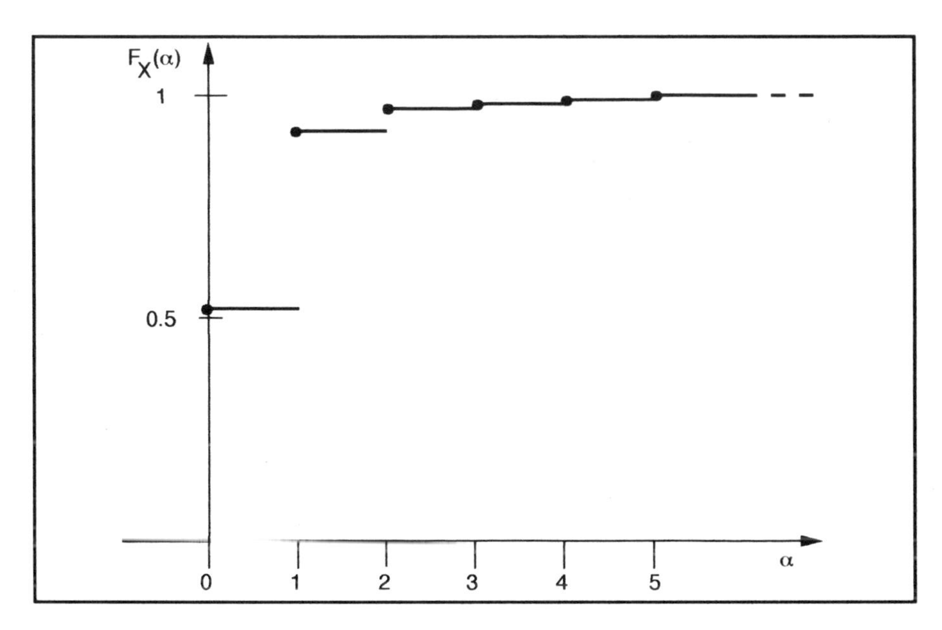

Abbildung 4.1: Verteilungsfunktion der hypergeometrischen Verteilung ($N = 100,\ M = 10,\ n = 5$).

Allgemeiner kann man p beliebig aus $[0,1]$ wählen und

$$P(X = 1) = p \tag{5}$$

und

$$P(X = 0) = 1 - p \tag{6}$$

setzen.

Eine Zufallsvariable, die nur zwei verschiedene Werte annehmen kann, heißt *dichotom*. Dichotome Zufallsvariablen eignen sich vor allem zur Beschreibung von Grundgesamtheiten, deren Einheiten eine bestimmte Eigenschaft besitzen oder nicht besitzen.

Man spricht hier von der *Bernoulli-Verteilung mit dem Parameter p*, $p \in [0,1]$.

3. **Binomialverteilung**

Bei dem Kontrollverfahren in Beispiel 1 aus § 1 (siehe auch 1.) wurde die Stichprobe so gezogen, daß alle n Einheiten in einem Vorgang entnommen wurden, so daß keine Einheit zweimal geprüft wird.

Für Berechnungen einfacher ist das folgende Verfahren:

Man entnimmt nacheinander die einzelnen Einheiten, prüft und legt danach die Einheit wieder in die Grundgesamtheit zurück. Dies bedeutet, daß jede einzelne Einheit aus derselben Warenpartie entnommen wird, wie sie zu Beginn vorliegt. Damit beeinflussen sich die Ergebnisse der Prüfung nicht. Man spricht hier von einer „Stichprobe mit Zurücklegen".

Im Gegensatz zu Stichproben mit Zurücklegen ist eine Beeinflussung der weiteren Ergebnisse, wenn wir nicht Zurücklegen, also bei einer „Stichprobe ohne Zurücklegen" wie bei 1., offensichtlich. Hat man beispielsweise das einzige schlechte Element der Warenpartie zufälligerweise schon „gefunden", so können im weiteren Verlauf keine schlechten Einheiten mehr auftreten. Bei Stichproben mit Zurücklegen kann dagegen immer wieder dasselbe schlechte Element gezogen werden. Eine Stichprobe ω kann jetzt beschrieben werden durch einen Vektor

$$\omega = (\omega_1, \ldots, \omega_n), \omega_i \in \Omega \text{ für } i = 1, \ldots, n.$$

Sei N der Umfang der Warenpartie, so gibt es N^n verschiedene Vektoren. Sei Ω^n die Menge aller Stichproben, so ist das Wahrscheinlichkeitsmaß des Laplaceschen Wahrscheinlichkeitsraums gegeben durch

$$P(\{\omega\}) = \tfrac{1}{N^n} \quad \text{für jedes } \omega \in \Omega.$$

Sei $X(\omega)$ die Anzahl der schlechten Elemente in Ω, so ist

$$\begin{aligned} P(X = m) &= P(\{\omega \in \Omega^n | X(\omega) = m\}) \\ &= \frac{\#\{\omega \in \Omega^n | X(\omega) = m\}}{N^n}. \end{aligned} \tag{7}$$

Wieviele verschiedene Stichproben gibt es mit m schlechten Einheiten?

Zunächst gibt es

$\binom{n}{m}$ Möglichkeiten für m Komponenten des Stichprobenvektors, bei denen schlechte Einheiten auftreten,

M Möglichkeiten für die Auswahl einer schlechten Einheit für eine Komponente

und damit

M^m Möglichkeiten bei der Besetzung aller m Komponenten mit schlechten Einheiten

und analog

$(N - M)^{n-m}$ Möglichkeiten für die Besetzung der restlichen $n - m$ Komponenten mit guten Einheiten.

Also ist

$$\#\{\omega \in \Omega^n | X(\omega) = m\} = \binom{n}{m} M^m (N-M)^{n-m}. \tag{8}$$

Damit erhalten wir

$$\begin{aligned} P(X=m) &= \frac{\binom{n}{m} M^m (N-M)^{n-m}}{N^n} \\ &= \binom{n}{m} \left(\frac{M}{N}\right)^m \left(\frac{N-M}{N}\right)^{n-m} \\ &= \binom{n}{m} \left(\frac{M}{N}\right)^m \left(1-\frac{M}{N}\right)^{n-m}. \end{aligned} \tag{9}$$

Setzt man wieder $p = \frac{M}{N}$, so erhält man

$$P(X=m) = \binom{n}{m} p^m (1-p)^{n-m} \text{ für } m = 0, \ldots, n. \tag{10}$$

X heißt dann *binomialverteilt mit n und p*, wobei $n \in \mathbb{N}$ und $p \in [0,1]$ ist, Abkürzung $B(n,p)$.

Zahlenbeispiel:

Für die Werte $n = 5$ und $p = 0.1$ erhält man (vgl. hypergeomtrische Verteilung)

m	0	1	2	3	4	5
$P(X=m)$	0.590	0.328	0.073	0.008	$4.5 \cdot 10^{-4}$	10^{-5}

Die Bernoulliverteilung ist also eine spezielle Binomialverteilung; für $n = 1$ ist kein Unterschied zwischen Stichproben mit und ohne Zurücklegen.

Unwesentlich ist der Unterschied sicherlich auch, wenn der Partieumfang N groß gegenüber dem Stichprobenumfang n ist, da dann die Chance, eine Stichprobeneinheit doppelt zu erwischen, klein wird. In der Tat wird der Unterschied zwischen der hypergeometrischen Verteilung und der Binomialverteilung mit wachsendem N immer kleiner.

Es gilt mit $p = \frac{M}{N}$

$$\lim_{k\to\infty} \frac{\binom{kM}{m}\binom{kN-kM}{n-m}}{\binom{kN}{n}} = \binom{n}{m} p^m (1-p)^{n-m}, \tag{11}$$

d.h. verdoppelt, verdreifacht,..., ver-k-facht man die Warenpartie mit gleichbleibendem Ausschußanteil $p = \frac{kM}{kN}$, so erhält man beim Grenzübergang $k \to \infty$ die Binomialverteilung.

Falls N groß gegenüber n ist, kann man also die Binomialverteilung als Näherung für die hypergeometrische Verteilung verwenden. Als Richtwert für die Beziehung zwischen n und N gilt: $n \leq 0.05 \cdot N$, bzw. wenn keine große Genauigkeit verlangt wird oder die Näherung ohnedies überprüft wird: $n \leq 0.1 \cdot N$.

Vorteile der Binomialverteilung:

- N geht in die Verteilung nicht ein.
- Die Berechnung von Potenzen ist wesentlich einfacher als von Binomialkoeffizienten oder Fakultäten.
- Die Werte sind für alle $p \in [0,1]$ und nicht nur für Brüche $\frac{M}{N}$ definiert.

4. **Poissonverteilung**

Eine weitere Vereinfachung erhält man aus der Binomialverteilung, wenn n sehr groß und p sehr klein wird. Poisson[3] betrachtete 1837 den Grenzübergang $n \to \infty$, $p \to 0$ mit $np = \lambda$ als feste Größe. Setzen wir in die Binomialverteilung $p_n = \frac{\lambda}{n}$ ein, so erhalten wir für $n \to \infty$:

$$\begin{aligned}
&\lim_{n\to\infty} \binom{n}{m} p_n^m (1-p_n)^{n-m} \\
&\quad = \lim_{n\to\infty} \frac{n(n-1)\dots(n-m+1)}{n^m} \cdot \frac{\lambda^m}{m!} \cdot (1-\frac{\lambda}{n})^n \cdot (1-\frac{\lambda}{n})^{-m} \\
&\quad = \frac{\lambda^m}{m!} \cdot e^{-\lambda}, \quad \text{da } \lim_{n\to\infty} (1-\frac{\lambda}{n})^n = e^{-\lambda} \text{ ist.} \qquad (12)
\end{aligned}$$

Eine Zufallsvariable X heißt *poissonverteilt mit Parameter* λ, *(Po(λ)-verteilt)*, wenn

$$P(X = m) = \frac{\lambda^m}{m!} \cdot e^{-\lambda} \quad \text{für } m = 0, 1, 2, \dots$$

gilt.

Zahlenbeispiel:

$\lambda = np = 5 \cdot 0.1 = 0.5$

[3]Poisson, Siméon Denis, 1781-1840, franz. Mathematiker.

m	0	1	2	3	4	5
$P(X=m)$	0.607	0.303	0.076	0.013	0.002	10^{-4}

Die Poissonverteilung kann nach dieser Grenzwertbetrachtung als Näherung für die Binomialverteilung verwendet werden, wenn n groß und p klein ist. Als Kriterium wird häufig $n \geq 50$, $p \leq 0.1$ angegeben.

Da p klein sein soll, wird die Poissonverteilung auch als „Verteilung der seltenen Ereignisse" bezeichnet. Neben ihrer Bedeutung als Näherung der Binomialverteilung wird die Poissonverteilung auch zur Beschreibung radioaktiver Zerfallsprozesse, als Verteilung für die Anzahl von Fehlern an einer Produkteinheit und in der Warteschlangentheorie[4] für die formale Darstellung der Anzahl in einem bestimmten Zeitintervall angekommener Kunden benutzt.

Bei den Verteilungen von 1. - 4. nimmt die Zufallsvariable nur ganze Zahlen ≥ 0 an. Nur bei 4. ist die Anzahl der Werte unendlich. Analog zur Bezeichnungsweise bei Merkmalen sprechen wir hier von diskreten Zufallsvariablen.

4.1 Definition

Sei $X : (\Omega, A(\Omega), P) \rightarrow \mathbb{R}$ eine Zufallsvariable.

X heißt *diskret*, wenn es Zahlen $\alpha_1, \alpha_2, \ldots \in \mathbb{R}$ gibt mit

$$X(\omega) \in \{\alpha_i | i = 1, 2, 3, \ldots\} \text{ für alle } \omega \in \Omega.$$

Durch eine Transformation kann man die Werte α_i in die Zahlen $0, 1, 2, \ldots$ überführen, so daß in der Praxis bei diskreten Zufallsvariablen i.a. die Werte $0, 1, 2, 3, \ldots$ gewählt werden, wenn die Werte bei den weiteren Berechnungen keine Rolle spielen.

4.2 Folgerung

Ist Ω endlich oder abzählbar unendlich, so ist jede Zufallsvariable $X : (\Omega, A(\Omega), P) \rightarrow \mathbb{R}$ diskret.

[4] Die Warteschlangentheorie beschäftigt sich mit der Analyse von Wartezeit und Länge der Warteschlange bei Systemen, in denen Objekte in – meist unregelmäßigen – Abständen eintreffen und auf ihre Bearbeitung je nach der vorliegenden Situation des Systems warten müssen (z.B. Bunday, B.D.: Basic Queueing Theory).

4.3 Satz

Sei $X : (\Omega, A(\Omega), P) \to \mathbb{R}$ eine diskrete Zufallsvariable mit Werten α_i und $\alpha_i \neq \alpha_j$ für $i \neq j$ [5]. Sei $p_i := P(X = \alpha_i)$ für $i = 1, 2, 3, \ldots$, dann gilt:

1. $p_i \geq 0$ für $i = 1, 2, 3, \ldots$
2. $\sum_{i=1}^{\infty} p_i = 1.$

Beweis:

1. folgt unmittelbar aus Eigenschaft 1 eines Wahrscheinlichkeitsmaßes.
2. Wegen $X(\omega) \in \{\alpha_1, \alpha_2, \alpha_3, \ldots\}$ ist

$$X^{-1}(\{\alpha_1, \alpha_2, \alpha_3, \ldots\}) = \bigcup_{i=1}^{\infty} X^{-1}(\{\alpha_i\}) = \Omega \tag{13}$$

und damit

$$\begin{aligned} \sum_{i=1}^{\infty} P(X^{-1}(\{\alpha_i\}) &= P(\bigcup_{i=1}^{\infty} X^{-1}(\{\alpha_i\}) \\ &= P(\Omega) \\ &= 1. \end{aligned} \tag{14}$$

Umgekehrt gilt aber auch:

4.4 Satz

Seien $\alpha_1, \alpha_2, \alpha_3, \ldots \in \mathbb{R}$ mit $\alpha_i \neq \alpha_j$ für $i \neq j$. Sei ferner (p_i) eine Folge mit

1. $p_i \geq 0$
2. $\sum_{i=1}^{\infty} p_i = 1,$

[5] D.h. kein α_i ist doppelt aufgeführt.

dann gibt es einen Wahrscheinlichkeitsraum $(\Omega, A(\Omega), P)$ und eine Zufallsvariable $X : (\Omega, A(\Omega), P) \to \mathbb{R}$ mit den Werten $\alpha_1, \alpha_2, \alpha_3, \ldots$ und

$$P(X = \alpha_i) = p_i \text{ für } i = 1, 2, 3, \ldots. \tag{15}$$

Verteilungen diskreter Zufallsvariablen entsprechen also eindeutig Folgen reeller Zahlen mit den Eigenschaften 1 und 2.

Der Beweis wird dem Leser als Übungsaufgabe überlassen, ebenso wie die Überprüfung der Eigenschaften 1 und 2 in den Verteilungen 1.-4.

Die Verteilungsfunktion einer diskreten Zufallsvariablen mit den Werten α_i, $i = 1, 2, 3, \ldots$ hat damit folgende typische Gestalt:

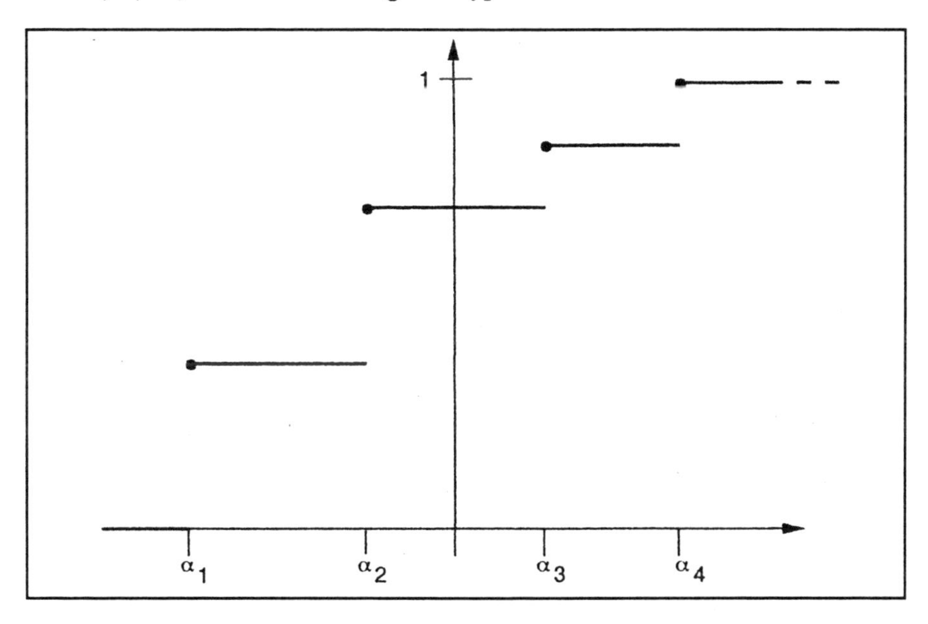

Abbildung 4.2: Verteilungsfunktion einer diskreten Zufallsvariablen.

Sie ähnelt damit in ihrem Verlauf einer empirischen Verteilungsfunktion. Die „Höhe einer Treppenstufe“ entspricht der Wahrscheinlichkeit, mit der dieser Wert angenommen wird. An den Sprungstellen nimmt die Funktion den höheren Wert an.

Übungsaufgaben zu § 4

1. Die Anzahl der LKW, die pro Minute an einem Grenzübergang ankommen und abgefertigt werden, ist poissonverteilt mit Parameter $\lambda = 1$. Berechnen Sie die Wahrscheinlichkeit, daß in einer Minute

   (a) genau ein,

   (b) mindestens ein,

   (c) höchstens ein LKW

   ankommt.

2. In einer Vorlesung befinden sich 100 Studenten. Unter diesen 100 gibt es 10 Studenten, die das Studienfach wechseln wollen. Wie groß ist die Wahrscheinlichkeit dafür, daß von 20 zufällig herausgegriffenen Studenten

   (a) ein Student,

   (b) zwei Studenten,

   (c) drei Studenten

   wechseln wollen? Überlegen Sie sich, welche Wahrscheinlichkeit am größten sein dürfte, bevor Sie die Wahrscheinlichkeiten berechnen.

3. Im Wareneingang einer Unternehmung werden Transistoren auf ihre Funktionsfähigkeit hin untersucht. Bei einer Warenpartie von $N = 100$ wird eine Stichprobe vom Umfang $n = 10$ gezogen. Aus langjähriger Erfahrung weiß man, daß im Mittel 3% der Transistoren fehlerhaft sind. Die Warenpartie wird abgelehnt, wenn mindestens 1 Transistor in der Stichprobe defekt ist.

   (a) Berechnen Sie die Wahrscheinlichkeit, daß die Warenpartie abgelehnt wird, wenn die Stichprobe ohne Zurücklegen gezogen wird.

   (b) Ein Mitarbeiter schlägt vor, die Stichprobe mit Zurücklegen zu ziehen, weil dies den Rechenaufwand vermindere. Berechnen Sie die Wahrscheinlichkeit, die Warenpartie abzulehnen für diesen Fall, und vergleichen Sie das Ergebnis mit (a).

   (c) Ein weiterer Mitarbeiter schlägt vor, den Umfang der Warenpartie auf $N = 1000$ zu erhöhen. Überprüfen Sie, ob für diese Warenpartie der Unterschied zwischen Ziehen ohne Zurücklegen und mit Zurücklegen ins Gewicht fällt.

5 Stetige Verteilungen

Ein Merkmal wird üblicherweise als stetig bezeichnet, wenn der Bereich der Merkmalsausprägungen die Menge aller reellen Zahlen oder zumindest ein Intervall, d.h. also ein kontinuierlicher Bereich aus diesen, ist. Häufig wird man dann eine Klassierung vornehmen und erhält ein Histogramm und die zugehörige Summenhäufigkeitsfunktion. Bekanntlich können wir die Summenhäufigkeitsfunktion durch Integration über das Histogramm ermitteln. Eine ähnliche Beziehung wie zwischen Histogramm und Summenhäufigkeitsfunktion benutzen wir bei Zufallsvariablen zur Definition von Stetigkeit.

5.1 Definition

Sei $X : (\Omega, A(\Omega), P) \to \mathbf{R}$ eine Zufallsvariable mit Verteilungsfunktion $F_X : \mathbf{R} \to [0,1]$. X heißt *stetig*, wenn es eine Funktion $f_X : \mathbf{R} \to \mathbf{R}$ gibt mit

$$F_X(\alpha) = \int_{-\infty}^{\alpha} f_X(x)\, dx \quad \text{für alle } \alpha \in \mathbf{R}.^1 \tag{1}$$

Die Beziehung zwischen f und F wird durch die Abbildungen 5.1 und 5.2 verdeutlicht.

Sie entspricht in ihren wesentlichen Punkten ganz der entsprechenden Abbildung mit Histogramm und Summenhäufigkeitsfunktion.

Aus der Integralrechnung wissen wir, daß $\int_{-\infty}^{\alpha} f(x)\, dx$ stetig in α ist. Es gilt damit:

5.2 Folgerung

Die Verteilungsfunktion einer stetigen Zufallsvariablen ist stetig.

---

[1] Damit wird natürlich auch die Integrierbarkeit von f_X gefordert.

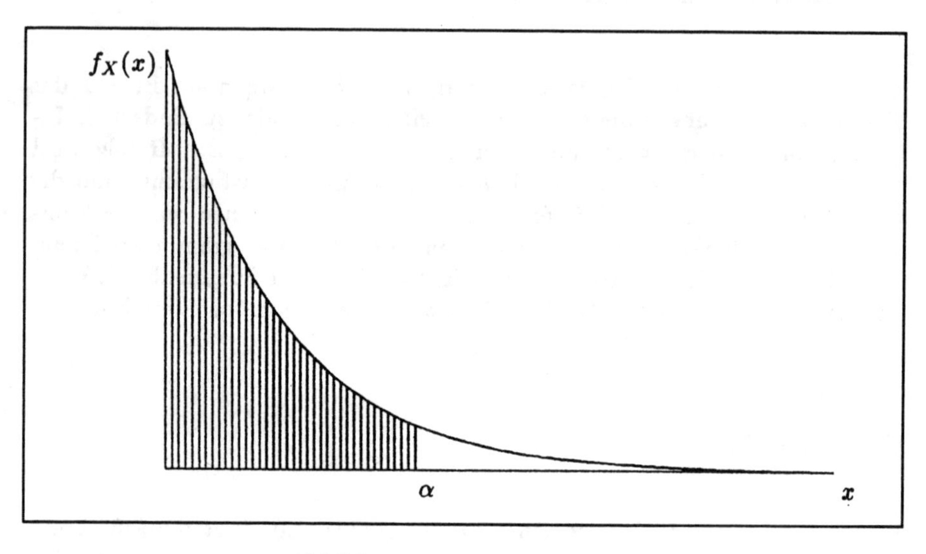

Abbildung 5.1 Dichtefunktion.

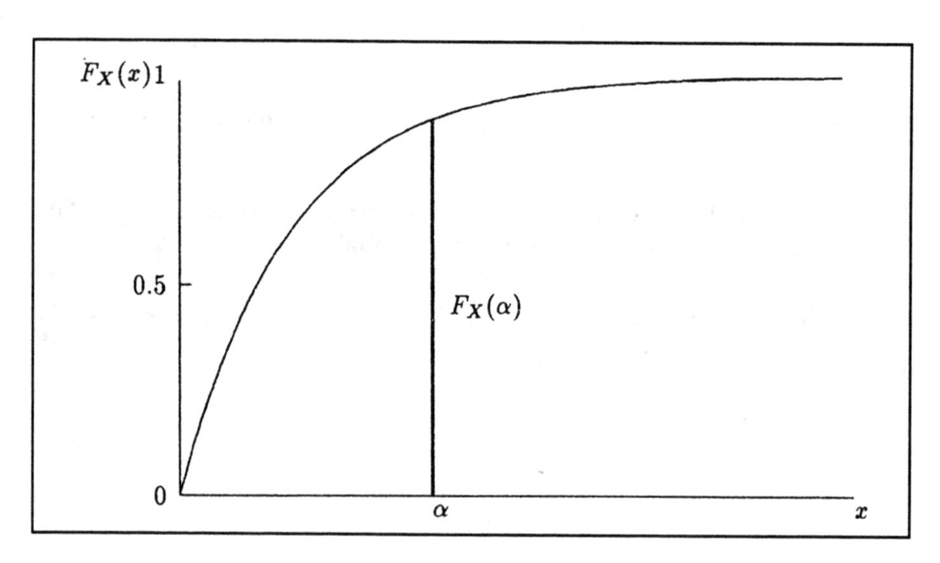

Abbildung 5.2 Zugehörige Verteilungsfunktion.

5.3 Bemerkung

An Beispiel 3.6.2 sieht man, daß es Zufallsvariablen gibt, die weder diskret noch stetig sind. In Abbildung 3.2 ist ersichtlich, daß die Verteilungsfunktion eine Unstetigkeitsstelle in 0 hat. Dies liegt daran, daß $P(V = 0) > 0$ ist. Andererseits hat die Verteilungsfunktion aber nicht den typischen Verlauf wie bei einer diskreten Zufallsvariablen. Es handelt sich hier also um eine Mischform von diskret und stetig. Mischformen von stetigen und diskreten Zufallsvariablen werden wir im folgenden nicht behandeln.

5.4 Folgerung

Sei X eine stetige Zufallsvariable, dann gilt für alle $\alpha \in \mathbf{R}$

$$P(X = \alpha) = 0. \tag{2}$$

Beweis:

$$\begin{aligned} P(X = \alpha) &= P(X \leq \alpha) - P(X < \alpha) \\ &= P_X((-\infty, \alpha]) - P_X((-\infty, \alpha)) \end{aligned} \tag{3}$$

Mit Eigenschaft 2 eines Wahrscheinlichkeitsmaßes können wir zeigen (Übungsaufgabe), daß

$$P((-\infty, \alpha)) = \lim_{\substack{\alpha_n \to \alpha \\ \alpha_n < \alpha}} P_X((-\infty, \alpha_n]) \tag{4}$$

gilt (vgl. § 1, (16) ff.).

Damit ist

$$P_X((-\infty, \alpha]) - P_X((-\infty, \alpha)) = F_X(\alpha) - \lim_{\substack{\alpha_n \to \alpha \\ \alpha_n < \alpha}} F_X(\alpha_n) = 0 \tag{5}$$

wegen der Stetigkeit von F_X.

Eine stetige Zufallsvariable hat also die bemerkenswerte Eigenschaft, daß sie eine bestimmte fixierte reelle Zahl nur mit Wahrscheinlichkeit 0 annimmt. Nur für überabzählbare Bereiche kann die Wahrscheinlichkeit, daß der Wert der Zufallsvariablen in diesen Bereich fällt, positiv sein.

Dies entspricht der Situation, wie sie uns schon in Beispiel 1.4 begegnet ist.

Aus den Eigenschaften der Verteilungsfunktion F ergeben sich natürlich Konsequenzen bezüglich der *Eigenschaften von f*:

1. Aus der Monotonie von F folgt, daß es keine Zahlen $\alpha < \beta$ gibt mit $f(x) < 0$ für alle $\alpha \leq x \leq \beta$. Denn andernfalls wäre

$$\int_{\alpha}^{\beta} f(x)\, dx < 0$$

und damit

$$F(\beta) = \int_{-\infty}^{\beta} f(x)\, dx = \int_{-\infty}^{\alpha} f(x)\, dx + \int_{\alpha}^{\beta} f(x)\, dx < F(\alpha).$$

Andererseits kann aber f an einer Stelle α_0 einen beliebigen Wert annehmen, da isolierte Funktionswerte ein Integral nicht beeinflussen.

Damit verlangen wir zur Vereinfachung $f(x) \geq 0$ für alle $x \in \mathbb{R}$.

2. Aus Eigenschaft 3.9.2: $\lim_{\alpha \to \infty} F(\alpha) = 1$ folgt

$$\lim_{\alpha \to +\infty} F(\alpha) = \int_{-\infty}^{+\infty} f(x)\, dx = 1. \tag{6}$$

3. Nach dem Hauptsatz der Differential- und Integralrechnung gilt: Ist f stetig in einer Umgebung von x_0, so ist F differenzierbar in x_0 und

$$f(x_0) = F'(x_0).$$

Daher ist es sinnvoll, überall dort, wo F differenzierbar ist, auch zu verlangen, daß

$$F'(x) = f(x) \tag{7}$$

gilt. „Unnötige" Unstetigkeitsstellen von f sollen ausgeschlossen werden.

5.5 Definition

Sei F_X die Verteilungsfunktion einer stetigen Zufallsvariablen X mit

$$F_X(\alpha) = \int_{-\infty}^{\alpha} f_X(x)\, dx \qquad \text{für alle } \alpha \in \mathbb{R}.$$

f_X heißt *Dichte oder Dichtefunktion von X*, wenn

1. $f_X(x) \geq 0$ für alle $x \in \mathbb{R}$

2. für alle $x \in \mathbb{R}$, in denen F_X differenzierbar ist,

$$F'_X(x) = f_X(x)$$

gilt.

5.6 Satz

Sei $f : \mathbb{R} \to \mathbb{R}$ eine bis auf endlich viele Stellen stetige Funktion mit:

1. $f(x) \geq 0 \quad$ für alle $x \in \mathbb{R}$
2. $\int\limits_{-\infty}^{+\infty} f(x)\, dx = 1$
3. Existiert $\lim\limits_{\alpha \to \alpha_0} f(\alpha)$, so gilt $f(\alpha_0) = \lim\limits_{\alpha \to \alpha_0} f(\alpha)$,

so ist f Dichte einer Zufallsvariablen.

Beweis:

Sei $F(\alpha) = \int\limits_{-\infty}^{\alpha} f(x)\, dx$. Dann besitzt F die Eigenschaften 1, 2 und 3 aus 3.9, und F ist Verteilungsfunktion einer Zufallsvariablen. f erfüllt damit die Forderungen an eine Dichte.

5.7 Beispiele stetiger Verteilungen

1. **Geometrische Verteilungen**

   Satz 5.6 zeigt, daß man durch geometrische Figuren mit Flächeninhalt 1 über einer Grundlinie Verteilungen stetiger Zufallsvariablen erzeugen kann.

   (a) **Gleichverteilung** über einem Intervall $[a, b]$ („Rechteckverteilung"):
   Sei $f : \mathbb{R} \to \mathbb{R}$ mit

$$f(x) = \begin{cases} \frac{1}{b-a} & \text{für } a \leq x \leq b \\ 0 & \text{sonst} \end{cases} \tag{8}$$

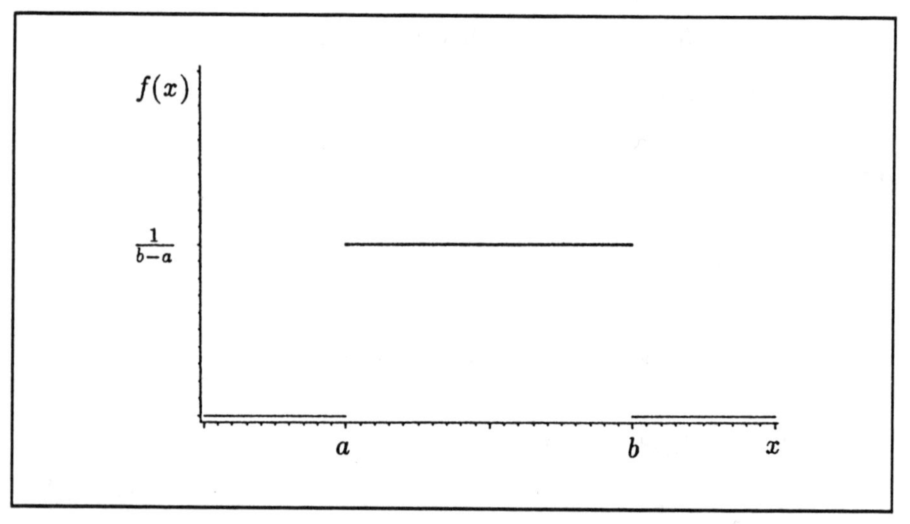

Abbildung 5.3: Dichtefunktion einer Gleichverteilung.

f hat die Eigenschaften einer Dichte. Verteilungsfunktion ist

$$F(x) = \begin{cases} 0 & x < a \\ \frac{1}{b-a}(x-a) & a \leq x \leq b \\ 1 & b < x \end{cases} \tag{9}$$

Die Wahrscheinlichkeit ist *„gleichmäßig über das Intervall* $[a, b]$ *verteilt"*.

(b) **„Dreieckverteilung"**:
Sei $f : \mathbb{R} \to \mathbb{R}$ mit

$$f(x) = \begin{cases} \frac{4}{(b-a)^2}(x-a) & a \leq x \leq \frac{a+b}{2} \\ \frac{4}{(b-a)^2}(b-x) & \frac{a+b}{2} < x \leq b \\ 0 & \text{sonst} \end{cases} \tag{10}$$

Zugehörige Verteilungsfunktion ist:

$$F(x) = \begin{cases} 0 & x < a \\ \frac{2}{(b-a)^2}(x-a)^2 & a \leq x \leq \frac{a+b}{2} \\ -\frac{2}{(b-a)^2}(b-x)^2 + 1 & \frac{a+b}{2} < x \leq b \\ 1 & b < x \end{cases} \tag{11}$$

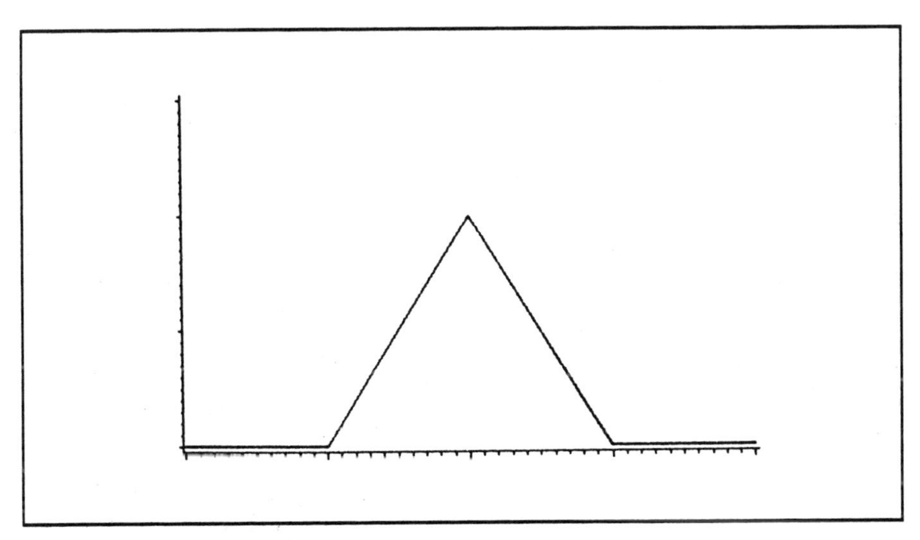

Abbildung 5.4: Dichtefunktion einer Dreieckverteilung.

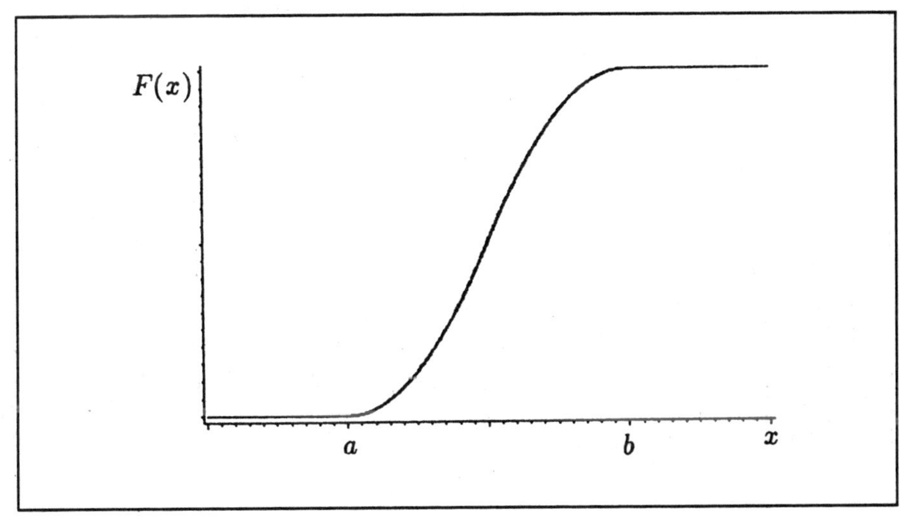

Abbildung 5.5. Verteilungsfunktion dieser Dreieckverteilung.

(c) **Halbkreisverteilung:**
Der Graph der Funktion f entspreche einem Halbkreis mit Fläche 1, also $r = \sqrt{\frac{2}{\pi}}$:

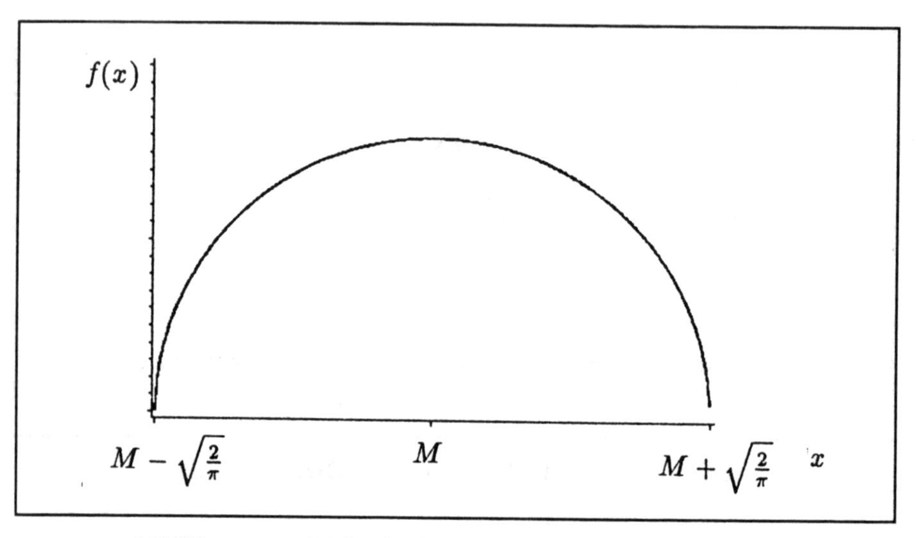

Abbildung 5.6: Dichtefunktion einer Halbkreisverteilung.

$$f(x) = \begin{cases} \sqrt{\frac{2}{\pi} - (x-M)^2} & M - \sqrt{\frac{2}{\pi}} \leq x \leq M + \sqrt{\frac{2}{\pi}} \\ 0 & \text{sonst} \end{cases} \tag{12}$$

Die Bestimmung der Verteilungsfunktion wird dem Leser als Übungsaufgabe überlassen.

2. **Exponentialverteilung:**
Eine Zufallsvariable mit der Dichte

$$f(x) = \begin{cases} 0 & x < 0 \\ \lambda e^{-\lambda x} & x \geq 0 \end{cases} \tag{13}$$

heißt *exponentialverteilt mit Parameter* λ.
Für die Verteilungsfunktion gilt $(\alpha \geq 0)$:

$$F(\alpha) = \int_{-\infty}^{\alpha} f(x)\, dx$$

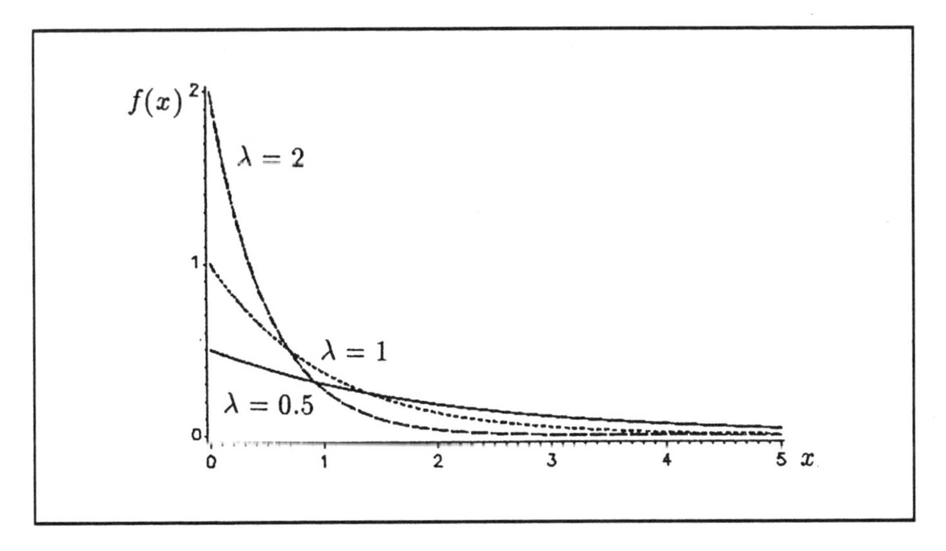

Abbildung 5.7: Dichtefunktion der Exponentialverteilung für $\lambda = 2, 1, 0.5$.

$$= \quad -e^{-\lambda x}\Big|_0^\alpha$$

$$= \quad 1 - e^{-\lambda\alpha}. \tag{14}$$

Also:

$$F(x) = \begin{cases} 0 & x < 0 \\ 1 - e^{-\lambda x} & x \geq 0 \end{cases} \tag{15}$$

Die graphische Darstellung der Verteilungsfunktion der Exponentialverteilung mit den Parameterwerten $\lambda = 2, 1, 0.5$ ist aus Abbildung 5.8 ersichtlich.

Die Exponentialverteilung hat ihre große Bedeutung für die Beschreibung von Zeitdauern, wie z.B. Lebensdauer von Produkteinheiten (z.B. Glühbirnen, Elektrogeräten, Komponenten von Produktionsanlagen, etc.), und Zeitabständen zwischen zwei Ereignissen (z.B. Eintreffen von Bestellungen, Reparaturaufträgen, Telefonanrufen, etc.). Vor allem in der Warteschlangentheorie[2] und der Zuverlässigkeitstheorie[3] wird sie häufig wegen der Markow-Eigenschaft (siehe Beispiel 8.7) benutzt.

[2] Warteschlangentheorie: siehe Seite 43.

[3] Zuverlässigkeitstheorie: Untersuchung des Verhaltens (z.B. der Intaktwahrscheinlichkeit) eines Systems in Abhängigkeit von seinen Bestandteilen („Komponenten") (Siehe z.B. Gaede: Zuverlässigkeit).

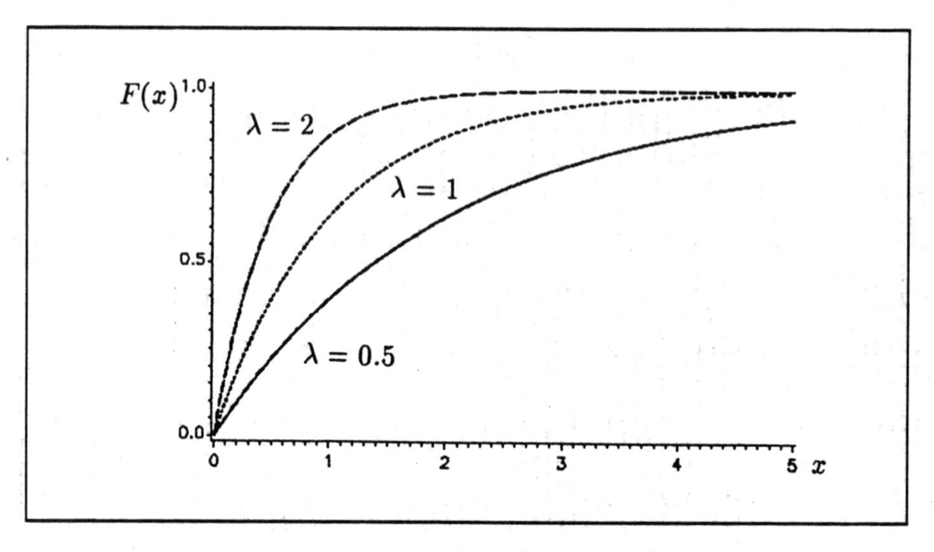

Abbildung 5.8: Verteilungsfunktionen zu Abb. 5.7.

3. **Normalverteilung:**

Die *Normalverteilung*, auch nach Carl Friedrich Gauß[4] als *Gauß-Verteilung* bezeichnet, ist wohl die am häufigsten zugrundegelegte Verteilung. Sie kann in dem Sinne als „normal" angesehen werden, daß sie immer dann auftritt, wenn mehrere zufällige „unabhängige" Einflüsse sich addieren (vgl. Zentraler Grenzwertsatz in § 14), was bei naturwissenschaftlichen Phänomenen häufig der Fall ist.

Eine Zufallsvariable mit Dichte

$$f(x) = \frac{1}{\sqrt{2\pi\sigma^2}} e^{-\frac{(x-\mu)^2}{2\sigma^2}} \tag{16}$$

heißt *normalverteilt mit den Parametern* $\mu \in \mathbb{R}$ *und* $\sigma^2 \in \mathbb{R}$, $\sigma^2 > 0$ (kurz: $N(\mu, \sigma^2)$-verteilt).

Für $\mu = 0$ und $\sigma^2 = 1$ erhält man speziell die *„Standardnormalverteilung"* $N(0,1)$ mit der Dichte

$$f(x) = \frac{1}{\sqrt{2\pi}} e^{-\frac{x^2}{2}}. \tag{17}$$

Die Verteilungsfunktion der Standardnormalverteilung wird mit Φ bezeichnet. Wir werden später sehen, daß man den Verlauf der Verteilungsfunktion einer Normalverteilung mit den Parametern μ und σ^2 leicht aus der Verteilungsfunktion Φ ermitteln kann.

[4]Gauß, Carl Friedrich, 1777-1855, dt. Mathematiker und Astronom.

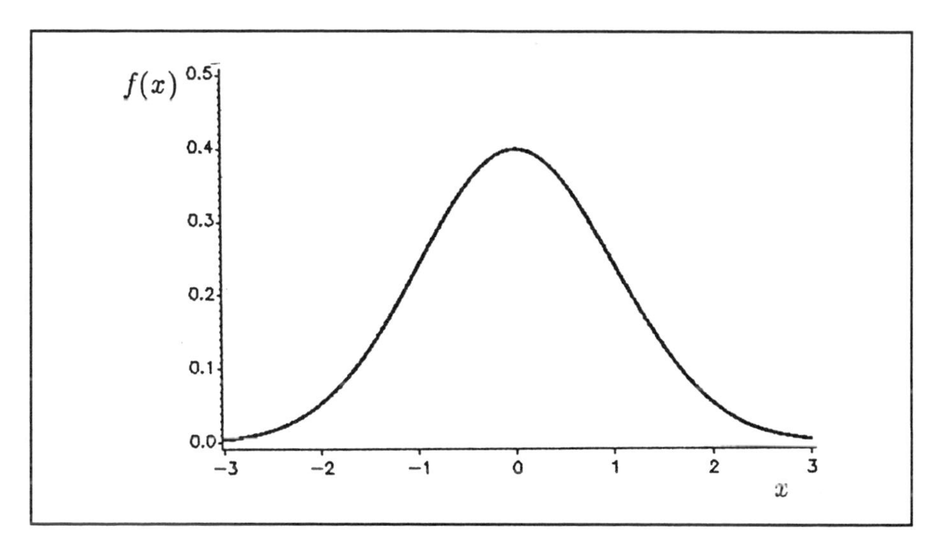

Abbildung 5.9: Dichtefunktion der Standardnormalverteilung.

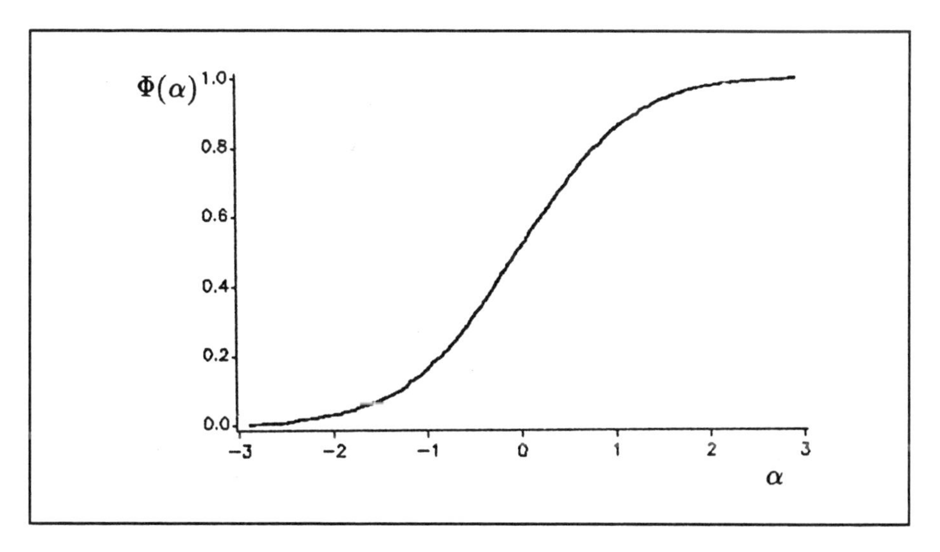

Abbildung 5.10: Verteilungsfunktion der Standardnormalverteilung.

Daneben gibt es noch eine Vielzahl weiterer Verteilungen. Einige davon sind: F-Verteilung, χ^2-Verteilung, Student-t-Verteilung, Gamma- bzw. Erlang-Verteilung.

Übungsaufgaben zu § 5

1. Die Zufallsvariable X habe folgende Dichtefunktion:

$$f_X(x) = \begin{cases} a(1-(x+2)^2) & \text{für} \quad -3 \le x \le -1 \\ a(1-x^2) & \text{für} \quad -1 < x \le 1 \\ a(1-(x-2)^2) & \text{für} \quad 1 < x \le 3 \\ b & \text{sonst} \end{cases}$$

   (a) Bestimmen Sie die Konstanten a und b.

   (b) Bestimmen Sie die Verteilungsfunktion der Zufallsvariablen X.

2. Eine etwas modifizierte Form der Exponentialverteilung besitze die Dichtefunktion

$$f_{X_\alpha}(x) = \lambda \cdot e^{-\lambda(x-\alpha)} \cdot I_\alpha(x)$$

   mit

$$I_\alpha(x) = \begin{cases} 1 & \text{für} \quad x \ge \alpha \\ 0 & \text{sonst} \end{cases}$$

   (a) Berechnen Sie die Verteilungsfunktion dieser Exponentialverteilung.

   (b) Machen Sie sich anhand einer Skizze die Bedeutung des zusätzlichen Parameters α klar.

3. Bestimmen Sie die Dichtefunktion einer „Trapezverteilung“.

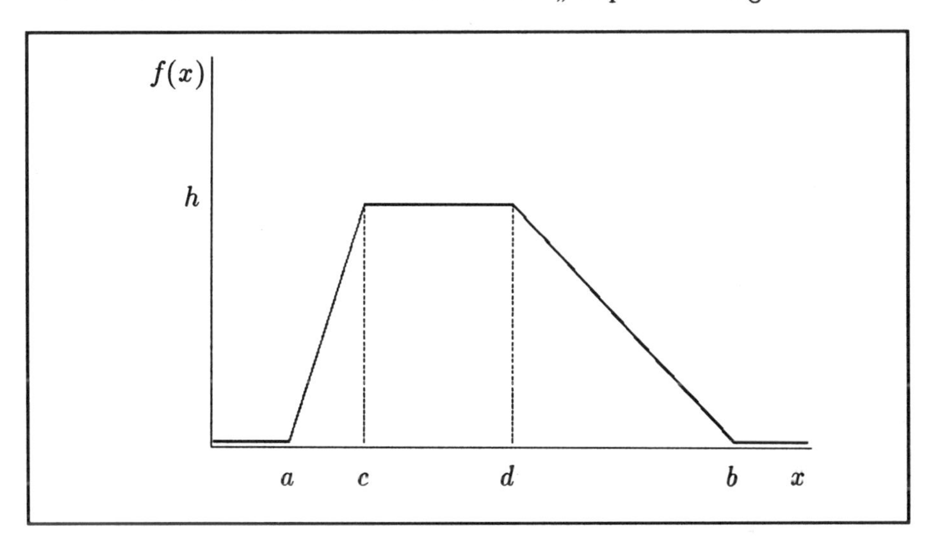

Abbildung 5.11: Dichtefunktion einer Trapezverteilung.

6 Lage- und Streuungsparameter

Wegen der Analogie zwischen den Häufigkeitsverteilungen von Merkmalen und Wahrscheinlichkeitsverteilungen liegt es nahe, in analoger Weise wie in der deskriptiven Statistik Kenngrößen zur Beschreibung und Charakterisierung von Wahrscheinlichkeitsverteilungen zu bilden. Bei der Berechnung müssen wir – wie dort – zwischen diskreten und stetigen Zufallsvariablen unterscheiden, wobei im zweiten Fall die Dichte als Analogon zum Histogramm benutzt wird. Zur Berechnung von Flächen wird dann die Integralrechnung herangezogen. Auch die Bezeichnungen entsprechen denen der deskriptiven Statistik.

A. Lageparameter

6.1 Modalwert

6.1.1 Definition

1. Sei $X : (\Omega, A(\Omega), P) \to \mathbb{R}$ eine diskrete Zufallsvariable. $x_{mod} \in \mathbb{R}$ heißt *Modalwert (Modus)* von X, wenn

$$\begin{aligned} P(X = x_{mod}) &= P(\{\omega \in \Omega \mid X(\omega) = x_{mod}\}) \\ &\geq P(X = x) \end{aligned} \tag{1}$$

   für alle $x \in \mathbb{R}$ gilt.

2. Sei $X : (\Omega, A(\Omega), P) \to \mathbb{R}$ eine stetige Zufallsvariable mit Dichte f. $x_{mod} \in \mathbb{R}$ heißt *Modalwert von X*, wenn

$$f(x_{mod}) = \max_{x \in \mathbb{R}} f(x) \tag{2}$$

   gilt.

6.1.2 Bemerkung

Modalwerte sind damit wie in der deskriptiven Statistik nicht notwendig eindeutig bestimmt. Eine Verteilung wird als *unimodal* bezeichnet, wenn sie nur einen Modalwert besitzt.

6.1.3 Beispiele

1. In den Zahlenbeispielen zur hypergeometrischen, Binomial- und Poissonverteilung aus § 4 ist jeweils $m = 0$ Modalwert. Bei anderen Konstellationen der Steuergrößen N, M, n bzw. p, n bzw. λ erhält man andere Modalwerte. Beispielsweise erhält man bei der Binomialverteilung für $n = 10$ und $p = 0.5$ einen Modalwert von $m = 5$ und bei der Poissonverteilung für $\lambda = 10$ den Modalwert $m = 10$.

2. Modalwerte der geometrischen Verteilungen von § 5 sind dort aus den Graphiken der Dichtefunktionen leicht abzulesen. Bei der Exponentialverteilung ist offensichtlich $x = 0$ der Modalwert für jede Wahl des Parameters λ. Bei der Normalverteilung ist der Parameter μ auch Modalwert.

6.2 Median (Zentralwert)

Auch hier – wie in der deskriptiven Statistik – ist der Grundgedanke, daß die Verteilung durch den Median „halbiert" wird.

6.2.1 Definition

x_z heißt *Median (Zentralwert)* einer Zufallsvariablen X, falls

$$P(X \geq x_z) \geq \frac{1}{2} \quad \text{und} \quad P(X \leq x_z) \geq \frac{1}{2} \tag{3}$$

gilt.

Wegen

$$P(X < x_z) + P(X = x_z) + P(X > x_z) = 1 \tag{4}$$

ist

$$P(X \geq x_z) = P(X > x_z) + P(X = x_z) \geq \frac{1}{2} \tag{5}$$

gleichwertig mit

$$P(X < x_z) \leq \frac{1}{2}. \tag{6}$$

Wegen $P(X \leq x) \leq P(X < x_z)$ für $x < x_z$ folgt daraus

$$F_X(x) \leq \frac{1}{2} \quad \text{für alle} \quad x < x_z \tag{7}$$

Umgekehrt ist

$$P(X < x_z) = \lim_{\substack{x \to x_z \\ x < x_z}} F_X(x) \leq \frac{1}{2}, \text{ wenn}$$
$F_X(x) \leq \frac{1}{2}$ für alle $x < x_z$ ist.

Ebenso ist $P(X \leq x_z) \geq \frac{1}{2}$ gleichwertig mit $P(X > x_z) \leq \frac{1}{2}$ und damit

$$F_X(x_z) = 1 - P(X > x_z) \geq \frac{1}{2}. \tag{8}$$

6.2.2 Hilfssatz

x_z ist genau dann Median von X, wenn

1. $F_X(x) \leq \frac{1}{2}$ für $x < x_z$
2. $F_X(x_z) \geq \frac{1}{2}$

gilt.

Dies bedeutet

1. für diskrete Zufallsvariablen:

   Gesucht ist
   $$x^* = min\{x | F_X(x) \geq \frac{1}{2}\}. \tag{9}$$

   Gilt $F_X(x^*) > \frac{1}{2}$, so ist x^* eindeutig bestimmter Median (Abbildung 6.1).

   Gilt $F_X(x^*) = \frac{1}{2}$, so ist der Median nicht notwendig eindeutig. Alle $x \in \mathbb{R}$ mit $F_X(x) = \frac{1}{2}$ sind Mediane von X, sowie $\min_{x \in \mathbb{R}}\{x \mid F_X(x) > \frac{1}{2}\}$ (siehe Abbildung 6.2). Z.B. ist für die Grundgesamtheit $\{1, 2, 3, 4\}$ mit Wahrscheinlichkeit jeweils $\frac{1}{4}$ $[2; 3]$ die Menge der Mediane.

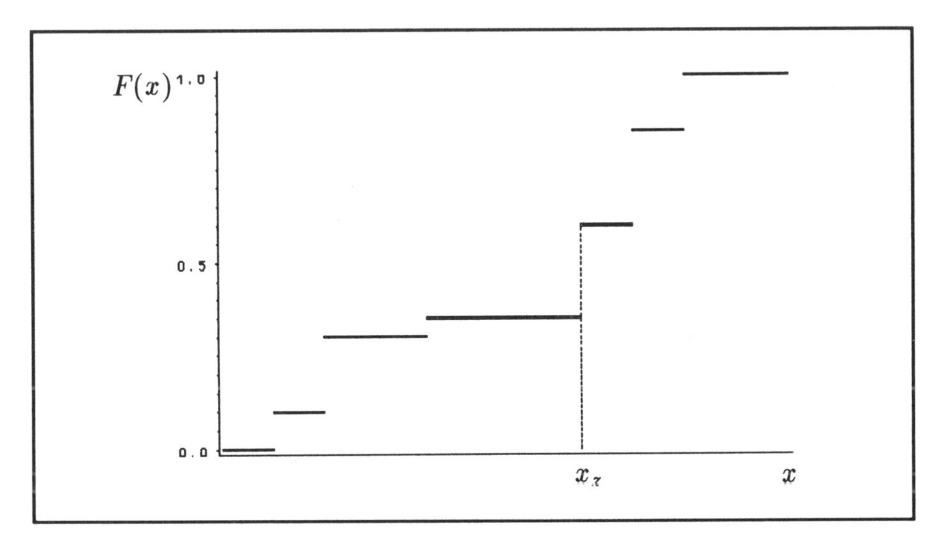

Abbildung 6.1: Median einer diskreten Zufallsvariablen (eindeutig).

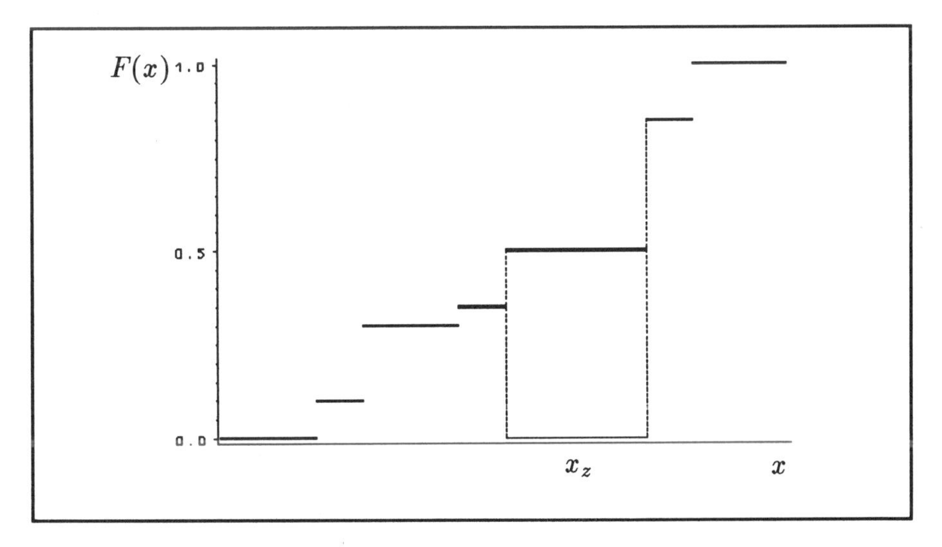

Abbildung 6.2: Median einer diskreten Zufallsvariablen (nicht eindeutig).

2. für stetige Zufallsvariablen:

   Da F_X als stetige Funktion mit $\lim_{x \to -\infty} F_X(x) = 0$ und $\lim_{x \to +\infty} F_X(x) = 1$ alle Werte zwischen 0 und 1 annimmt, existiert mindestens ein x mit $F_X(x) = \frac{1}{2}$. Jede reelle Zahl $x \in \mathbb{R}$ mit $F_X(x) = \frac{1}{2}$ ist Median von X.

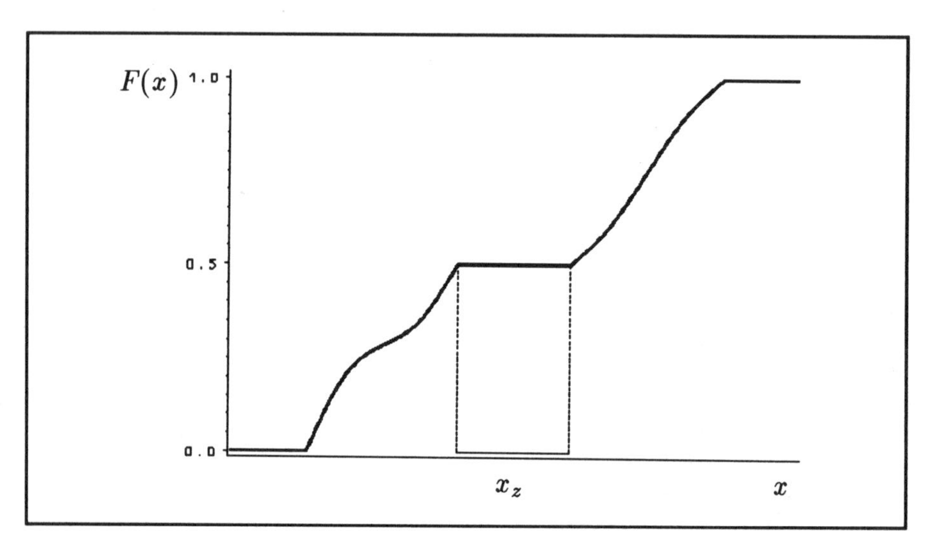

Abbildung 6.3: Median einer stetigen Zufallsvariablen (nicht eindeutig).

6.2.3 Beispiele

1. **Binomialverteilung**

   In Tabellenwerken (z.B. *Owen: Statistical Tables*) ist meist die *kumulative* Binomialverteilung wiedergegeben, d.h. die Werte

$$F_{n,p}(c) = \sum_{m=0}^{c} \binom{n}{m} p^m (1-p)^{n-m} \qquad (10)$$

   für verschiedene Werte von n, c und p. Zu gegebenem n und p suchen wir c minimal mit $F_{n,p}(c) \geq \frac{1}{2}$. Z.B. erhalten wir für $n = 10$ und $p = 0.25$ den Median $x_z = 2$, für $n = 10$ und $p = 0.5$ $x_z = 5$. Für $p > \frac{1}{2}$ ist die Verteilung meist nicht tabelliert, da die Beziehung

$$\binom{n}{m} p^m (1-p)^{n-m} = \binom{n}{n-m} q^{n-m} (1-q)^m \quad \text{mit } q = 1-p \qquad (11)$$

gilt. Damit ist dann

$$\begin{aligned}
F_{n,p}(c) &= \sum_{m=0}^{c} \binom{n}{m} p^m (1-p)^{n-m} \\
&= 1 - \sum_{k=0}^{n-c-1} \binom{n}{k} q^k (1-q)^{n-k} \\
&= 1 - F_{n,q}(n-c-1). \qquad (12)
\end{aligned}$$

2. **Poissonverteilung**

   Mit Tabellen für die kumulative Poissonverteilung ist das Vorgehen analog zu Beispiel 1. Beispielsweise erhält man für $\lambda = 2$

$$\begin{aligned}
F_\lambda(1) &= \sum_{k=0}^{1} \frac{\lambda^k}{k!} e^{-\lambda} = 0.460 \quad \text{und} \\
F_\lambda(2) &= \sum_{k=0}^{2} \frac{\lambda^k}{k!} e^{-\lambda} = 0.6767.
\end{aligned}$$

   Zentralwert ist also $x_z = 2$.

3. **Exponentialverteilung**

   Aus der Bedingung $F(x) = \frac{1}{2}$ erhalten wir

$$F(x) = 1 - e^{-\lambda x} = \frac{1}{2} \qquad (13)$$

   und damit

$$\begin{aligned}
e^{-\lambda x} &= \frac{1}{2} \\
-\lambda x &= \ln \frac{1}{2} = \ln 1 - \ln 2 = -\ln 2 \\
x &= \frac{1}{\lambda} \ln 2. \qquad (14)
\end{aligned}$$

Für die geometrischen Verteilungen aus § 5 und die Normalverteilung erhält man den Zentralwert aus folgendem Hilfssatz:

6.2.4 Hilfssatz

Sei X stetige Zufallsvariable mit Dichte f. Ist f symmetrisch um μ, d.h.

$$f(\mu - x) = f(\mu + x) \quad \text{für alle } x \in \mathbb{R},$$

so ist μ Zentralwert.

Beweis:

Wegen der Symmetrie folgt

$$\begin{aligned} 1 = \int_{-\infty}^{+\infty} f(x)dx &= \int_{-\infty}^{\mu} f(x)dx + \int_{\mu}^{+\infty} f(x)dx \\ &= \int_{-\infty}^{\mu} f(x)dx + \int_{-\infty}^{\mu} f(x)dx \\ &= 2 \cdot \int_{-\infty}^{\mu} f(x)dx \end{aligned} \tag{15}$$

und damit $F(\mu) = \frac{1}{2}$.

Da die Dichte der Normalverteilung offensichtlich symmetrisch um μ ist, gilt

6.2.5 Folgerung

Zentralwert der Normalverteilung mit den Parametern μ und σ^2 ist μ.

6.3 Erwartungswert

Aus einer Häufigkeitsverteilung wird das arithmetische Mittel als gewichtetes Mittel der Merkmalsausprägungen berechnet. Gewichte sind dabei die relativen Häufigkeiten:

$$\overline{x} = \sum_{a \in M} a \cdot p(a) \qquad M\text{: Menge der Merkmalsausprägungen}$$

Ersetzt man entsprechend der Analogie aus § 3 die Merkmalsausprägungen durch die Werte einer diskreten Zufallsvariablen und die relativen Häufigkeiten durch die zugehörigen Wahrscheinlichkeiten, so erhält man

$$\sum_{i=1}^{\infty} \alpha_i \cdot P(X = \alpha_i). \tag{16}$$

Da $P(X = \alpha_i) > 0$ für alle i gelten kann (wie z.B. bei der Poissonverteilung), ist die Konvergenz dieser Reihe im Gegensatz zur Situation beim arithmetischen Mittel nicht gesichert. Außerdem sollte das Ergebnis, d.h. der Grenzwert, nicht von der Reihenfolge der Summation abhängen. Dies ist dann gewährleistet, wenn die Reihe absolut konvergiert.

6.3.1 Definition

Sei X eine diskrete Zufallsvariable mit den Werten $\alpha_i, i = 1, 2, 3, \ldots, \alpha_i \neq \alpha_j$ für $i \neq j$. Konvergiert

$$\sum_{i=1}^{\infty} |\alpha_i| P(X = \alpha_i),$$

so heißt

$$E(X) := \sum_{i=1}^{\infty} \alpha_i P(X = \alpha_i) \tag{17}$$

Erwartungswert von X.[1]

Gehen wir davon aus, daß bei häufiger Durchführung eines zufälligen Vorgangs die relative Häufigkeit eines Ereignisses mit seiner Wahrscheinlichkeit näherungsweise übereinstimmt, so ist der Erwartungwert gerade das arithmetische Mittel der beobachteten Werte. Der Erwartungswert entspricht also dem langfristig im Mittel beobachteten Wert.

6.3.2 Beispiel

In der Lackiererei einer Automobilfirma wird angenommen, daß die Anzahl der Lackierfehler pro Karosse poissonverteilt ist mit Parameter 0.7. Pro Fehler wird eine zusätzliche Arbeitszeit von 10 min notwendig. Mit welchem zeitlichen Aufwand für die Nachbesserung pro Jahr muß die Firma rechnen, wenn 100000 Fahrzeuge pro Jahr erstellt werden?

Sei X die Anzahl der Fehler pro Karosse. Erwartungwert von X ist dann

$$E(X) = \sum_{k=0}^{\infty} k \cdot P(X = k) = \sum_{k=0}^{\infty} k \frac{\lambda^k}{k!} e^{-\lambda} = \lambda$$

[1] Der Erwartungswert wird gelegentlich auch als Mittelwert bezeichnet. Statt $E(X)$ wird auch die Schreibweise EX verwendet.

(s. unten bei Beispiele 6.3.5). Bei 100000 Fahrzeugen muß man also mit 70000 Fehlern rechnen. Der Aufwand für Nachbesserung beträgt damit 700000 Minuten oder 11666 Stunden bzw. 1445 Arbeitstage zu 8 Stunden.

Das Berechnungsprinzip des Erwartungswertes ist leicht zu merken: Jeder Wert wird mit der Wahrscheinlichkeit, mit der er angenommen wird, multipliziert. Diese Produkte werden aufsummiert. Man beachte aber: Nicht zu jeder diskreten Zufallsvariablen muß ein Erwartungswert existieren.

6.3.3 Beispiel „Petersburg-Paradoxon“

Ein Spiel bestehe im aufeinanderfolgenden Werfen einer Münze, bis erstmals Kopf oben liegt. Ist dies beim k-ten Mal der Fall, erhält der Spieler einen Betrag in Höhe des 2^k-fachen der Münze ausbezahlt. Mit anderen Worten heißt dies: Bei jedem Versuch, bei dem Kopf nicht oben liegt, verdoppelt sich der Auszahlungsbetrag.

Welchen Einsatz wird ein Spieler bereit sein zu zahlen, um an dem Spiel teilnehmen zu dürfen?

Analog zu Beispiel 1.2 berechnet sich die Wahrscheinlichkeit dafür, daß beim k-ten Versuch erstmals Kopf oben liegt: $P(k) = \frac{1}{2^k}$. Damit ergibt sich für die erwartete Auszahlung die Forderung nach der Konvergenz von

$$\sum_{k=1}^{\infty} 2^k \cdot \frac{1}{2^k} \quad .$$

Diese Reihe wächst aber über jede Grenze. Geht man davon aus, daß der Erwartungswert dem arithmetischen Mittelwert bei häufiger Durchführung des Zufallsexperiments entspricht, so sollte ein Spieler bereit sein, einen beliebig hohen Einsatz zu riskieren, denn bei häufiger Teilnahme wird er im Mittel mit einer höheren Auszahlung rechnen können. Empirische Überprüfungen haben aber gezeigt, daß Personen, denen dieses Spiel angeboten wurde, sich nicht so verhalten.

Bei stetigen Zufallsvariablen ist die erforderliche „Summation“ überabzählbar, auch haben einzelne Punkte $x \in \mathbf{R}$ die Auftretenswahrscheinlichkeit 0. Man ersetzt daher die Summation durch Integration und die Gewichtung erfolgt durch die Dichtefunktion.

6.3.4 Definition

Sei X eine stetige Zufallsvariable mit Dichte f. Existiert

$$\int_{-\infty}^{+\infty} |x| \cdot f(x)dx,$$

so heißt

$$E(X) = \int_{-\infty}^{+\infty} x \cdot f(x)dx \tag{18}$$

Erwartungswert von X.

6.3.5 Beispiele

1. **Bernoulliverteilung**

$$\begin{aligned} E(X) &= 0 \cdot P(X=0) + 1 \cdot P(X=1) \\ &= 1 \cdot p = p. \end{aligned} \tag{19}$$

2. **Binomialverteilung**

$$\begin{aligned} E(X) &= \sum_{m=0}^{n} m \binom{n}{m} p^m (1-p)^{n-m} \\ &= \sum_{m=1}^{n} m \frac{n!}{m!(n-m)!} p^m (1-p)^{n-m} \\ &= n \cdot p \sum_{m=1}^{n} \frac{(n-1)!}{(m-1)!(n-1-(m-1))!} p^{m-1} \cdot (1-p)^{n-1-(m-1)} \\ &= n \cdot p \sum_{m=0}^{n-1} \binom{n-1}{m} p^m (1-p)^{n-1-m} \\ &= n \cdot p. \end{aligned} \tag{20}$$

3. **Poissonverteilung**

$$E(X) = \sum_{k=0}^{\infty} k \frac{\lambda^k}{k!} e^{-\lambda} = \lambda \cdot \sum_{k=1}^{\infty} \frac{\lambda^{k-1}}{(k-1)!} e^{-\lambda} = \lambda. \tag{21}$$

4. **Exponentialverteilung**

$$\begin{aligned} E(X) &= \int_{-\infty}^{+\infty} x f(x) dx \\ &= \int_{-\infty}^{0} 0 dx + \int_{0}^{+\infty} x \lambda e^{-\lambda x} dx \\ &= \lim_{\alpha \to \infty} \left(-x e^{-\lambda x} \Big|_0^{\alpha} \right) - \int_0^{\infty} -e^{-\lambda x} dx \\ &= \int_0^{\infty} e^{-\lambda x} dx \\ &= \lim_{\alpha \to \infty} \left(-\frac{1}{\lambda} e^{-\lambda x} \Big|_0^{\alpha} \right) \\ &= \frac{1}{\lambda}. \end{aligned} \tag{22}$$

Für die geometrischen Verteilungen und die Normalverteilung ergibt sich der Erwartungswert aus dem Analogon zu Hilfssatz 6.2.4.

6.3.6 Hilfssatz

Sei X stetige Zufallsvariable mit Dichte f, symmetrisch um μ. Dann ist μ Erwartungswert von X.

Beweis:

$$\begin{aligned}
E(X) &= \int_{-\infty}^{+\infty} x f(x) dx \\
&= \int_{-\infty}^{\mu} x f(x) dx + \int_{\mu}^{\infty} x f(x) dx \\
&= \int_{0}^{\infty} (\mu - y) f(\mu - y) dy + \int_{0}^{\infty} (\mu + y) f(\mu + y) dy \\
&= \int_{0}^{\infty} (\mu - y + \mu + y) f(\mu + y) dy \\
&= 2 \cdot \mu \int_{0}^{\infty} f(\mu + y) dy \\
&= 2 \cdot \mu \cdot \frac{1}{2} = \mu,
\end{aligned}$$

da

$$\begin{aligned}
1 = \int_{-\infty}^{+\infty} f(x) dx &= \int_{0}^{\infty} f(\mu - y) dy + \int_{0}^{\infty} f(\mu + y) dy \\
&= 2 \cdot \int_{0}^{\infty} f(\mu + y) dy
\end{aligned}$$

gilt.

6.3.7 Folgerung

Sei X normalverteilt mit den Parametern μ und σ^2, so ist μ Erwartungwert von X.

B. Streuungsparameter

Wichtigster Streuungsparameter bei Zufallsvariablen ist die *Varianz*. Sie wird analog berechnet wie in der deskriptiven Statistik als gewichtetes Mittel der quadrierten Abweichungen vom Erwartungswert.

6.4 Varianz

6.4.1 Definition

1. Sei X eine diskrete Zufallsvariable mit den Werten $\alpha_1, \alpha_2, \alpha_3, \ldots$, $\alpha_i \neq \alpha_j$ für $i \neq j$, und dem Erwartungswert $E(X)$. Dann heißt

$$Var(X) = \sum_{i=1}^{\infty}(\alpha_i - E(X))^2 P(X = \alpha_i) \tag{23}$$

Varianz von X, falls diese Reihe konvergiert.

2. Sei X eine stetige Zufallsvariable mit Dichte f und Erwartungswert $E(X)$. Dann heißt

$$Var(X) = \int_{-\infty}^{+\infty} (x - E(X))^2 f(x)dx \tag{24}$$

Varianz von X, falls dieses Integral existiert. Die positive Wurzel der Varianz wird wie in der deskriptiven Statistik als *Standardabweichung* bezeichnet.

6.4.2 Beispiele

1. **Bernoulliverteilung**

$$\begin{aligned} Var(X) &= (0-p)^2 P(X=0) + (1-p)^2 P(X=1) \\ &= p^2(1-p) + (1-p)^2 p \\ &= p(1-p)(p+1-p) \\ &= p(1-p). \end{aligned} \tag{25}$$

2. **Binomialverteilung** ($E(X) = np$, siehe 6.3.5.1)

$Var(X)$

$$\begin{aligned}
&= \sum_{m=0}^{n}(m-np)^2\binom{n}{m}p^m(1-p)^{n-m} \\
&= \sum_{m=0}^{n}(m^2-2mnp+n^2p^2)\binom{n}{m}p^m(1-p)^{n-m} \\
&= \sum_{m=0}^{n}m^2\binom{n}{m}p^m(1-p)^{n-m} - 2np\sum_{m=0}^{n}m\binom{n}{m}p^m(1-p)^{n-m} \\
&\quad +n^2p^2\sum_{m=0}^{n}\binom{n}{m}p^m(1-p)^{n-m} \\
&= \sum_{m=0}^{n}m\cdot m\binom{n}{m}p^m(1-p)^{n-m} - 2npnp + n^2p^2 \\
&= \sum_{m=0}^{n-1}(m+1)np\binom{n-1}{m}p^m(1-p)^{n-1-m} - n^2p^2 \qquad (26) \\
&= np\sum_{m=0}^{n-1}m\binom{n-1}{m}p^m(1-p)^{n-1-m} \\
&\qquad +np\sum_{m=0}^{n-1}\binom{n-1}{m}p^m(1-p)^{n-1-m} - n^2p^2 \qquad (27) \\
&= np(n-1)p + np - n^2p^2 \qquad (28) \\
&= n^2p^2 - np^2 + np - n^2p^2 \qquad (29) \\
&= np(1-p). \qquad (30)
\end{aligned}$$

Dabei wurde bei (26) die Umformung aus 6.3.5 benutzt und bei (28), daß $(n-1)p$ der Erwartungswert einer $B(n-1,p)$-verteilten Zufallsvariablen ist.

3. **Poissonverteilung**

$$\begin{aligned}
Var(X) &= \sum_{k=0}^{\infty}(k-\lambda)^2\frac{\lambda^k}{k!}e^{-\lambda} \\
&= \sum_{k=0}^{\infty}(k^2-2k\lambda+\lambda^2)\frac{\lambda^k}{k!}e^{-\lambda} \\
&= \sum_{k=0}^{\infty}k^2\frac{\lambda^k}{k!}e^{-\lambda} - 2\lambda\cdot E(X) + \lambda^2
\end{aligned}$$

$$\begin{aligned}
&= \sum_{k=1}^{\infty}(k(k-1)+k)\frac{\lambda^k}{k!}e^{-\lambda} - \lambda^2 \\
&= \sum_{k=2}^{\infty} k(k-1)\frac{\lambda^k}{k!}e^{-\lambda} + \sum_{k=1}^{\infty} k\frac{\lambda^k}{k!}e^{-\lambda} - \lambda^2 \\
&= \lambda^2 \sum_{k=2}^{\infty} \frac{\lambda^{k-2}}{(k-2)!}e^{-\lambda} + \lambda - \lambda^2 \\
&= \lambda^2 + \lambda - \lambda^2 \\
&= \lambda. \qquad (31)
\end{aligned}$$

4. Exponentialverteilung

$$\begin{aligned}
Var(X) &= \int_{-\infty}^{+\infty} (x - \frac{1}{\lambda})^2 f(x)dx \\
&= \int_0^{\infty} (x - \frac{1}{\lambda})^2 \lambda e^{-\lambda x} dx \\
&= \int_0^{\infty} \lambda x^2 e^{-\lambda x} dx - 2 \cdot \frac{1}{\lambda} \int_0^{\infty} x\lambda e^{-\lambda x} dx + \frac{1}{\lambda^2} \int_0^{\infty} \lambda e^{-\lambda x} dx \\
&= \int_0^{\infty} x^2 \lambda e^{-\lambda x} dx - 2 \cdot \frac{1}{\lambda} \cdot \frac{1}{\lambda} + \frac{1}{\lambda^2}. \qquad (32)
\end{aligned}$$

Weiter erhalten wir

$$\begin{aligned}
\int_0^{\infty} x^2 \lambda e^{-\lambda x} dx &= x^2(-e^{-\lambda x})\Big|_0^{\infty} - \int_0^{\infty} -e^{-\lambda x} 2x \, dx \\
&= 2 \cdot \frac{1}{\lambda} \int_0^{\infty} x\lambda e^{-\lambda x} dx \\
&= 2 \cdot \frac{1}{\lambda} \cdot \frac{1}{\lambda} \\
&= \frac{2}{\lambda^2}. \qquad (33)
\end{aligned}$$

Damit ist

$$Var(X) = \frac{2}{\lambda^2} - \frac{1}{\lambda^2} = \frac{1}{\lambda^2}. \tag{34}$$

5. **Gleichverteilung auf** $[a,b]$

$$\begin{aligned}
Var(X) &= \int_{-\infty}^{+\infty} (x - \frac{a+b}{2})^2 f(x)dx \\
&= \int_a^b (x - \frac{a+b}{2})^2 \frac{1}{b-a} dx \\
&= \int_a^b \frac{x^2}{b-a} dx - \int_a^b \frac{(a+b)}{b-a} x\, dx \\
&\quad + \left(\frac{a+b}{2}\right)^2 \int_a^b \frac{1}{b-a}\, dx \\
&= \frac{b^3 - a^3}{3(b-a)} - (a+b)E(X) + \left(\frac{a+b}{2}\right)^2 \\
&= \frac{b^3 - a^3}{3(b-a)} - \frac{a^2 + 2ab + b^2}{4} \\
&= \frac{4 \cdot (b^3 - a^3) - 3 \cdot (b-a)(a^2 + 2ab + b^2)}{12 \cdot (b-a)} \\
&= \frac{4(b-a)(a^2 + b^2 + ab) - 3(b-a)(a^2 + 2ab + b^2)}{12(b-a)} \\
&= \frac{a^2 - 2ab + b^2}{12} \\
&= \frac{(b-a)^2}{12}. \qquad (35)
\end{aligned}$$

6. **Normalverteilung**

$$f(x) = \frac{1}{\sqrt{2\pi}\sigma} e^{-\frac{(x-\mu)^2}{2\sigma^2}}, \; E(X) = \mu. \tag{36}$$

$$Var(X) = \int_{-\infty}^{+\infty} (x-\mu)^2 \frac{1}{\sqrt{2\pi}\sigma} e^{-\frac{(x-\mu)^2}{2\sigma^2}} dx.$$

Setzt man $y = \frac{x-\mu}{\sigma}$, erhält man mit $\frac{dy}{dx} = \frac{1}{\sigma}$:

$$Var(X) = \int_{-\infty}^{+\infty} \sigma^2 y^2 \frac{1}{\sqrt{2\pi}} e^{-\frac{y^2}{2}} dy = \sigma^2, \tag{37}$$

da $\int_{-\infty}^{+\infty} y^2 e^{-\frac{y^2}{2}}\, dy = \sqrt{2\pi}$ gilt[2].

C. Weitere Parameter

6.5 α-Quantil

Eine naheliegende Verallgemeinerung des Medians ist das α-Quantil. Verteilungsfunktionen stetiger Zufallsvariablen nehmen – wie bei der Betrachtung des Medians bereits erwähnt – alle Werte zwischen 0 und 1 an. Sei also $\alpha \in \mathbb{R}$ mit $0 < \alpha < 1$, so existiert für jede stetige Zufallsvariable X mit Verteilungsfunktion F_X eine Zahl x_α mit $F(x_\alpha) = \alpha$.

6.5.1 Definition

Sei X eine stetige Zufallsvariable mit Verteilungsfunktion $F_X, 0 < \alpha < 1$. Dann heißt $x_\alpha \in \mathbb{R}$ mit $F_X(x_\alpha) = \alpha$ *α-Quantil der Zufallsvariablen X.*

Für diskrete Zufallsvariablen definiert man das α-Quantil analog zur Definition des Medians durch die Forderungen

$$P(x \leq x_\alpha) = F(x_\alpha) \geq \alpha \tag{38}$$

und

$$P(x \geq x_\alpha) \geq 1 - \alpha. \tag{39}$$

Gesucht ist damit wieder die kleinste Stelle x^* mit $F(x^*) \geq \alpha$:.

$$x^* = min\{x | F(x) \geq \alpha\}. \tag{40}$$

[2]Siehe z.B. Rottmann, K. (1961), Mathematische Formelsammlung, BI - Hochschultaschenbücher, S. 159.

Ist $F(x^*) > \alpha$, so gilt $x_\alpha = x^*$.

Ist $F(x^*) = \alpha$, so sind die Forderungen für alle x mit $F(x) = \alpha$, sowie für $min\{x|F(x) > \alpha\}$ erfüllt.

Statt α-*Quantil* wird auch die Bezeichnung $(1-\alpha)$-*Fraktil* verwendet.

α-Quantile spielen in der induktiven Statistik eine wichtige Rolle, meist für $\alpha = 0.9$ bzw. 0.95 bzw. 0.975 bzw. 0.99 oder die entsprechenden wahrscheinlichkeitstheoretischen Komplemente 1-0.9, 1-0.95, 1-0.975, 1-0.99.

6.5.2 Beispiel

Ein Hersteller einer Pumpe geht davon aus, daß die Haltbarkeit exponentialverteilt ist mit einer mittleren Lebensdauer von 10000 Stunden. Um seine Garantiebedingungen festzulegen, möchte er wissen, welche Lebensdauer die Pumpe mit 95 % Wahrscheinlichkeit erreichen wird.

Sei T die Lebensdauer, dann gilt (wegen $E(T) = \frac{1}{\lambda} = 10000$ ist $\lambda = 10^{-4}$)

$$P(T \leq x) = 1 - e^{-10^{-4}x}. \tag{41}$$

Damit ist x gesucht mit $P(T > x) = 1 - P(T \leq x) = 0.95$ oder $P(T \leq x) = 0.05$, also das 0.05-Quantil von T. Aus $1 - e^{-10^{-4}x} = 0.05$ erhalten wir

$$x_{0.05} = -10^{-4} \cdot \ln 0.95 = 512.9.$$

Gewährt der Hersteller eine Garantie von 500 Stunden, so muß er bei rund 5 % aller verkauften Pumpen mit einer Inanspruchnahme der Garantie rechnen.

6.6 Momente höherer Ordnung

Eine naheliegende Verallgemeinerung von Erwartungswert (bzw. Varianz) erhalten wir dadurch, daß wir ein mit den Wahrscheinlichkeiten gewichtetes Mittel der k-ten Potenzen bilden:

Seien wieder α_i die Werte der diskreten Zufallsvariablen X, so heißt

$$E(X^k) = \sum_{i=1}^{\infty} \alpha_i^k P(X = \alpha_i) \tag{42}$$

k-tes Moment von X.[3] Für eine stetige Zufallsvariable X mit Dichte f_X lautet der entsprechende Ausdruck

$$E(X^k) := \int_{-\infty}^{+\infty} x^k f_X(x) dx. \tag{43}$$

Der Erwartungswert ist also das *1-te Moment.* Benutzen wir diese Schreibweise, so kann die Varianz auch einfacher geschrieben werden (vgl. die analoge Beziehung in der deskriptiven Statistik).

6.6.1 Hilfssatz

Sei X eine Zufallsvariable, und es existiere $E(X)$ und $Var(X)$. Dann gilt

$$Var(X) = E(X^2) - (E(X))^2. \tag{44}$$

Beweis:

$Var(X)$

$$\begin{aligned}
&= \sum (\alpha_i - E(X))^2 P(X = \alpha_i) \\
&= \sum (\alpha_i^2 - 2\alpha_i E(X) + (E(X))^2) P(X = \alpha_i) \\
&= \sum \alpha_i^2 P(X = \alpha_i) - 2E(X) \sum \alpha_i P(X = \alpha_i) + (E(X))^2 \sum P(X = \alpha_i) \\
&= E(X^2) - 2E(X) \cdot E(X) + (E(X))^2 \\
&= E(X^2) - (E(X))^2.
\end{aligned}$$

Bei einer stetigen Zufallsvariablen können wir ganz analog vorgehen.

Wie bei der Varianz können wir vor dem Potenzieren der Werte zunächst noch das „Zentrum“ der Verteilung, d.h. den Erwartungswert, abziehen. Man erhält so das *k-te zentrale Moment* der Verteilung:

$$\sum_{i=1}^{\infty} (\alpha_i - E(X))^k P(X = \alpha_i) \tag{45}$$

[3] Wie beim Erwartungswert wird verlangt, daß die Reihe bzw. das unbestimmte Integral absolut konvergiert.

bzw.

$$\int_{-\infty}^{+\infty} (x - E(X))^k f_X(x)\, dx, \tag{46}$$

falls diese Ausdrücke absolut konvergieren. Die Varianz ist demnach das *2-te zentrale Moment*. Kennen wir die Folge der k-ten Momente (oder der k-ten zentralen Momente), so liegt natürlich sehr viel detailliertere Information vor, als wenn wir uns nur auf die beiden Kennzahlen Erwartungswert und Varianz stützen. Man kann sogar zeigen, daß die Wahrscheinlichkeitsverteilung unter recht allgemeinen Annahmen durch die Folge der Momente eindeutig bestimmt ist.

Bei praktischen Anwendungen werden wir auf höhere Momente nur dann zurückgreifen (müssen), wenn keine Klarheit über den Verteilungstyp (z.B. Binomialverteilung, Exponentialverteilung, Normalverteilung, etc.) besteht. Es besteht dann die Möglichkeit, anhand von Daten die k-ten Momente (bzw. zentralen Momente) für einige k beginnend mit $k = 1$ zu „schätzen" und diese Werte beim weiteren Vorgehen zu benützen.

Zusammenfassung:

Wir haben eine Reihe von Kenngrößen für Zufallsvariablen kennengelernt, die analog gebildet werden wie in der deskriptiven Statistik. Am wichtigsten sind dabei der Erwartungswert und die Varianz, die bei einigen Fragestellungen – wie z.B. bei der Beurteilung der künftigen Rendite von Geldanlagen und Investitionen – Ansätze für Lösungsmethoden liefern. Eine vollständige Beschreibung der Wahrscheinlichkeitsverteilung erlauben sie jedoch höchstens dann, wenn außerdem der Verteilungstyp festgelegt ist.

In der deskriptiven Statistik wurde untersucht, wie diese Kenngrößen auf eine Merkmalstransformation reagieren. Eine analoge Untersuchung bei Zufallsvariablen werden wir im nächsten Paragraphen durchführen.

Übungsaufgaben zu § 6

1. Die Zufallsvariable X habe folgende Dichtefunktion:

$$f_X(x) = \begin{cases} a(x^2 + 2x + \frac{5}{3}) & \text{für} \quad 0 \leq x \leq 1 \\ b & \text{sonst} \end{cases}$$

   (a) Bestimmen Sie die Parameter a und b.

   (b) Geben Sie die Verteilungsfunktion der Zufallsvariablen X an.

   (c) Berechnen Sie den Erwartungswert und die Varianz von X.

2. Die diskrete Zufallsvariable X habe folgende Wahrscheinlichkeitsverteilung:

$$P(X = n) = \begin{cases} \frac{c}{n^2} & \text{für} \quad n = 1, 2, 3, \ldots \\ 0 & \text{sonst} \end{cases}$$

   (a) Geben Sie c explizit an.

   (b) Berechnen Sie den Erwartungswert der Zufallsvariablen X.

3. Die sogenannte *Pareto*[4]-Verteilung hat folgende Dichtefunktion:

$$f_X(x) = \begin{cases} k \cdot x^{-\gamma-1} & \text{für} \quad x \geq c \\ 0 & \text{sonst} \end{cases}$$

   (a) Welche Beziehung muß zwischen k,γ und c gelten? Bestimmen Sie die Verteilungsfunktion.

   (b) Berechnen Sie die α-Quantile der Pareto-Verteilung für $\alpha = 0.1, 0.5, 0.9$.

   (c) Berechnen Sie den Erwartungswert und die Varianz der Pareto-Verteilung.

4. Die diskrete Zufallsvariable X habe die Verteilungsfunktion F_X mit den Werten

$$F_X(x_i) = 1 - 2^{-x_i}$$

   für die Sprungstellen mit den Werten $x_i = 1, 2, \ldots$.
   Berechnen Sie den Erwartungswert und die Varianz der Zufallsvariablen X.

[4]Pareto, Vilfredo, 1848-1923, Ital. Ökonom und Soziologe.

7 Funktion und Transformation einer Zufallsvariablen

Variablen werden üblicherweise als Argument von Funktionen benutzt. Es bietet sich also an, dasselbe auch für Zufallsvariablen durchzuführen. Allerdings haben wir eine Zufallsvariable selbst schon als Funktion definiert. Ein einfaches „Einsetzen" einer Zufallsvariablen statt einer anderen Variablen in eine Funktion ist also nicht möglich.

Sei $X : (\Omega, A(\Omega), P) \to \mathbf{R}$ eine Zufallsvariable und $g : \mathbf{R} \to \mathbf{R}$ eine Funktion. Dann können wir die Funktionen hintereinanderausführen:

$$g \circ X(\omega) = g(X(\omega)) \text{ für alle } \omega \in \Omega. \tag{1}$$

Wir erhalten somit eine Funktion

$$g \circ X : \Omega \to \mathbf{R}. \tag{2}$$

Ist $g \circ X$ $A(\Omega)$-$\mathcal{L}$-meßbar, so ist $g \circ X$: $(\Omega, A(\Omega), P) \to \mathbf{R}$ eine Zufallsvariable.

Die Meßbarkeit verlangt, daß das Urbild jeder Borelschen Menge B bei $g \circ X$ ein Ereignis im Wahrscheinlichkeitsraum ist, d.h. $\{\omega \in \Omega \mid g \circ X(\omega) \in B\} \in A(\Omega)$.

Dies ist dann erfüllt, wenn g $\mathcal{L}$-$\mathcal{L}$-meßbar ist, d.h. wenn jedes Urbild einer Borelschen Menge B bei der Funktion g eine Borelsche Menge ist:

$$g^{-1}(B) = \{x \in \mathbf{R} \mid g(x) \in B\} \in \mathcal{L} \text{ für alle } B \in \mathcal{L}. \tag{3}$$

7.1 Satz

Sei $X : (\Omega, A(\Omega), P) \to \mathbf{R}$ eine Zufallsvariable, $g : \mathbf{R} \to \mathbf{R}$ $\mathcal{L}$-$\mathcal{L}$-meßbar, so ist $g \circ X : (\Omega, A(\Omega), P) \to \mathbf{R}$ Zufallsvariable.

Beweis:

Sei $B \in \mathcal{L}$. Dann ist $g^{-1}(B) \in \mathcal{L}$, da g $\mathcal{L}$-$\mathcal{L}$-meßbar ist, und damit $X^{-1}(g^{-1}(B)) \in A(\Omega)$, da X Zufallsvariable ist. Da $(g \circ X)^{-1}(B) = X^{-1}(g^{-1}(B))$ gilt, ist $(g \circ X)^{-1}(B) \in A(\Omega)$ für alle Borelschen Mengen B.

Statt der korrekten Schreibweise $g \circ X$ wird häufig die Bezeichnung $g(X)$ benutzt, die verschleiert, daß es sich um die Hintereinanderausführung zweier Funktionen handelt.

7.2 Bemerkungen

1. Hat X nur Werte in einem Bereich $D \subset \mathbb{R}$, so genügt es auch, daß g nur in D definiert ist. Da g dann außerhalb von D beliebig fortgesetzt werden kann, kann dieser Fall auf die obige Situation zurückgeführt werden.

2. Die Meßbarkeit ist keine starke Forderung an die Funktion g. So erfüllen z.B. alle stückweise stetigen Funktionen diese Voraussetzung, was für praktische Anwendungen in der Regel ausreichen dürfte.

Im folgenden wollen wir untersuchen, wie sich die Wahrscheinlichkeitsverteilung von $g(X)$ aus der Wahrscheinlichkeitsverteilung von X ermitteln läßt.

Sei $X : (\Omega, A(\Omega), P) \to \mathbb{R}$ diskret mit Werten $x_i, i = 1, 2, 3, \ldots, x_i \neq x_j$ für $i \neq j$. Dann gilt

$$\begin{aligned} P(g(X) = y) &= P(\{\omega | g(X(\omega)) = y\}) \\ &= P(\{\omega | X(\omega) \in g^{-1}(y)\}) \\ &= P(\{\omega | X(\omega) \in \{x_i | i = 1, 2, 3, \ldots : g(x_i) = y\}\}) \\ &= P(\bigcup_{\substack{i=1 \\ g(x_i)=y}}^{\infty} \{\omega | X(\omega) = x_i\}) \qquad (4) \\ &= \sum_{\substack{i=1 \\ g(x_i)=y}}^{\infty} P(X = x_i). \end{aligned}$$

7.3 Beispiel

Eine Warenpartie von Produkteinheiten wird in folgender Weise kontrolliert: Es werden zufällig 100 Teile „mit Zurücklegen“ (vgl. § 4) entnommen und kontrolliert. Werden insgesamt mehr als 3 schlechte Teile gefunden, so wird die Warenpartie abgelehnt. Andernfalls wird sie akzeptiert. Es soll die Frage beantwortet werden, mit welcher Wahrscheinlichkeit eine Warenpartie mit 5% Ausschußanteil akzeptiert wird.

Sei X die Anzahl der schlechten Teile in der Stichprobe. X ist – wie gesehen – binomialverteilt:

$$P(X = k) = \binom{n}{k} p^k (1-p)^{n-k}. \qquad (5)$$

Setzen wir

$$g(x) = \begin{cases} 1 & x = 0, 1, 2, 3 \\ 0 & \text{sonst} \end{cases} \tag{6}$$

so besagt

$g(X) = 1$ die Partie wird angenommen,
$g(X) = 0$ die Partie wird abgelehnt.

Wir erhalten

$$\begin{aligned} P(g(X) = 1) &= \sum_{\substack{k=1 \\ g(k)=1}}^{n} P(X = k) \\ &= \sum_{k=0}^{3} \binom{n}{k} p^k (1-p)^{n-k}. \end{aligned} \tag{7}$$

Für $n = 100$ und $p = 0.05$ ist

$$P(g(X) = 1) = \sum_{k=0}^{3} \binom{100}{k} 0.05^k \cdot 0.95^{100-k} = 0.258. \tag{8}$$

Eine Partie mit 5% Ausschußanteil wird also mit rund 26% Wahrscheinlichkeit akzeptiert.

Sei X stetig mit Dichte f_X, so gilt

$$\begin{aligned} F_{g(X)}(\alpha) &= P(g(X) \leq \alpha) \\ &= P(\{\omega | g(X(\omega)) \leq \alpha\}) \\ &= P(\{\omega | X(\omega) \in g^{-1}((-\infty, \alpha]) = \{x | g(x) \leq \alpha\}\}) \\ &= \int_{g^{-1}((-\infty,\alpha])} f_X(x) dx \\ &= \int_{g(x) \leq \alpha} f_X(x)\, dx. \end{aligned} \tag{9}$$

7.4 Beispiel

Sei $g(x) = x^2$. Dann gilt

$$\begin{aligned} F_{g(X)}(\alpha) &= P(g(X) \leq \alpha) \\ &= P(\{\omega | X(\omega) = x \text{ mit } x^2 \leq \alpha\} \\ &= \int\limits_{x^2 \leq \alpha} f_X(x) dx \\ &= \int\limits_{-\sqrt{\alpha}}^{\sqrt{\alpha}} f_X(x)\, dx \\ &= F_X(\sqrt{\alpha}) - F_X(-\sqrt{\alpha}). \end{aligned} \tag{10}$$

An den Stellen, an denen $F_{g(X)}$ differenzierbar ist, erhalten wir die Dichte durch die Ableitung. Also

$$\begin{aligned} f_{g(X)}(\alpha) &= \frac{d}{dx}(F_X(\sqrt{\alpha}) - F_X(-\sqrt{\alpha})) \\ &= F'_X(\sqrt{\alpha}) \cdot \frac{1}{2} \cdot \frac{1}{\sqrt{\alpha}} - F'_X(-\sqrt{\alpha})(-\frac{1}{2\sqrt{\alpha}}) \\ &= \frac{1}{2\sqrt{\alpha}}(f_X(\sqrt{\alpha}) + f_X(-\sqrt{\alpha})). \end{aligned} \tag{11}$$

Sei X beispielsweise dreieckverteilt über dem Intervall $[-a, a]$ (vgl. 5.7.2)

Es gilt

$$f_X(x) = \begin{cases} 0 & x < -a \\ \frac{4}{(2a)^2}(x+a) & -a \leq x \leq 0 \\ \frac{4}{(2a)^2}(a-x) & 0 \leq x < a \\ 0 & a < x \end{cases} \tag{12}$$

und

$$F_X(x) = \begin{cases} 0 & x \leq -a \\ \frac{2}{(2a)^2}(x+a)^2 & -a < x \leq 0 \\ -\frac{2}{(2a)^2}(a-x)^2 + 1 & 0 < x \leq a \\ 1 & a < x \end{cases} \tag{13}$$

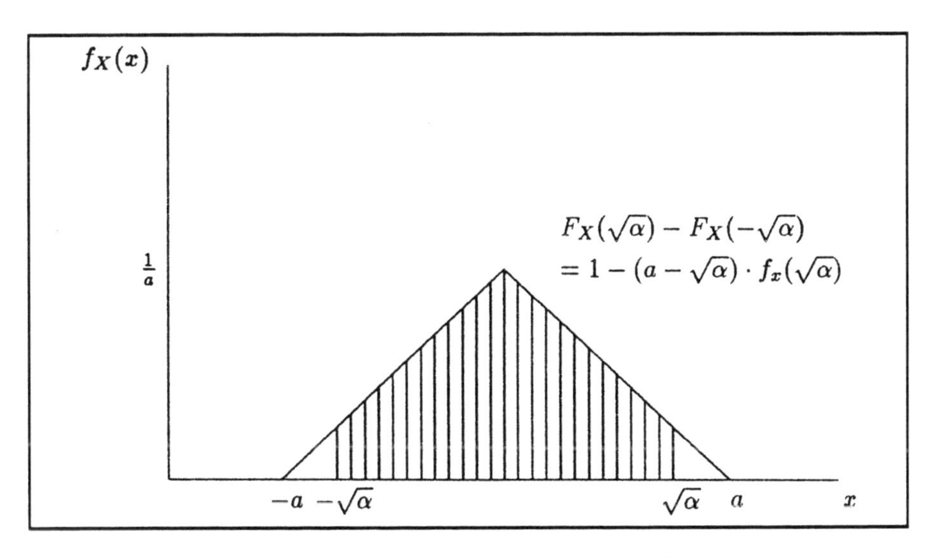

Abbildung 7.1: Wahrscheinlichkeit für $X^2 \leq \alpha$.

Damit ist für $\sqrt{\alpha} \leq a$

$$\begin{aligned}
F_{g(X)}(\alpha) &= \int\limits_{-\sqrt{\alpha}}^{\sqrt{\alpha}} f_X(x)dx \\
&= F_X(\sqrt{\alpha}) - F_X(-\sqrt{\alpha}) \\
&= -\frac{1}{2a^2}(a-\sqrt{\alpha})^2 + 1 - \frac{1}{2a^2}(-\sqrt{\alpha}+a)^2 \qquad (14) \\
&= 1 - \frac{1}{a^2}(a-\sqrt{\alpha})^2 \\
&= 1 - (a-\sqrt{\alpha})f_X(\sqrt{\alpha})
\end{aligned}$$

und nach (10):

$$\begin{aligned}
f_{g(X)}(\alpha) &= \frac{d}{d\alpha}F_{g(X)}(\alpha) \\
&= -\frac{2}{a^2}(a-\sqrt{\alpha})(-\frac{1}{2\sqrt{\alpha}}) \qquad (15) \\
&= \frac{1}{a^2\sqrt{\alpha}}(a-\sqrt{\alpha})
\end{aligned}$$

bzw. nach (11)

$$f_{g(X)}(\alpha) = \frac{1}{2\sqrt{\alpha}}(f_X(\sqrt{\alpha}) + f_X(-\sqrt{\alpha}))$$

$$= \frac{1}{2\sqrt{\alpha}} \cdot \left(\frac{1}{a^2}(a - \sqrt{\alpha}) + \frac{1}{a^2}(-\sqrt{\alpha} + a)\right) \qquad (16)$$

$$= \frac{1}{a^2\sqrt{\alpha}}(a - \sqrt{\alpha}).$$

Das Integral

$$\int\limits_{g(x)\leq\alpha} f_X(x)\, dx \qquad (17)$$

ist je nachdem, von welcher Darstellung die Funktion g ist, unterschiedlich aufwendig zu berechnen. In der Regel wird der Bereich $g(x) \leq \alpha$ aus einem Intervall oder einer Vereinigung von Intervallen bestehen.

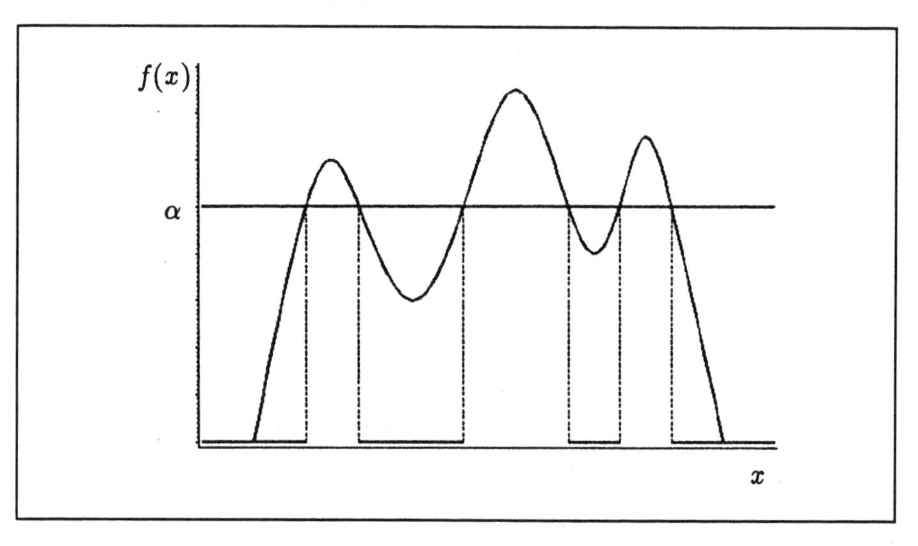

Abbildung 7.2: Integrationsbereich: $g(x) \leq \alpha$.

Falls eine differenzierbare Umkehrfunktion[1] g^{-1} zu g existiert, können wir $x = g^{-1}(y)$ setzen und erhalten

$$\int\limits_{g(x)\leq\alpha} f_X(x)\, dx = \int\limits_{y=g(g^{-1}(y))\leq\alpha} f_X(g^{-1}(y))|(g^{-1})'(y)|\, dy$$

[1] Wir verwenden hier wie bei der Bildung der Urbildmenge (vgl. § 3, (6)) das Symbol g^{-1}. Aus dem Zusammenhang wird der Unterschied deutlich.

$$= \int_{-\infty}^{\alpha} f_X(g^{-1}(y)) \frac{1}{|g'(g^{-1}(y))|} \, dy.^2 \tag{18}$$

Daraus folgt für die Dichte von $g(X)$:

$$f_{g(X)}(y) \quad = \quad f_X(g^{-1}(y)) \frac{1}{|g'(g^{-1}(y))|} \quad \text{für alle } y \in \mathbb{R}. \tag{19}$$

Zusammenfassend gilt also:

7.5 Satz

Sei $X : (\Omega, A(\Omega), P) \to \mathbb{R}$ eine Zufallsvariable. $g : \mathbb{R} \to \mathbb{R}$ eine $\mathcal{L}$-$\mathcal{L}$-meßbare Funktion. Dann gilt:

1. für diskretes X mit Werten $x_i, i = 1, 2, 3, \ldots,\ x_i \neq x_j$ für $i \neq j$:

$$P(g(X) = y) = \sum_{\substack{i=1 \\ g(x_i)=y}}^{\infty} P(X = x_i). \tag{20}$$

2. für stetiges X mit Dichte f_X:

$$F_{g(X)}(\alpha) \quad = \quad \int_{g(X) \leq \alpha} f_X(x) dx. \tag{21}$$

Ist g darüberhinaus invertierbar mit Umkehrfunktion g^{-1}, dann gilt im Fall

1. $P(g(X) = y) = P(X = g^{-1}(y))$, da genau ein x mit $g(x) = y$, nämlich $x = g^{-1}(y)$, existiert.
2. für differenzierbares g mit $g'(x) = 0$ für höchstens endlich[3] viele $x \in \mathbb{R}$ für $y \in \mathbb{R}$ mit $g'(g^{-1}(y)) \neq 0$:

$$f_{g(X)}(y) \quad = \quad f_X(g^{-1}(y)) \frac{1}{|g'(g^{-1}(y))|} \quad \text{für alle } y \in \mathbb{R}. \tag{22}$$

[2] vgl. Barner/Flohr; Analysis I, S. 260 und S. 396.

[3] Invertierbare Funktionen $g : \mathbb{R} \to \mathbb{R}$ mit $g'(x) = 0$ für mehr als endlich viele x treten bei praktischen Problemen nicht auf.

7.6 Bemerkung

1. Nimmt X nur Werte in einem Teilbereich D an, beispielsweise nur nichtnegative Werte ($D = \mathbb{R}_+$), so ist (vgl. 7.2.1) g nur für Argumente in D von Bedeutung, es interessiert also nur $g: D \to D'$, wobei D' der Wertebereich von g in D ist:

$$D' = \{g(x) | x \in D\}.$$

Damit benötigen wir auch nur eine Umkehrfunktion $g^{-1} : D' \to D$, g^{-1} muß also nicht auf ganz $\mathbb{R}$ existieren.

Beispielsweise können wir für $D = \mathbb{R}_+$ und die Funktion $g(x) = x^2$ die Umkehrfunktion $x = g^{-1}(y) = \sqrt{y}$ für $y \geq 0$ verwenden.

2. Nimmt g nur Werte in einem Bereich D' an, beispielsweise nur Werte in einem Intervall $[a, b]$, so kann auch $g(X)$ nur Werte in diesem Bereich annehmen. Damit ist die Umkehrfunktion nur auf D' definiert. Ist g invertierbar und differenzierbar, so setzen wir

$$a = \inf_{x \in \mathbb{R}} g(x), \quad b = \sup_{x \in \mathbb{R}} g(x) \tag{23}$$

und man erhält als Dichte von $g(X)$ (wiederum nur endlich viele Nullstellen von g'):

$$f_{g(X)}(y) = \begin{cases} f_X(g^{-1}(y)) \frac{1}{|g'(g^{-1}(y))|} & a < y < b \\ 0 & g'(g^{-1}(y)) = 0 \\ 0 & y \leq a \text{ oder } b \leq y \end{cases} \tag{24}$$

7.7 Beispiele

1. X sei normalverteilt mit Parametern μ und σ^2, $g(x) = x^3$. Dann gilt $g^{-1}(y) = \sqrt[3]{y}$ und $g'(x) = 3x^2 > 0$ für $x \neq 0$ und $g'(0) = 0$. Damit hat $g(X) = X^3$ die Dichte

$$f_{X^3}(y) = \begin{cases} f_X(\sqrt[3]{y}) \frac{1}{3(\sqrt[3]{y})^2} & \text{für} \quad y \neq 0 \\ 0 & \text{für} \quad y = 0 \end{cases} \tag{25}$$

Mit $f_X(x) = \frac{1}{\sqrt{2\pi\sigma^2}} e^{-\frac{(x-\mu)^2}{2\sigma^2}}$ erhält man

$$f_{X^3}(y) = \begin{cases} \frac{1}{3\sqrt[3]{y^2}} \cdot \frac{1}{\sqrt{2\pi\sigma^2}} e^{-\frac{(\sqrt[3]{y}-\mu)^2}{2\sigma^2}} & y \neq 0 \\ 0 & y = 0 \end{cases} \tag{26}$$

2. X sei exponentialverteilt mit Parameter λ, $g(x) = \frac{1}{x}$ für $x > 0$. Dann ist $g^{-1}(y) = \frac{1}{y}$ für $y > 0$ und $g'(x) = -\frac{1}{x^2}$, also

$$g'(g^{-1}(y)) = -\frac{1}{(\frac{1}{y})^2} = -y^2. \tag{27}$$

Damit ist für $\alpha > 0$

$$\begin{aligned} F_{g(X)}(\alpha) &= P(g(X) \leq \alpha) \\ &= \int\limits_{g(x)\leq\alpha} f_X(x)dx \\ &= \int\limits_{\frac{1}{x}\leq\alpha} \lambda e^{-\lambda x} dx \\ &= \int\limits_{x\geq\frac{1}{\alpha}} \lambda e^{-\lambda x} dx \\ &= \int\limits_{\frac{1}{\alpha}}^{\infty} \lambda e^{-\lambda x} dx \\ &= e^{-\lambda\frac{1}{\alpha}}. \end{aligned} \tag{28}$$

Mit der Substitution $y = \frac{1}{x}$ oder $x = \frac{1}{y}$ erhält man

$$\begin{aligned} \int\limits_{\frac{1}{\alpha}}^{\infty} \lambda e^{-\lambda x} dx &= \int\limits_{\frac{1}{y}=x>\frac{1}{\alpha}} \lambda e^{-\lambda\frac{1}{y}} \cdot \left|-\frac{1}{y^2}\right| dy \\ &= \int\limits_0^{\alpha} \lambda \cdot \frac{1}{y^2} e^{-\lambda\frac{1}{y}} dy. \end{aligned} \tag{29}$$

Dichtefunktion von $g(X)$ ist also nach (29) oder (24) oder (28) mit Differentiation:

$$f_{g(X)}(y) = \begin{cases} 0 & y \leq 0 \\ \lambda\frac{1}{y^2}e^{-\lambda\frac{1}{y}} & y > 0 \end{cases} \tag{30}$$

(An der Stelle $y = 0$ gilt $g'(g^{-1}(0)) = -0^2 = 0$.)

3. Sei X gleichverteilt auf dem Intervall $D = [-\frac{\pi}{2}, \frac{\pi}{2}]$, $g(x) = \sin x$, also $g(D) = [-1, 1]$. Dann existiert zu $g : D \to [-1, 1]$ die inverse Funktion $\sin^{-1}$. Ferner gilt $g'(x) = \cos x > 0$ für $x \neq -\frac{\pi}{2}$ und $x \neq \frac{\pi}{2}$. Damit ist die Dichtefunktion von $g(X)$ gegeben durch[4]:

$$f_{g(X)}(y) = \begin{cases} 0 & y \leq -1 \\ \frac{1}{\pi} \cdot \frac{1}{\cos(\sin^{-1}(y))} & -1 < y < 1 \\ 0 & y \geq 1 \end{cases} \tag{31}$$

und hat die folgende Gestalt:

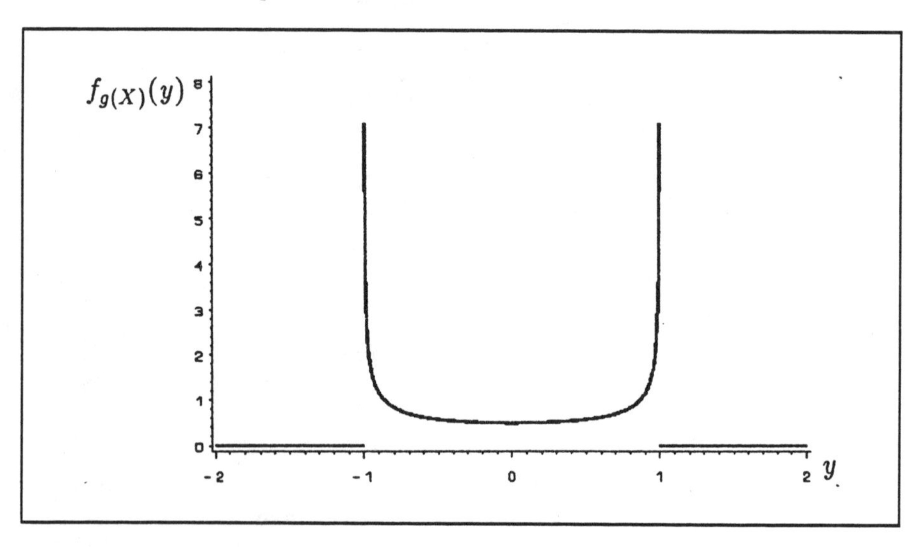

Abbildung 7.3: Dichtefunktion von $g(X)$.

7.8 Folgerung

Sei $g(x) = mx + b$ mit $m \neq 0$, also $g^{-1}(y) = \frac{1}{m}(y - b)$. Dann gilt für die Zufallsvariable

$$g(X) = mX + b \tag{32}$$

1. für diskretes X mit Werten $x_i = 1, 2, 3, \ldots$, $x_i \neq x_j$ für $i \neq j$:

$$P(mX + b = mx_i + b) = P(X = x_i) \tag{33}$$

[4] $g'(g^{-1}(\pm 1)) = g'(\pm\frac{\pi}{2})) = \cos(\pm\frac{\pi}{2}) = 0$.

und mit $y_i = mx_i + b$

$$P(mX + b = y_i) = P(X = \frac{1}{m}(y_i - b)) \tag{34}$$

für $i = 1, 2, 3, \ldots$

2. für stetiges X mit Dichte f_X:

$$f_{mX+b}(y) = f_X(\frac{1}{m}(y - b))\frac{1}{|m|}. \tag{35}$$

7.9 Beispiel

Sei X $N(\mu, \sigma^2)$-verteilt. Dann ist

$$f_X(x) = \frac{1}{\sqrt{2\pi\sigma^2}}e^{-\frac{(x-\mu)^2}{2\sigma^2}} \tag{36}$$

Dichtefunktion von X. Mit der Standardabweichung σ erhält man durch die Transformation

$$g(y) = \frac{y - \mu}{\sigma} = \frac{1}{\sigma}y - \frac{\mu}{\sigma} \tag{37}$$

die Zufallsvariable $Y = g(X)$ $(m = \frac{1}{\sigma}, b = -\frac{\mu}{\sigma})$ mit der Dichte

$$\begin{aligned} f_Y(y) &= f_X(\frac{1}{m}(y - b)) \cdot \frac{1}{m} \\ &= f_X(\sigma(y + \frac{\mu}{\sigma})) \cdot \sigma \\ &= f_X(\sigma y + \mu) \cdot \sigma \\ &= \sigma \cdot \frac{1}{\sqrt{2\pi\sigma^2}}e^{-\frac{(\sigma y+\mu-\mu)^2}{2\sigma^2}} \\ &= \frac{1}{\sqrt{2\pi}}e^{-\frac{y^2}{2}}. \end{aligned} \tag{38}$$

Y ist somit standardnormalverteilt.

Jede normalverteilte Zufallsvariable X mit Mittelwert μ und Varianz σ^2 kann also durch die Transformation $g(x) = \frac{x-\mu}{\sigma}$ in eine standardnormalverteilte Zufallsvariable transformiert werden.

Sei nun ϕ die Verteilungsfunktion der Standardnormalverteilung. So erhält man für X:

$$P(X \leq x) = P(g(X) \leq \frac{x-\mu}{\sigma}) = \phi(\frac{x-\mu}{\sigma}). \qquad (39)$$

Suchen wir also etwa das 0.95-Quantil von X, so erhalten wir aus einer Tabelle von ϕ das α-Quantil der Standardnormalverteilung

$$\phi(u_{0.95}) = 0.95 \qquad \text{mit } u_{0.95} = 1,645 \qquad (40)$$

und damit

$$\frac{x_{0.95} - \mu}{\sigma} = u_{0.95} = 1,645 \qquad (41)$$

oder

$$x_{0.95} = \mu + \sigma u_{0.95} = \mu + \sigma \cdot 1,645.$$

Aus 7.5 ergibt sich für die Berechnung des Erwartungswertes

7.10 Folgerung

Sei X eine Zufallsvariable, $g : \mathbf{R} \to \mathbf{R}$ $\mathcal{L}$-$\mathcal{L}$-meßbar. Dann gilt

1. für X diskret mit Werten $x_i = 1, 2, 3, \ldots,$ $x_i \neq x_j$ für $i \neq j$:

$$E(g(X)) = \sum_{i=1}^{\infty} g(x_i) P(X = x_i). \qquad (42)$$

2. für X stetig mit Dichte f_X:

$$E(g(X)) = \int_{-\infty}^{+\infty} g(x) f_X(x) dx. \qquad (43)$$

Beweis:

1. Nach 7.5 gilt

$$P(g(X) = y) = \sum_{\substack{i=1 \\ g(x_i)=y}}^{\infty} P(X = x_i). \tag{44}$$

Nimmt also $g(X)$ die Werte y_j mit $j = 1, 2, 3, \ldots,\ y_j \neq y_k$ für $j \neq k$ an, so gilt

$$\begin{aligned} E(g(X)) &= \sum_{j=1}^{\infty} y_j P(g(X) = y_j) \\ &= \sum_{j=1}^{\infty} y_j \sum_{\substack{i=1 \\ g(x_i)=y_j}}^{\infty} P(X = x_i), \end{aligned} \tag{45}$$

(46)

und durch Ersetzen von y_j durch $g(x_i)$

$$= \sum_{j=1}^{\infty} \sum_{\substack{i=1 \\ g(x_i)=y_j}}^{\infty} g(x_i) P(X = x_i) \tag{47}$$

und, da j alle Werte durchläuft,

$$= \sum_{i=1}^{\infty} g(x_i) P(X = x_i). \tag{48}$$

2. Nach 7.5 gilt für umkehrbares g

$$\begin{aligned} E(g(X)) &= \int_{-\infty}^{+\infty} y f_{g(X)}(y) dx \\ &= \int_{-\infty}^{+\infty} y f_X(g^{-1}(y)) \frac{1}{|g'(g^{-1}(y))|} dy \end{aligned} \tag{49}$$

und mit $y = g(x)$

$$= \int_{-\infty}^{+\infty} g(x) f_X(x) \frac{|g'(x)|}{|g'(x)|} dx$$

$$= \int_{-\infty}^{+\infty} g(x) f_X(x) dx. \quad (50)$$

Der allgemeine Fall ist technisch aufwendiger. Auf einen Beweis wird daher an dieser Stelle verzichtet.

7.11 Folgerung

1. X diskret:

$$\begin{aligned} E(mX+b) &= \sum_{i=1}^{\infty}(mx_i+b)P(X=x_i) \\ &= m\sum_{i=1}^{\infty} x_i P(X=x_i) + b\sum_{i=1}^{\infty} P(X=x_i) \\ &= m \cdot E(X) + b. \end{aligned} \quad (51)$$

X stetig:

$$\begin{aligned} E(mX+b) &= \int_{-\infty}^{+\infty} (mx+b) f_X(x) dx \\ &= m \int_{-\infty}^{+\infty} x f_X(x) dx + b \int_{-\infty}^{+\infty} f_X(x) dx \\ &= m \cdot E(X) + b. \end{aligned} \quad (52)$$

2. X diskret: Nach Definition gilt:

$$Var(X) = \sum_{i=1}^{\infty}(x_i - E(X))^2 P(X=x_i) \quad (53)$$

und

$$\begin{aligned} Var(mX+b) &= \sum_{i=1}^{\infty}(mx_i + b - E(mX+b))^2 P(mX+b = mx_i+b) \\ &= \sum_{i=1}^{\infty}(mx_i + b - E(mX+b))^2 P(X=x_i). \end{aligned} \quad (54)$$

Nach 1. folgt weiter

$$\begin{aligned} Var(mX+b) &= \sum_{i=1}^{\infty}(mx_i+b-mE(X)-b)^2P(X=x_i) \\ &= \sum_{i=1}^{\infty}m^2(x_i-E(X))^2P(X=x_i) \\ &= m^2Var(X). \end{aligned} \tag{55}$$

X stetig verläuft analog.

7.12 Beispiel

Transformieren wir wie in Beispiel 7.9 eine Zufallsvariable X durch die Transformation

$$g(x) = \frac{x-E(X)}{\sqrt{Var(X)}} = \frac{1}{\sqrt{Var(X)}}x - \frac{E(X)}{\sqrt{Var(X)}}, \tag{56}$$

so gilt für die Zufallsvariable $Y = g(X)$:

$$E(Y) = \frac{1}{\sqrt{Var(X)}}E(X) - \frac{E(X)}{\sqrt{Var(X)}} = 0, \tag{57}$$

$$Var(Y) = \frac{1}{(\sqrt{Var(X)})^2}\cdot Var(X) = 1. \tag{58}$$

Y hat also wie die Standardvormalverteilung den Erwartungswert 0 und die Varianz 1, ist aber natürlich nicht notwendig normalverteilt.

Da aber in vielen Anwendungfällen X näherungsweise normalverteilt ist, ist dementsprechend Y auch näherungsweise standardnormalverteilt. Die durchgeführte Transformation heißt *Standardisierung von* X, Y die *standardisierte* Zufallsvariable zu X (vgl § 13).

Übungsaufgaben zu § 7

1. Die diskrete Zufallsvariable X habe folgende Wahrscheinlichkeitsverteilung:

$X = x$	-3	-2	-1	0	1	2	3
$P(X = x)$	0,20	0,10	0,10	0,10	0,05	0,30	0,15

   (a) Bestimmen Sie den Erwartungswert und die Varianz der Zufallsvariablen X.

   (b) Bestimmen Sie die Wahrscheinlichkeitsverteilung der Zufallsvariablen $Y = 3 \cdot X - 2$.

   (c) Bestimmen Sie den Erwartungswert und die Varianz der Zufallsvariablen Y.

2. Die Zufallsvariable G sei exponentialverteilt mit Parameter λ.

   (a) Für die Zufallsvariable $H \circ G$ mit $H(x) = x^2$ bestimme man Verteilungsfunktion und Dichte.

   (b) Man bestimme den Median und den Erwartungswert der Zufallsvariablen $H \circ G$ und vergleiche diese Lageparameter mit den Lageparametern der Zufallsvariablen G.

   (c) Man bestimme die Verteilungsfunktion und die Dichte der Zufallsvariablen $K \circ G$ mit $K(x) = \frac{1}{1+x^2}$.

3. X sei eine eindimensionale stetige Zufallsvariable mit Verteilungsfunktion F. Ferner sei F invertierbar. Man bestimme die Verteilungsfunktion der Zufallsvariablen $F(X)$.

8 Bedingte Wahrscheinlichkeiten, Unabhängigkeit von Ereignissen

Gegeben sei ein Wahrscheinlichkeitsraum $(\Omega, \mathcal{A}(\Omega), P)$. Jede Teilmenge $A \in \mathcal{A}(\Omega)$, d.h. also jede Teilmenge von Ω, für die durch das Wahrscheinlichkeitsmaß P eine Wahrscheinlichkeit festgelegt ist, bezeichnet man als Ereignis (vgl. § 2). Bei praktischen Fragestellungen ist das Ereignis A, für dessen Wahrscheinlichkeit $P(A)$ man sich interessiert, in der Regel durch eine Eigenschaft festgelegt, die genau von den Elementen der Menge A erfüllt wird. Betrachtet man nun zwei Ereignisse A und B bzw. zwei Eigenschaften, die diese Ereignisse festlegen, so ist es häufig von Bedeutung festzustellen, ob ein wahrscheinlichkeitstheoretischer Zusammenhang zwischen den Ereignissen besteht und welcher Art dieser gegebenenfalls ist. Dabei wird wie in der deskriptiven Statistik ein wahrscheinlichkeitstheoretischer Zusammenhang nicht notwendig kausaler Art sein. Vielmehr geht es nur darum festzustellen, ob das Eintreten des einen Ereignisses die Wahrscheinlichkeit für das Eintreten des anderen Ereignisses verändert (erhöht oder erniedrigt).

8.1 Beispiel

Bei der Endkontrolle eines Automobils sind sämtliche Funktionen zu überprüfen. Da jedes Modell in einer Vielzahl von Ausstattungsvarianten hergestellt wird, ist es wichtig, für jede Funktion (z.B. Funktionieren der Bremslichter) festzustellen, ob die Fehlerhäufigkeit bei dieser Funktion bei bestimmten Ausstattungsvarianten (z.B. elektrische Fensterheber) erhöht ist. Stellt sich heraus, daß die Fehlerhäufigkeit bisher und damit die Fehlerwahrscheinlichkeit einer Funktion im weiteren Verlauf bei einer Ausstattungsvariante höher ist als allgemein, so bestehen damit konkrete Hinweise für die Suche nach den Gründen für das Auftreten dieser Fehlfunktionen (vgl. Ehlers, 1983).

Das Vorhandensein eines wahrscheinlichkeitstheoretischen Zusammenhangs kann als Anhaltspunkt für die Existenz eines direkten oder indirekten kausalen Zusammenhangs gesehen werden.

Zur Untersuchung wahrscheinlichkeitstheoretischer Zusammenhänge ist es zunächst – bei einem wissenschaftlichen Vorgehen – erforderlich, eine präzise Definition des Begriffs zu geben. Dazu ist es sinnvoll, sich mit Hilfe einfacher Beispiele darüber klarzuwerden, was man intuitiv unter diesem Begriff versteht.

8.2 Beispiel „Würfeln mit zwei verschiedenfarbigen Würfeln“

Betrachtet werden die Ergebnisse beim Werfen von zwei verschiedenfarbigen Würfeln. Elementarereignisse sind also die möglichen Kombinationen von Augenzahlen:

$$\Omega = \{(i,k)|i,k = 1,2,3,4,5,6\}. \qquad (1)$$

Bei korrekten Würfeln handelt es sich außerdem um ein Laplace-Experiment, d.h. alle Elementarereignisse sind gleich wahrscheinlich.

Betrachtet man das Ereignis A: „Augenzahl des ersten Würfels = 6“, so beeinflußt dieses Ereignis das Ereignis B:„Summe der Augenzahlen ist gerade“ wohl nicht, während das Ereignis C:„Summe der Augenzahlen ist mindestens 10“ sicherlich positiv durch A beeinflußt ist.

Das Ereignis B tritt nämlich bei der Hälfte aller Kombinationen aus Ω ($P(B) = \frac{1}{2}$) und ebenso bei der Hälfte aller Kombinationen aus A ein. Demgegenüber tritt Ereignis C bei 6 Kombinationen aus Ω ein ($P(C) = \frac{1}{6}$). Von diesen 6 Kombinationen sind 3 unter den 6 Kombinationen aus A. Wenn also der erste Würfel eine „6“ zeigt und der zweite noch verdeckt ist, ist die Wahrscheinlichkeit für Ereignis C („Summe der Augen mindestens 10“) $\frac{1}{2}$, hat sich also gegenüber der Ausgangssituation erhöht.

Sei nun allgemein ein Wahrscheinlichkeitsraum $(\Omega, A(\Omega), P)$ und zwei Ereignisse $A, B \in A(\Omega)$ gegeben. Zur Untersuchung, ob das Ereignis A das Ereignis B beeinflußt, gehen wir analog wie im Beispiel vor, d.h. wir vergleichen die Wahrscheinlichkeit $P(B)$ des Ereignisses B mit der Wahrscheinlichkeit des gemeinsamen Eintretens von A und B, also des Ereignisses $A \cap B$ in Relation zur Wahrscheinlichkeit von A, d.h. mit

$$\frac{P(A \cap B)}{P(A)} \qquad \text{(falls } P(A) \neq 0\text{)}. \qquad (2)$$

Damit erhält man drei Fälle:

1. $P(B) < \frac{P(A \cap B)}{P(A)}$: Unter der Voraussetzung, daß A eintritt, ist B wahrscheinlicher. A „beeinflußt B positiv“.
2. $P(B) = \frac{P(A \cap B)}{P(A)}$: Die Wahrscheinlichkeit von B verändert sich durch die Voraussetzung A nicht. A „beeinflußt B nicht“.

3. $P(B) > \frac{P(A \cap B)}{P(A)}$: Die Wahrscheinlichkeit von B wird durch die Voraussetzung A geringer. A „beeinflußt B negativ".

Die Methode ist also analog zum Vorgehen in der deskriptiven Statistik. Man reduziert die Grundgesamtheit auf das Ereignis A. Das Wahrscheinlichkeitsmaß ist dann neu zu normieren, dies geschieht durch Division mit $P(A)$. Auf diese Weise erhält man einen Wahrscheinlichkeitsraum mit Grundgesamtheit A.

8.3 Satz

Sei $(\Omega, A(\Omega), P)$ ein Wahrscheinlichkeitsraum, $A \in A(\Omega)$ mit $P(A) \neq 0$. Sei ferner

$$A(\Omega)_A = \{M \in A(\Omega) | M \subset A\} \qquad \text{und}$$

$$P_A : A(\Omega)_A \to [0, 1] \qquad \text{definiert durch}$$

$$P_A(M) = \frac{P(M)}{P(A)}.$$

Dann ist $(A,\ A(\Omega)_A,\ P_A)$ Wahrscheinlichkeitsraum.

Beweis:

1. $A(\Omega)_A$ ist σ-Algebra: trivial.
2. P_A ist Wahrscheinlichkeitsmaß:
   (a) $P_A(M) = \frac{P(M)}{P(A)} \geq 0$ für alle $M \in A(\Omega)_A$
   (b) $P_A(A) = \frac{P(A)}{P(A)} = 1$
   (c) $M = \bigcup_{i=0}^{\infty} M_i,\ M_i \cap M_j = \emptyset$ für $i \neq j$:

$$\begin{aligned} P_A(M) &= \frac{1}{P(A)} P(M) = \frac{1}{P(A)} \sum_{i=0}^{\infty} P(M_i) \\ &= \sum_{i=0}^{\infty} \frac{P(M_i)}{P(A)} = \sum_{i=0}^{\infty} P_A(M_i). \end{aligned} \tag{3}$$

Sei nun $B \subset \Omega$ irgendein Ereignis in Ω, d.h. $B \in A(\Omega)$, dann ist $B \cap A \in A(\Omega)_A$ und damit $P(B)$ vergleichbar mit $P_A(B \cap A)$. Man erhält damit eine Wahrscheinlichkeit für B unter der Voraussetzung oder Bedingung von A.

8.4 Satz

Sei $(\Omega, A(\Omega), P)$ Wahrscheinlichkeitsraum, $A \in A(\Omega)$ mit $P(A) \neq 0$. Sei für $B \in A(\Omega)$

$$P(B|A) := P_A(B \cap A) = \frac{P(B \cap A)}{P(A)}, \tag{4}$$

dann ist $P(\cdot|A) : A(\Omega) \to [0,1]$ ein Wahrscheinlichkeitsmaß auf $(\Omega,\ A(\Omega))$.

Beweis:

1. $P(B|A) = P_A(B \cap A) \geq 0 \qquad$ für $B \in A(\Omega)$.
2. $P(\Omega|A) = P_A(\Omega \cap A) = P_A(A) = 1$.
3. $B = \bigcup_{i=0}^{\infty} B_i, B_i \cap B_j = \emptyset$ für $i \neq j$,

   dann ist $B \cap A = \bigcup_{i=0}^{\infty}(B_i \cap A), (B_i \cap A) \cap (B_j \cap A) = \emptyset$ für $i \neq j$, und damit

$$\begin{aligned} P(B|A) &= P_A(B \cap A) = P_A(\bigcup_{i=0}^{\infty}(B_i \cap A)) \\ &= \sum_{i=0}^{\infty} P_A(B_i \cap A) \\ &= \sum_{i=0}^{\infty} P(B_i|A). \end{aligned} \tag{5}$$

8.5 Definition

$P(\cdot|A)$ heißt bedingtes Wahrscheinlichkeitsmaß (unter der Bedingung A). Zu $B \in A(\Omega)$ heißt

$$P(B|A) := \frac{P(A \cap B)}{P(A)} \tag{6}$$

bedingte Wahrscheinlichkeit von B unter der Bedingung A.

Bemerkung:

Man beachte die Analogie zur Formel

$$p(b_j|a_i) := \frac{p(a_i, b_j)}{p(a_i)}, \quad p(a_i) \neq 0, \tag{7}$$

für die bedingte relative Häufigkeit von b_j unter der Bedingung a_i in der deskriptiven Statistik.

Dieser Analogie entspricht auch die Definition der *Unabhängigkeit von Ereignissen.* Man verlangt hierbei, daß

$$P(B|A) = \frac{P(B \cap A)}{P(A)} = P(B), \tag{8}$$

also

$$P(A \cap B) = P(A) \cdot P(B) \tag{9}$$

ist. Entsprechend der Interpretation von Beispiel 8.2 bedeutet dies, daß das Ereignis A das Ereignis B „weder positiv noch negativ beeinflußt" und umgekehrt, sie können dementsprechend als unabhängig bezeichnet werden.

8.6 Definiton

Sei $(\Omega, A(\Omega), P)$ ein Wahrscheinlichkeitsraum. Zwei Ereignisse $A, B \in A(\Omega)$ heißen *unabhängig*, wenn

$$P(A \cap B) = P(A) \cdot P(B) \tag{10}$$

gilt.

8.7 Beispiel

Die „Lebensdauer" T einer Anlage – die Zeitdauer vom Einschalten bis zum ersten Ausfall – wird häufig als exponentialverteilte Zufallsvariable betrachtet, wobei der Parameter λ und die mittlere Lebensdauer über die Beziehung

$$E(T) = \frac{1}{\lambda} \tag{11}$$

der Exponentialverteilung zusammenhängen. Es gilt also

$$P(T \leq t) = 1 - e^{-\lambda t}. \tag{12}$$

Angenommen, die Anlage habe bis zum Zeitpunkt t_0 störungsfrei funktioniert. Wie ist dann die Wahrscheinlichkeitsverteilung der „Restlebensdauer“ $T - t_0$?

Gefragt ist also

$$P(T - t_0 \leq t | T > t_0). \tag{13}$$

Es gilt:

$$\begin{aligned} P(T - t_0 \leq t | T > t_0) &= \frac{P(t_0 < T, T - t_0 \leq t)}{P(T > t_0)} \\ &= \frac{P(t_0 < T \leq t + t_0)}{P(T_0 > t_0)} \\ &= \frac{1 - e^{-\lambda(t+t_0)} - (1 - e^{-\lambda t_0})}{e^{-\lambda t_0}} \\ &= \frac{e^{-\lambda t_0}(1 - e^{-\lambda t})}{e^{-\lambda t_0}} \\ &= 1 - e^{-\lambda t}. \end{aligned} \tag{14}$$

Die Restlebensdauer ist also genauso verteilt wie die Lebensdauer. Die Betriebsdauer t_0 ist also ohne Einfluß auf die restliche Lebensdauer. Man nennt diese Eigenschaft die *Gedächtnislosigkeit* (auch *Markow*[1] *-Eigenschaft*) der Exponentialverteilung.

Bedingte Wahrscheinlichkeiten können häufig dazu benutzt werden, die Wahrscheinlichkeit eines Ereignisses zu berechnen. Dabei wird die Definition der bedingten Wahrscheinlichkeit in der Form:

$$P(B \cap A) = P(B|A) \cdot P(A) \tag{15}$$

benutzt.

[1] Markow, Andrei Andreevich, 1856-1922, russ. Mathematiker.

8.8 Beispiel „Übergangswahrscheinlichkeiten"

Angenommen, Boris Becker nimmt an einem Schauturnier der acht besten Tennisspieler der Welt teil. Wegen der Ausgeglichenheit der Spieler ist die Wahrscheinlichkeit, daß er das erste Spiel gewinnt, $\frac{1}{2}$. Gewinnt er, so ist wegen der stimulierenden Wirkung und der Begeisterung des Publikums die Wahrscheinlichkeit, auch die nächste Partie zu gewinnen, $\frac{2}{3}$ und, falls er das Endspiel erreicht, $\frac{3}{4}$ die Wahrscheinlichkeit für einen Sieg.

Die Situation läßt sich mittels eines „Baumes" so darstellen:

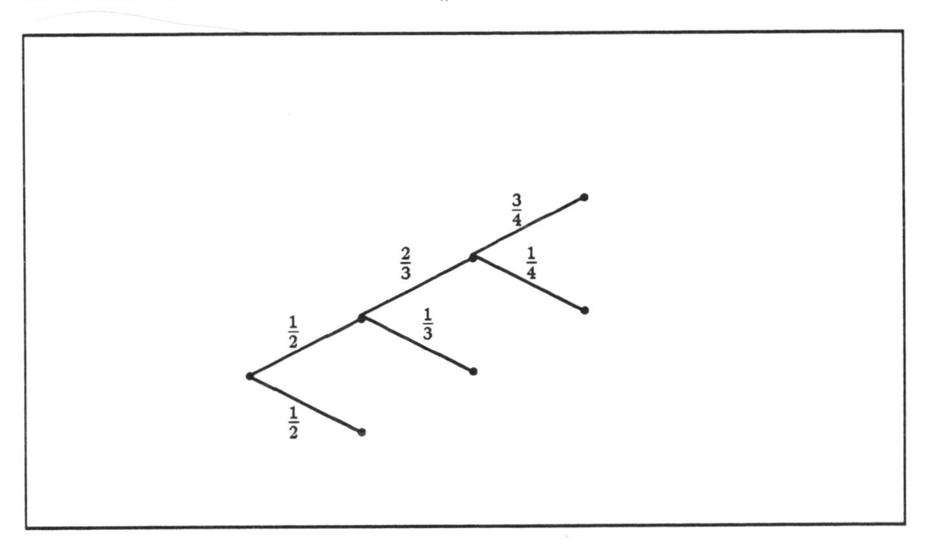

Abbildung 8.3: „Wahrscheinlichkeitsbaum" für Beispiel 8.8.

Wie groß ist die Wahrscheinlichkeit für einen Sieg im Turnier?

Bezeichne H, F, S die Ereignisse „Erreichen des Halbfinales", bzw. „Erreichen des Finales" bzw. „Sieg im Finale". Gesucht ist $P(S)$.

Gegeben sind $P(H) = \frac{1}{2}, P(F|H) = \frac{2}{3}, P(S|F) = \frac{3}{4}$.

Damit gilt

$$\begin{aligned} P(S) &= P(S|F) \cdot P(F) = P(S|F) \cdot P(F|H) \cdot P(H) \\ &= \frac{3}{4} \cdot \frac{2}{3} \cdot \frac{1}{2} = \frac{1}{4}. \end{aligned} \tag{16}$$

(vgl. hierzu auch Beispiel 1.2).

8.9 Satz

Sei $(\Omega, A(\Omega), P)$ ein Wahrscheinlichkeitsraum, $A_1, \ldots, A_k \in A(\Omega)$ Ereignisse mit $A_1 \subset A_2 \subset \ldots \subset A_k$ und $P(A_1) \neq 0$. Dann gilt

$$P(A_1) = P(A_1|A_2) \cdot P(A_2|A_3) \cdot \ldots \cdot P(A_{k-1}|A_k). \tag{17}$$

Beweis:

$$\begin{aligned} P(A_1) &=^2 P(A_1|A_2) \cdot P(A_2) \\ &= P(A_1|A_2) \cdot P(A_2|A_3) \cdot P(A_3) \qquad (18) \\ &\quad \cdot \\ &\quad \cdot \\ &\quad \cdot \\ &= P(A_1|A_2) \ldots P(A_{k-1}|A_k) \cdot P(A_k) \qquad (19) \end{aligned}$$

Seien $M_1, \ldots, M_n$ beliebige Ereignisse, so erfüllen $A_1 = M_1 \cap \ldots \cap M_n$, $A_2 = M_2 \cap \ldots \cap M_n, \ldots, A_n = M_n$ die Voraussetzungen von Satz 3, falls $P(M_1 \cap \ldots \cap M_n) \neq 0$. Dann gilt

8.10 Folgerung

Seien $M_1, \ldots, M_n$ Ereignisse mit $P(M_1 \cap M_2 \cap \ldots \cap M_n) \neq 0$, dann gilt

$$\begin{aligned} & P(M_1 \cap \ldots \cap M_n) \\ &= P(M_1 \cap \ldots \cap M_n | M_2 \cap \ldots \cap M_n) \cdot \\ &\quad P(M_2 \cap \ldots \cap M_n | M_3 \cap \ldots \cap M_n) \cdot \\ &\quad \ldots \\ &\quad P(M_{n-1} \cap M_n | M_n) \cdot P(M_n) \\ &= P(M_1 | M_2 \cap \ldots \cap M_n) \cdot \qquad (20) \\ &\quad P(M_2 | M_3 \cap \ldots \cap M_n) \cdot \\ &\quad \ldots \\ &\quad P(M_{n-1} | M_n) \cdot P(M_n), \end{aligned}$$

[2] da $A_1 \cap A_2 = A_1$ wegen $A_1 \subset A_2$ und somit $P(A_1 \cap A_2) = P(A_1)$ ist.

da

$$\begin{aligned} & P(M_k \cap \ldots \cap M_n | M_{k+1} \cap \ldots \cap M_n) \\ = & \frac{P(M_k \cap \ldots \cap M_n \cap M_{k+1} \cap \ldots \cap M_n)}{P(M_{k+1} \cap \ldots \cap M_n)} \\ = & \frac{P(M_k \cap \ldots \cap M_n)}{P(M_{k+1} \cap \ldots \cap M_n)} \\ = & P(M_k | M_{k+1} \cap \ldots \cap M_n) \end{aligned} \tag{21}$$

ist.

8.11 Beispiel

Beim Würfeln mit drei Würfeln ist die Wahrscheinlichkeit zu bestimmen, daß mindestens eine 6 dabei ist und die Summe der Augenzahlen gerade ist und mindestens 16 beträgt. Die Einzelereignisse seien

$M_1 = \{(i,j,k) \mid i,j,k = 1,\ldots,6 : i = 6 \text{ oder } j = 6 \text{ oder } k = 6\}$,
also „mindestens eine 6",
$M_2 = \{(i,j,k) \mid i,j,k = 1,\ldots,6 : i+j+k \text{ gerade}\}$,
also „Summe der Augenzahlen gerade",
$M_3 = \{(i,j,k) \mid i,j,k = 1,\ldots,6 : i+j+k \geq 16\}$,
also „Summe der Augenzahl mindestens 16".

Da

$$\begin{aligned} M_3 = & \{(4,6,6), (6,4,6), (6,6,4), (6,5,5), (5,6,5), (5,5,6), (5,6,6), \\ & (6,5,6), (6,6,5), (6,6,6)\} \end{aligned}$$

ist, gilt $P(M_3) = \frac{10}{6^3} = \frac{10}{206}$.

In sieben Fällen davon ist die Summe geradzahlig, d.h. $P(M_2|M_3) = \frac{7}{10}$. Unter diesen sieben ist auf jeden Fall bei einem Würfel eine sechs, d.h.

$$P(M_1|M_2 \cap M_3) = 1.$$

Damit ist

$$\begin{aligned} P(M_1 \cap M_2 \cap M_3) &= P(M_1|M_2 \cap M_3) \cdot P(M_2|M_3) \cdot P(M_3) \\ &= 1 \cdot \frac{7}{10} \cdot \frac{10}{206} = \frac{7}{206}. \end{aligned}$$

8.12 Beispiel

An den fünf Arbeitstagen einer Woche wurden folgende Stückzahlen in der Produktion eines Konsumartikels beobachtet:

Mo	Di	Mi	Do	Fr
1200	1500	1200	1200	900

Die Kontrollabteilung stellte außerdem folgende Anzahl von Produkten mit Mängeln fest:

Mo	Di	Mi	Do	Fr
20	20	15	12	13

Aus der gesamten Wochenproduktion wird ein Teil zufällig entnommen. Wie groß ist die Wahrscheinlichkeit, ein mit Mängeln behaftetes Produkt zu erhalten? Oder mit anderen Worten: Wie groß ist der Ausschußanteil der Wochenproduktion? Und weiter: Angenommen, das Teil ist defekt. Wie groß ist dann die Wahrscheinlichkeit, daß es am Montag produziert wurde? Oder anders formuliert: Wie groß ist der Montagsanteil am Ausschuß?

Beide Fragen lassen sich unmittelbar beantworten. Offensichtlich ist der gesamte Ausschußanteil

$$\tfrac{80}{6000} = 0.01\bar{3}$$

und

$$\tfrac{20}{80} = 0.25$$

der Anteil des Montags.

Sind aber die absoluten Häufigkeiten nicht gegeben, sondern nur die relativen,

	Mo	Di	Mi	Do	Fr
Produktion	20%	25%	20%	20%	15%
davon Ausschuß	$1.\bar{6}\%$	$1.\bar{3}\%$	1,25%	1%	$1,\bar{4}\%$

ist die Aufgabe schwieriger.

Bei dem betrachteten Zufallsexperiment handelt es sich um ein Laplace-Experiment mit der Menge der produzierten Exemplare als Grundgesamtheit Ω.

Seien $Mo, Di, \ldots$ die Teilmengen der an den entsprechenden Wochentagen produzierten Einheiten und A die Teilmenge der Einheiten mit Mängeln, dann gibt Tabelle 2 gerade die Wahrscheinlichkeiten dieser Teilmengen und die bedingten Wahrscheinlichkeiten

$$P(A|Mo), P(A|Di) \ldots P(A|Fr) \tag{22}$$

wieder.

Gefragt ist also $P(A)$ und $P(Mo|A)$.
Gegeben sind

$$P(Mo), \ldots, P(Fr) \tag{23}$$

und

$$P(A|Mo) = \frac{P(A \cap Mo)}{P(Mo)}, \ldots, P(A|Fr) = \frac{P(A \cap Fr)}{P(Fr)} \tag{24}$$

Da $\Omega = Mo \cup Di \cup \ldots \cup Fr$ ist, gilt auch $A = (A \cap Mo) \cup \ldots \cup (A \cap Fr)$; ferner werden diese Vereinigungen aus paarweise disjunkten Teilmengen gebildet. Es gilt also

$$P(\Omega) = P(Mo) + \ldots + P(Fr) = 1 \tag{25}$$

und

$$P(A) = P(A \cap Mo) + \ldots + P(A \cap Fr). \tag{26}$$

Mit

$$P(A \cap Mo) = P(A|Mo)P(Mo), \ldots \tag{27}$$

erhält man also

$$\begin{aligned} P(A) &= P(A|Mo)P(Mo) + \ldots + P(A|Fr)P(Fr) \\ &= 0.01\bar{6} \cdot 0.20 + 0.01\bar{3} \cdot 0.25 + 0.0125 \cdot 0.20 + 0.01 \cdot 0.20 + 0.01\bar{4} \cdot 0.15 \\ &= 0.01\bar{3}. \end{aligned} \tag{28}$$

Ferner ist

$$\begin{aligned} P(Mo|A) &= \frac{P(A \cap Mo)}{P(A)} \\ &= \frac{P(A|Mo)P(Mo)}{P(A|Mo)P(Mo) + \ldots} \\ &= \frac{0.01\bar{6} \cdot 0.20}{0.01\bar{3}} \\ &= 0.25. \end{aligned} \tag{29}$$

Diese Vorgehensweise ist natürlich auch allgemein möglich. Die Beantwortung der ersten Frage erfolgte nach dem Satz von der totalen Wahrscheinlichkeit, die der zweiten nach dem Satz von Bayes. Beiden Sätzen liegt eine Aufteilung des Wahrscheinlichkeitsraums in paarweise disjunkte Teilmengen zugrunde.

8.13 Satz von der totalen Wahrscheinlichkeit

Sei $\Omega = \bigcup_{i \in I} A_i$, I endlich oder abzählbar unendlich mit $A_i \cap A_j = \emptyset$ für $i \neq j$, $A_i \in A(\Omega)$ und $P(A_i) \neq 0$.

Dann gilt für alle $B \in A(\Omega)$

$$P(B) = \sum_{i \in I} P(B|A_i)P(A_i) \tag{30}$$

Beweis:

Zunächst ist $B = \bigcup_{i \in I} (B \cap A_i)$ und die Mengen $B \cap A_i$ für $i \in I$ sind paarweise disjunkt.

Damit ist

$$\begin{aligned} P(B) &= \sum_{i \in I} P(B \cap A_i) \\ &= \sum_{i \in I} \frac{P(B \cap A_i)}{P(A_i)} P(A_i) \\ &= \sum_{i \in I} P(B|A_i)P(A_i). \end{aligned} \tag{31}$$

Die Berechnung der bedingten Wahrscheinlichkeit $P(Mo|A)$ aus Beispiel 8.12. beruht auf dem Satz von Bayes. Zunächst wurde $P(A)$ nach dem Satz von der totalen Wahrscheinlichkeit bestimmt, so daß die verwendete Formel explizit lautet:

$$P(Mo|A) = \frac{P(A|Mo) \cdot P(Mo)}{P(A|Mo) \cdot P(Mo) + \ldots + P(A|Fr) \cdot P(Fr)} \tag{32}$$

8.14 Satz von Bayes[3]

Sei neben den Voraussetzungen des Satzes von der totalen Wahrscheinlichkeit $B \in A(\Omega)$ ein Ereignis mit $P(B) \neq 0$, so gilt

$$P(A_j|B) = \frac{P(B|A_j) \cdot P(A_j)}{\sum\limits_{i \in I} P(B|A_i) \cdot P(A_i)} \tag{33}$$

für alle $j \in I$.

Der Beweis ergibt sich wie im Beispiel.

Der Begriff der Unabhängigkeit läßt sich ausgehend von der Definition für zwei Ereignisse auf mehr Ereignisse verallgemeinern.

8.15 Definition

Sei $(\Omega, A(\Omega), P)$ ein Wahrscheinlichkeitsraum. Eine endliche oder abzählbar unendliche Familie $(A_i), i \in I \subset \mathbb{N}$ von Ereignissen heißt *unabhängig*, wenn für beliebig ausgewählte endlich viele Ereignisse $A_{i_1}, \ldots, A_{i_n}$

$$P(A_{i_1} \cap A_{i_2} \cap \ldots \cap A_{i_n}) = P(A_{i_1}) \cdot \ldots \cdot P(A_{i_n}) \tag{34}$$

gilt.

Bemerkung:

1. Für den Nachweis der Unabhängigkeit von n Ereignissen $A_1, \ldots, A_n$ genügt es nicht zu überprüfen, daß

   $$P(A_1 \cap \ldots \cap A_n) = P(A_1) \cdot \ldots \cdot P(A_n) \tag{35}$$

   gilt. Diese Gleichung ist z.B. immer dann richtig, wenn eines der Ereignisse unmöglich ist ($P(A_i) = 0$). Vielmehr muß außerdem für jede Auswahl von $2, 3, \ldots, n-1$ Ereignisse die entsprechende Gleichung erfüllt sein.

2. Aus der Definition ergibt sich, daß aus der Unabhängigkeit der Ereignisse (A_i), $i \in I$, die Unabhängigkeit für je zwei Ereignisse A_i, A_k folgt. Aus der Unabhängigkeit folgt also die paarweise Unabhängigkeit. Die Umkehrung gilt aber nicht. Aus der Unabhängigkeit von je zwei Ereignissen folgt nicht notwendig die Unabhängigkeit der ganzen Familie von Ereignissen.

[3] Bayes, Thomas, 1702-1761, engl. Geistlicher und Mathematiker.

8.16 Beispiel

Mit einem Würfel wird zweimal gewürfelt. Betrachtet werden die Ereignisse

A: Augenzahl beim ersten Wurf gerade,
B: Augenzahl beim zweiten Wurf gerade,
C: Summe der Augenzahlen ist ungerade.

Offensichtlich gilt

$$P(A) = P(B) = P(C) = \frac{1}{2} \tag{36}$$

und

$$P(A \cap B) = P(A \cap C) = P(B \cap C) = \frac{1}{4}, \tag{37}$$

d.h. die Ereignisse sind paarweise unabhängig. Andererseits ist

$$P(A \cap B \cap C) = 0 \neq \frac{1}{8}. \tag{38}$$

Übungsaufgaben zu § 8

1. In der Skifabrik Blizzle bestand die gesamte Produktionspalette im Winter 87/88 aus den Modellen L, A und S.

   Der Anteil des Modells L an der Gesamtproduktion betrug 40%. Die gesamte Ausschußquote im Winter 87/88 betrug 10%. Die Ausschußquoten waren bei

   Modell L: 7%
   Modell A: 9%
   Modell S: 15%

   (a) Geben Sie den zugrundeliegenden Wahrscheinlichkeitsraum an.

   (b) Berechnen Sie den prozentualen Anteil der Modelle A und S an der Gesamtproduktion im Winter 87/88.

   (c) Bestimmen Sie die Wahrscheinlichkeit, daß ein fehlerhafter Ski vom Modell S stammt.

2. Ein Elektrogeschäft verkauft im Monat Mai Mikrowellengeräte der Firmen A, B und C. Die Modelle B und C hatten eine übereinstimmende Reklamationsquote, da die Modelle baugleich sind. Die Reklamationsquote insgesamt war 2,5% höher als bei den Geräten B und C, bei Modell A um 4 Prozentpunkte höher.

   (a) Man bestimme mit wahrscheinlichkeitstheoretischen Methoden den Anteil der Geräte der Marke A am Verkauf.

   (b) Wenn die Reklamationsquote insgesamt bei 12,5% lag, wie hoch ist dann die Wahrscheinlichkeit, daß ein reklamiertes Gerät von der Marke A ist.

3. Ein Reisebüro bietet in der Sparte „Erlebnis“ Reisen in 3 verschiedene Länder A, B und C an. Man will nun den Anteil, der insgesamt mit diesen Reisen unzufriedenen Kunden ermitteln. Aus Erfahrung weiß man, daß 20% aller Kunden, die nach Land A fahren, mit Land A unzufrieden sind; bei Land B und C analog jeweils 10%. Weiterhin ist bekannt, daß ein Kunde, der sich nach einer Reise beschwert, in 40% aller Fälle in Land A Urlaub gemacht hat.

   (a) Bestimmen Sie mit wahrscheinlichkeitstheoretischen Methoden die Reklamationsquote in der Sparte „Erlebnis“.

   (b) Bestimmen Sie die Anteile der Erlebnisreisen in die Länder A, B und C, soweit es möglich ist.

9 Mehrdimensionale Zufallsvariablen

Analog zur Untersuchung bei mehreren Merkmalen auf einer statistischen Masse fassen wir mehrere Zufallsvariablen auf einem Wahrscheinlichkeitsraum zusammen. Die modellmäßige Erfassung von Problemstellungen in der Praxis erfolgt häufig durch mehrere Zufallsvariablen, deren Eigenschaften gemeinsam untersucht werden. Dementsprechend werden dann auch Ereignisse, deren Wahrscheinlichkeit zu bestimmen ist, durch das simultane Auftreten von Eigenschaften dieser Zufallsvariablen beschrieben.

9.1 Definition

Sei $(\Omega, A(\Omega), P)$ ein Wahrscheinlichkeitsraum, $X_1, \dots, X_k : (\Omega, A(\Omega), P) \to \mathbf{R}$ jeweils Zufallsvariable. Dann heißt $X = (X_1, \dots, X_k)$ *k-dimensionale Zufallsvariable* $X : (\Omega, A(\Omega), P) \to \mathbf{R}^k$.

Die Forderung, daß X_i für $i = 1, \dots, k$ Zufallsvariable ist, beinhaltet die Meßbarkeit von X_i bezüglich der Borelschen Mengen, d.h. $X_i^{-1}(B) \in A(\Omega)$ für alle Borelschen Mengen $B \subset \mathbf{R}$. Es stellt sich die Frage, ob $X : \Omega \to \mathbf{R}^k$ $A(\Omega)$-$\mathcal{L}^k$-meßbar ist. Dazu ist zu überprüfen, ob für $a, b \in \mathbf{R}^k$ mit $a_i \leq b_i$ für $i = 1, \dots, k$

$$X^{-1}((a, b]) \in A(\Omega) \tag{1}$$

ist für jeden Quader

$$(a, b] := \{x \in \mathbf{R}^k \mid a_i \leq x_i \leq b_i, i = 1, \dots, k\}, \tag{2}$$

da ja diese Quader die σ-Algebra $\mathcal{L}^k$ erzeugen[1].

9.2 Satz

Sei $A(\Omega)$ σ-Algebra auf Ω.

$X = (X_1, \dots, X_k) : \Omega \to \mathbf{R}^k$ ist genau dann $A(\Omega)$-$\mathcal{L}^k$-meßbar, wenn X_i $A(\Omega)$-$\mathcal{L}$-meßbar ist für $i = 1, \dots, k$.

Beweis:

„$\Longrightarrow$“ Sei X meßbar, $\alpha, \beta \in \mathbf{R}$ mit $\alpha < \beta$. Dann ist

$$M = \mathbf{R} \times \ldots \times \mathbf{R} \times (\alpha, \beta] \times \mathbf{R} \ldots \times \mathbf{R} \tag{3}$$

[1] Vgl. Fußnote auf Seite 27.

eine Borelsche Menge und

$$\begin{aligned} X^{-1}(M) &= \{\omega | X(\omega) \in M\} \\ &= \{\omega | X_i(\omega) \in (\alpha, \beta]\} \\ &= X_i^{-1}((\alpha, \beta]) \in A(\Omega). \end{aligned} \tag{4}$$

Also ist X_i $A(\Omega)$-$\mathcal{L}$-meßbar.

„$\Longleftarrow$“ Sei X_i meßbar für $i = 1, \ldots, k$, so ist zu gegebenem Quader $(a, b]$ mit $a_i < b_i$ für $i = 1, \ldots, k$

$$\begin{aligned} X^{-1}((a, b]) &= \{\omega \in \Omega | X_i(\omega) \in (a_i, b_i] \text{ für } i = 1, \ldots, k\} \\ &= \bigcap_{i=1}^{k} \{\omega | X_i(\omega) \in (a_i, b_i]\} \\ &= \bigcap_{i=1}^{k} X_i^{-1}((a_i, b_i]) \in A(\Omega), \end{aligned} \tag{5}$$

da $X^{-1}((a_i, b_i]) \in A(\Omega)$ wegen der Meßbarkeit von X_i für $i = 1, \ldots, k$ ist.

Damit ist es gleichgültig, ob in der Definition die Meßbarkeit von $X : \Omega \to \mathbb{R}^k$ oder von X_i für $i = 1, \ldots, k$ gefordert wird.

9.3 Folgerung

Sei $X : (\Omega, A(\Omega), P) \to \mathbb{R}^k$ k-dimensionale Zufallsvariable, $P_X : \mathcal{L}^k \to [0, 1]$ definiert durch

$$P_X(B) = P(X^{-1}(B)). \tag{6}$$

Dann ist $(\mathbb{R}^k, \mathcal{L}^k, P_X)$ ein Wahrscheinlichkeitsraum. P_X heißt *Wahrscheinlichkeitsverteilung von X.*

Die Wahrscheinlichkeitsverteilung entspricht der mehrdimensionalen Häufigkeitsverteilung. Sie läßt sich aber wie im eindimensionalen Fall nur bei endlichem Wertebereich in Form einer Tabelle angeben. Eine weitere Möglichkeit, die Wahrscheinlichkeitsverteilung anzugeben, besteht durch eine entsprechend verallgemeinerte Verteilungsfunktion.

9.4 Definition

Sei $X : (\Omega, A(\Omega), P) \to \mathbb{R}^k$ eine k-dimensionale Zufallsvariable.
Zu $\alpha = (\alpha_1, \ldots, \alpha_k) \in \mathbb{R}^k$ ist

$$\{x \in \mathbb{R}^k \mid x_i \leq \alpha_i \text{ für } i = 1, \ldots, k\} =: (-\infty, \alpha] \in \mathcal{L}^k \quad (7)$$

und damit $P(X^{-1}((-\infty, \alpha]))$ definiert. Die Abbildung

$$F : \mathbb{R}^k \to [0, 1] \text{ mit} \quad (8)$$

$$F(\alpha) = P(X^{-1}((-\infty, \alpha])) = P_X((-\infty, \alpha]) \quad (9)$$

heißt *Verteilungsfunktion von X*.

Anstelle von $P(X^{-1}((-\infty, \alpha]))$ schreibt man auch

$$F(\alpha) = P(X \leq \alpha) = P(X_1 \leq \alpha_1, X_2 \leq \alpha_2, \ldots, X_k \leq \alpha_k) \quad (10)$$

und analog für $P(X^{-1}(\{x\})$ mit $x = (x_1, \ldots, x_k) \in \mathbb{R}^k$

$$P(X = x) = P(X_1 = x_1, \ldots, X_k = x_k). \quad (11)$$

Mit Hilfe der Verteilungsfunktion lassen sich nun beispielsweise für k-dimensionale Quader die Wahrscheinlichkeiten berechnen.

9.5 Beispiel

Sei $X : (\Omega, A(\Omega), P) \to \mathbb{R}^2$ zweidimensionale Zufallsvariable mit Verteilungsfunktion F. Dann ist

$$\begin{aligned} & P_X(((a_1, a_2), (b_1, b_2)]) \\ & \quad = P((-\infty, (b_1, b_2)]) - P(-\infty, (a_1, b_2)]) - P(-\infty, (b_1, a_2)]) \\ & \quad\quad + P(-\infty, (a_1, a_2)]) \quad (12) \\ & \quad = F((b_1, b_2)) - F((a_1, b_2)) - F((b_a, a_2)) + F((a_1, a_2)) \end{aligned}$$

entsprechend der Abbildung 9.1 [2].

Wie im eindimensionalen Fall wird wieder unterschieden zwischen diskreten und stetigen Zufallsvariablen, wobei auch hier Mischformen möglich sind, die wir nicht weiter verfolgen werden.

[2] Anhand (12) kann man auch erkennen, daß nicht jede monotone Funktion F Verteilungsfunktion ist : (12) wird z.B. negativ, wenn $F(b_1, b_2) = F(a_1, b_2) = F(b_1, a_2) \neq 0$ und $F(a_1, a_2) = 0$ ist. Dies ist auch bei monotonem F möglich.

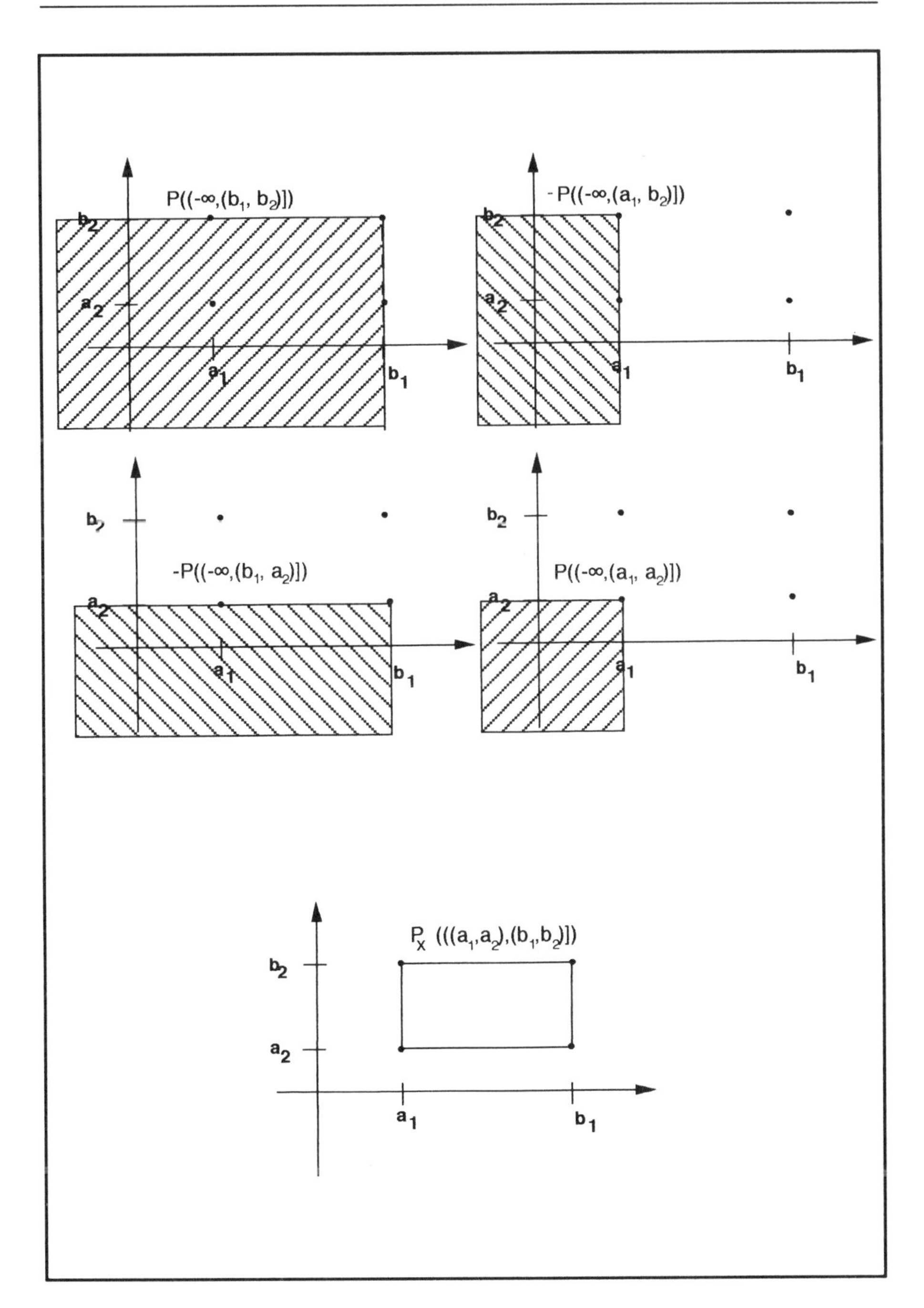

Abbildung 9.1: Zur Berechnung von $P_X((a_1, a_2), (b_1, b_2)])$ aus der zweidimensionalen Verteilungsfunktion von X.

9.6 Definition

Eine k-dimensionale Zufallsvariable $X : (\Omega, A(\Omega), P) \rightarrow \mathbb{R}^k$ heißt *diskret*, wenn $X(\Omega) = \{x^i \in \mathbb{R}^k \mid i \in I\}$, wobei $I \subseteq \mathbb{N}$, also endlich oder abzählbar unendlich, ist.

Bemerkung:

X ist offensichtlich genau dann diskret, wenn $X_1, \ldots, X_k$ diskrete (eindimensionale) Zufallsvariablen sind. Dabei ist $X(\Omega)$ genau dann unendlich, wenn $X_j(\Omega)$ für mindestens ein j unendlich ist.

9.7 Beispiel

Wie in Beispiel 8.12 aus § 8 betrachten wir die Gesamtproduktion eines Konsumartikels einer Firma über einen bestimmten Zeitraum, der an den Wochentagen $Mo, Di, \ldots$ hergestellt wurde. Sei Ω wie oben das Laplace-Experiment mit der Menge aller produzierten Exemplare als Grundgesamtheit.

Sei $X_1 : \Omega \rightarrow \mathbb{R}$ definiert durch

$$X_1(\omega) = \begin{cases} 1 & \omega \text{ wurde am } Mo \text{ produziert} \\ 2 & \omega \text{ wurde am } Di \text{ produziert} \\ 3 & \omega \text{ wurde am } Mi \text{ produziert} \\ 4 & \omega \text{ wurde am } Do \text{ produziert} \\ 5 & \omega \text{ wurde am } Fr \text{ produziert} \end{cases} \tag{13}$$

und $X_2 : \Omega \rightarrow \mathbb{R}$ definiert durch

$$X_2(\omega) = \begin{cases} 0 & \omega \text{ ist in Ordnung} \\ 1 & \omega \text{ ist Ausschuß.} \end{cases} \tag{14}$$

Als Wertebereich von X erhält man damit

$$X(\Omega) = \{(1,0), (1,1), (2,0), (2,1), (3,0), (3,1), (4,0), (4,1), (5,0), (5,1)\}.$$

Für jede Kombination aus $X(\Omega)$ ist nun eine Wahrscheinlichkeit festgelegt:

$$\begin{aligned} P_X(\{(i,k)\}) &= P(X^{-1}(i,k)) \\ &= P(\{\omega \in \Omega \mid X_1(\omega) = i, X_2(\omega) = k\}) \end{aligned} \tag{15}$$

Nach § 8 erhalten wir folgende Werte

		$X_1 =$				
		1	2	3	4	5
$X_2 =$	0	$0.19\overline{6}$	$0.24\overline{6}$	0.2308	$0.181\overline{3}$	0.1312
	1	$0.00\overline{3}$	$0.00\overline{3}$	0.0025	0.002	0.0022

Diese Werte ergeben sich entweder direkt aus der Tabelle der absoluten Häufigkeiten oder aus der zweiten Tabelle durch folgende Überlegung:

$$0.01\overline{6} = P(A|Mo) = \frac{P(A \cap Mo)}{P(Mo)}. \tag{16}$$

Mit $P(A \cap Mo) = P_X(\{1, 1\}) = 0.01\overline{6} \cdot 0.2$ ist

$$P(\{\omega|X_1(\omega) = 1, X_2(\omega) = 1\}) = 0.00\overline{3}. \tag{17}$$

Eine andere Überlegung liefert dasselbe Ergebnis:

Sei N die Gesamtstückzahl der Wochenproduktion, dann ist $0.2 \cdot N$ die Montagsstückzahl mit einem Ausschußanteil von $0.01\overline{6}$, also wurden $0.01\overline{6} \cdot 0.2 \cdot N$ schlechte Einheiten am Montag produziert; Division durch N liefert die relative Häufigkeit.

9.8 Definition

Sei $X : (\Omega, A(\Omega), P) \to \mathbb{R}^k$ eine k-dimensionale Zufallsvariable mit Verteilungsfunktion F. X heißt stetig, wenn es eine integrierbare Funktion $f : \mathbb{R} \to \mathbb{R}$ gibt mit

$$F(\alpha_1, \ldots, \alpha_k) = \int_{-\infty}^{\alpha_k} \ldots \int_{-\infty}^{\alpha_1} f(x_1, \ldots, x_k)\, dx_1 \ldots dx_k \tag{18}$$

für alle reellen Zahlen $\alpha_1, \ldots, \alpha_k$.

f heißt *Dichte(funktion) von X* oder *gemeinsame Dichte von $X_1, \ldots, X_k$*, falls gilt:

1.

$$f(x_1, \ldots, x_k) \geq 0 \text{ für alle } x_1, \ldots, x_k \in \mathbb{R}, \tag{19}$$

2. Ist F an der Stelle $\alpha = (\alpha_1, \ldots, \alpha_k)$ k-mal partiell differenzierbar nach den Variablen $\alpha_1, \ldots, \alpha_k$, so gelte

$$\left.\frac{\partial^k F}{\partial\alpha_1 \partial\alpha_2 \ldots \partial\alpha_k}\right|_\alpha = f(\alpha). \qquad (20)$$

Die Forderungen 1. und 2. entsprechen genau den Forderungen an eine Dichte im eindimensionalen Fall. Es geht also darum, willkürliche und dadurch irreführende Festlegungen der Dichte an einzelnen Stellen zu vermeiden.

Notwendige Eigenschaft einer Dichte ist analog zum eindimensionalen Fall:

$$\int_{-\infty}^{+\infty} \cdots \int_{-\infty}^{+\infty} f(x_1, \ldots, x_k) dx_1 \ldots dx_k = 1. \qquad (21)$$

9.9 Beispiele

1. Gleichverteilung auf einem Rechteck:

   Gegeben sei ein Rechteck mit den Koordinaten $(a, c), (b, c), (a, d), (b, d)$

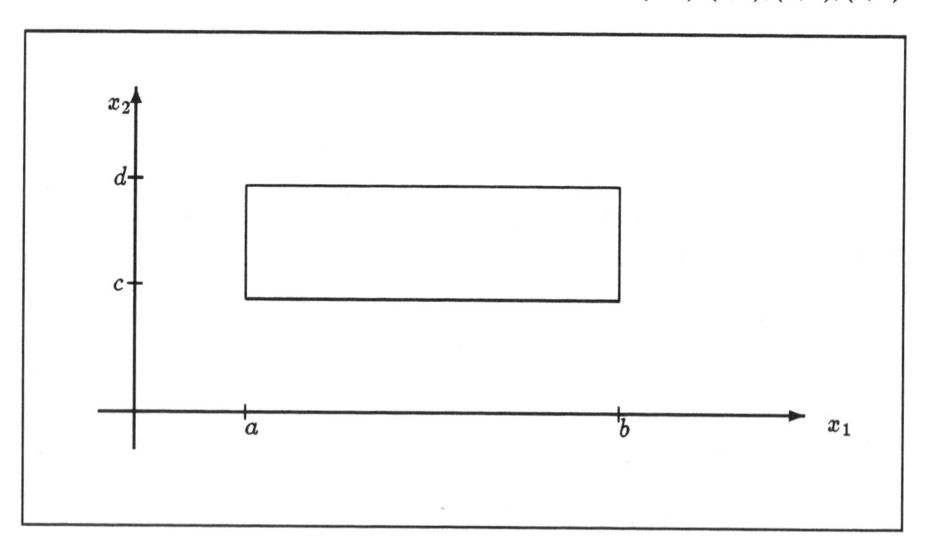

Abbildung 9.2: Zur Gleichverteilung über einem Rechteck.

Als Dichtefunktion $f : \mathbf{R}^2 \to \mathbf{R}$ verwenden wir analog zur eindimensionalen Gleichverteilung

$$f(x_1, x_2) = \begin{cases} C & a \leq x_1 \leq b, c \leq x_2 \leq d \\ 0 & \text{sonst} \end{cases} \tag{22}$$

wobei C noch geeignet zu bestimmen ist. Da

$$\int_{-\infty}^{+\infty} \int_{-\infty}^{+\infty} f(x_1, x_2) dx_2 dx_1 = 1 \tag{23}$$

gelten muß, ergibt sich für C die Forderung

$$1 = \int_{-\infty}^{+\infty} \int_{-\infty}^{+\infty} f(x_1, x_2) dx_2 dx_1 = \int_a^b C(d-c) dx_1 = C(d-c)(b-a). \tag{24}$$

Damit ist $C = \frac{1}{(d-c)(b-a)}$, also der Kehrwert des Flächeninhalts des Rechtecks. Man erhält damit

$$F(\alpha_1, \alpha_2) = \begin{cases} \frac{1}{(d-c)(b-a)} \cdot (\alpha_1 - a)(\alpha_2 - c) & a \leq \alpha_1 \leq b, c \leq \alpha_2 \leq d \\ \frac{1}{b-a}(\alpha_1 - a) & a \leq \alpha_1 \leq b, d \leq \alpha_2 \\ \frac{1}{d-c}(\alpha_2 - c) & b \leq \alpha_1, c \leq \alpha_2 \leq d \\ 1 & b \leq \alpha_1, d \leq \alpha_2 \\ 0 & \text{sonst} \end{cases}$$

2. $X = (X_1, X_2)$ habe die Dichte

$$f(x_1, x_2) = \frac{1}{2\pi\sigma_1\sigma_2\sqrt{1-\rho^2}} \cdot e^{-\frac{q(x_1, x_2)}{2}} \tag{25}$$

mit

$$q(x_1, x_2) = \frac{1}{1-\rho^2} \left[\left(\frac{x_1 - \mu_1}{\sigma_1} \right)^2 - 2\rho \left(\frac{x_1 - \mu_1}{\sigma_1} \cdot \frac{x_2 - \mu_2}{\sigma_2} \right) + \left(\frac{x_2 - \mu_2}{\sigma_2} \right)^2 \right].$$

Dabei sind $\mu_1, \mu_2 \in \mathbb{R}$, $\sigma_1, \sigma_2 \in \mathbb{R}_+$, $\rho \in (-1, 1)$ Parameter, durch die die Gestalt der Dichte variiert werden kann. Die Wahrscheinlichkeitsverteilung, die durch diese Dichte festgelegt ist, heißt *bivariate Normalverteilung.*

Diese Dichte kann dadurch graphisch veranschaulicht werden, daß man die Funktion dreidimensional darstellt oder daß man „Höhenlinien" wie in einer geographischen Karte wiedergibt.

Eine Höhenlinie verbindet die Punkte (x_1, x_2) mit übereinstimmender Höhe $c : c = f(x_1, x_2)$.

$f(x_1, x_2) = c$ ist damit gleichwertig mit $q(x_1, x_2) = c'$; die dadurch festgelegte geometrische Figur ist eine Ellipse, man erhält also als Höhenlinien eine Schar von Ellipsen mit übereinstimmenden Hauptachsen.

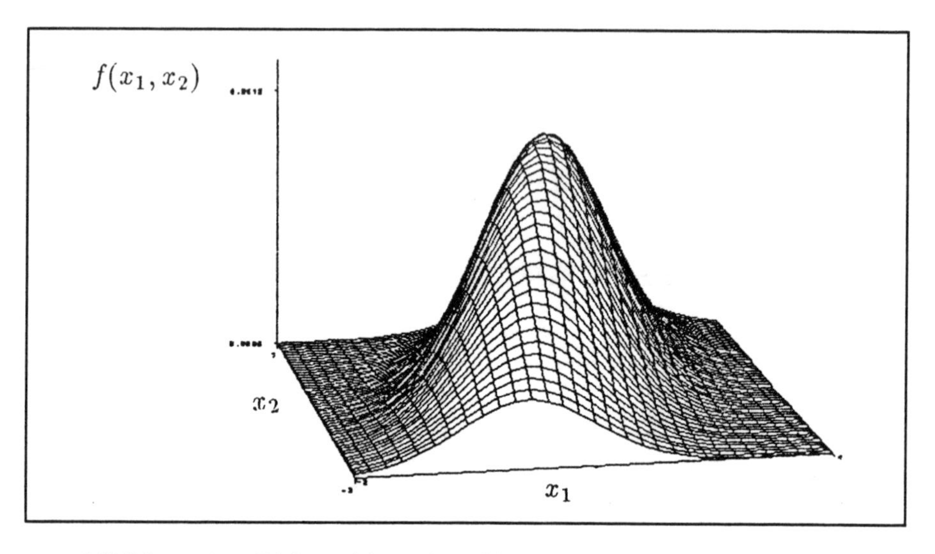

Abbildung 9.3: Dichtegebirge einer bivariaten Normalverteilung mit $\mu_1 = 1, \mu_2 = 2, \sigma_1 = 1, \sigma_2 = 3, \rho = 0,5$.

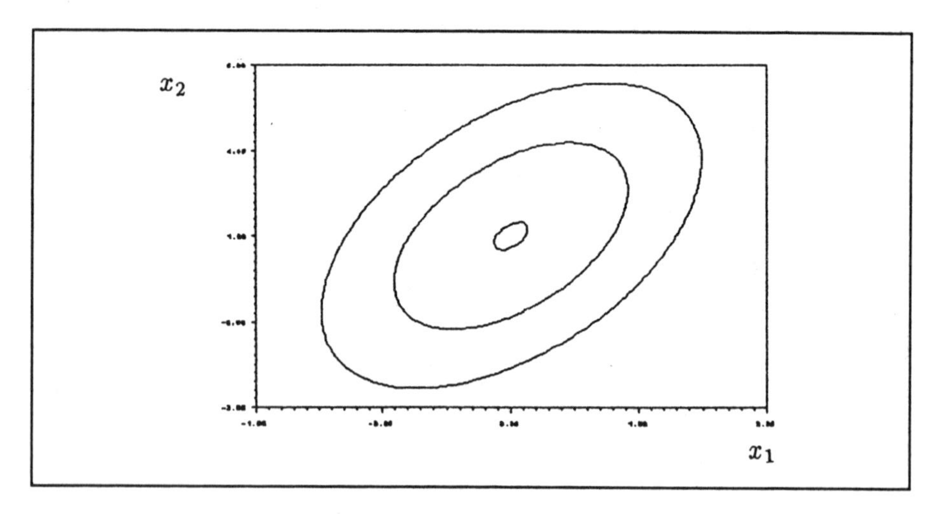

Abbildung 9.4: Höhenliniendiagramm zu obiger bivariater Normalverteilung.

Übungsaufgaben zu § 9

1. Die zweidimensionale Zufallsvariable (X, Y) habe folgende Dichtefunktion:

$$f_{X,Y}(x,y) = \begin{cases} k & \text{für} \quad x \geq 0, y \geq 0, x + 2y \leq 2 \\ 0 & \text{sonst} \end{cases}$$

   (a) Man berechne die Konstante k.

   (b) Man bestimme die Verteilungsfunktion von (X, Y).

2. Die 3-dimensionale Zufallsvariable X habe folgende Dichtefunktion:

$$f_X(x_1, x_2, x_3) = \begin{cases} a(x_1x_2x_3 - x_2x_3) & \text{für} \quad x_1 \in [1,2]; x_2 \in [0,2]; \\ & \qquad\quad x_3 \in [0,3] \\ bx_1^3 & \qquad\quad \text{sonst} \end{cases}$$

   (a) Bestimmen Sie die Konstanten a und b.

   (b) Geben Sie den Wert der Verteilungsfunktion an den Stellen (2,1,1) und (-2,1,4) an.

3. (a) Man formuliere für die Verteilungsfunktion einer k-dimensionalen Zufallsvariablen analoge Eigenschaften wie im eindimensionalen Fall.

   (b) Man überprüfe, ob

$$F(x,y) = \begin{cases} 0 & \text{für} \quad x < 0 \text{ oder } y < 0 \text{ oder } x + y < 1 \\ 1 & \text{sonst} \end{cases}$$

   Verteilungsfunktion einer zweidimensionalen Zufallsvariablen ist.

10 Randverteilung, bedingte Verteilung und Unabhängigkeit von Zufallsvariablen

Betrachten wir zunächst noch einmal die Wahrscheinlichkeitsverteilung aus Beispiel 9.7. Die Tabelle gibt die Wahrscheinlichkeiten an für alle Kombinationen von Werten der beiden Zufallsvariablen. Interessiert man sich jetzt für die Wahrscheinlichkeit, daß eine der beiden Zufallsvariablen einen bestimmten Wert annimmt (der Wert der anderen sei ohne Bedeutung), also z.B. daß X_2 den Wert 1 annimmt und damit bei zufälliger Entnahme eines Teils ein fehlerhaftes vorzufinden, so muß man alle Kombinationen betrachten , bei denen X_2 den Wert 1 hat, also die zweite Zeile der Tabelle, und die entsprechenden Wahrscheinlichkeiten aufaddieren.

Formal ergibt sich dies folgendermaßen:

$$P(X_2 = 1) = P(\{\omega \in \Omega | X_2(\omega) = 1\}) \tag{1}$$

Da aber

$$\begin{aligned} \{\omega \in \Omega | X_2(\omega) = 1\} &= \{\omega \in \Omega | X_2(\omega) = 1, X_1(\omega) \text{ beliebig}\} \\ &= \{\omega \in \Omega | X_2(\omega) = 1, X_1(\omega) \in \{1, \ldots, 5\}\} \\ &= \{\omega \in \Omega | X_2(\omega) = 1, X_1(\omega) = 1\} \\ &\quad \cup \{\omega \in \Omega | X_2(\omega) = 1, X_1(\omega) = 2\} \\ &\quad \cup \{\omega \in \Omega | X_2(\omega) = 1, X_1(\omega) = 3\} \\ &\quad \cup \{\omega \in \Omega | X_2(\omega) = 1, X_1(\omega) = 4\} \\ &\quad \cup \{\omega \in \Omega | X_2(\omega) = 1, X_1(\omega) = 5\} \end{aligned} \tag{2}$$

gilt, und diese fünf Teilmengen disjunkt sind (X_1 kann nicht gleichzeitig zwei verschiedene Werte annehmen), folgt

$$\begin{aligned} P(X_2 = 1) &= \sum_{k=1}^{5} P(\{\omega \in \Omega | X_2(\omega) = 1, X_1(\omega) = k\}) \\ &= \sum_{k=1}^{5} P(X_1 = k, X_2 = 1) \end{aligned} \tag{3}$$

Analog erhält man $P(X_1 = 1)$ durch Summation der beiden Wahrscheinlichkeiten in Spalte 1 der Tabelle. Die Vorgehensweise ist also ganz analog zur Ermittlung der Häufigkeitsverteilung eines Merkmals aus der gemeinsamen Häufigkeitsverteilung zweier Merkmale, solange die betrachteten Zufallsvariablen diskret sind. Dementsprechend benutzen wir auch hier die Bezeichnung „Randverteilung".

Sei also $X = (X_1, \ldots, X_k)$ eine k-dimensionale diskrete Zufallsvariable, so erhält man die Wahrscheinlichkeitsverteilung einer der Zufallsvariablen, indem man den Wert dieser festhält und über alle Werte der übrigen Zufallsvariablen aufaddiert. Formal dargestellt gilt also

10.1 Satz

Sei $X = (X_1, \ldots, X_k)$ eine k-dimensionale diskrete Zufallsvariable. X_i habe die Werte $x_{ij}, j \in J_i, J_i \subset \mathbb{N}$. Sei X_{i^*} eine der Zufallsvariablen $X_1, \ldots, X_k$ und $x_{i^*j^*}$ ein spezieller Wert von X_{i^*}, dann gilt:

$$P(X_{i^*} = x_{i^*j^*}) = \sum_{t \neq i^*} \sum_{s \in J_t} P(X_{i^*} = x_{i^*j^*}, X_t = x_{ts} \text{ für } t \neq i^*). \qquad (4)$$

Die Summation erstreckt sich dabei über alle möglichen Kombinationen von Werten der einzelnen Zufallsvariablen mit dem speziellen Wert $x_{i^*j^*}$ der Zufallsvariablen X_{i^*}.

Sei $X = (X_1, \ldots, X_k)$ eine beliebige, also nicht notwendig diskrete Zufallsvariable, so erhalten wir die Wahrscheinlichkeitsverteilung von einer der Komponenten, etwa wieder X_{i^*}, durch folgende Überlegung:

Gesucht ist $P(X_{i^*} \in A)$ für einen beliebigen Bereich $A \in \mathcal{L}$, z.B. $A = (-\infty, \alpha]$. Nach Definition ist

$$\begin{aligned} P(X_{i^*} \in A) &= P(\{\omega | X_{i^*}(\omega) \in A\}) \\ &= P(\{\omega | X_{i^*}(\omega) \in A, X_i(\omega) \text{ beliebig für } i \neq i^*\}) \qquad (5) \\ &= P_X(\mathbb{R} \times \ldots \times A \times \ldots \times \mathbb{R}), \end{aligned}$$

wobei die Menge A an der i^*-ten Stelle des kartesischen Produktes steht. Speziell für $A = (-\infty, \alpha]$ erhält man die Verteilungsfunktion von X_{i^*}

$$F_{i^*}(\alpha) = P(X_{i^*} \leq \alpha) = P_X(\mathbb{R} \times \ldots \times (-\infty, \alpha] \times \ldots \times \mathbb{R}). \qquad (6)$$

Ist die gemeinsame Wahrscheinlichkeitsverteilung P_X durch die Verteilungsfunktion $F_X(x_1, \ldots, x_k)$ gegeben, so erhalten wir $F_{i^*}(\alpha)$ indem wir $x_{i^*} = \alpha$ – also das zu X_{i^*} gehörende Argument von F_X gleich α – setzen und die übrigen Argumente gegen unendlich gehen lassen:

$$F_{i^*}(\alpha) = \lim_{\substack{x_i \to \infty \\ \text{für } i \neq i^*}} F(x_1, \ldots, \alpha, \ldots, x_k). \qquad (7)$$

10.2 Beispiel

Sei

$$F(x_1, x_2) = \begin{cases} 1 + e^{-\lambda_1 x_1} e^{-\lambda_2 x_2} - e^{-\lambda_1 x_1} - e^{-\lambda_2 x_2} & x_1 > 0, x_2 > 0 \\ 0 & \text{sonst} \end{cases} \tag{8}$$

die gemeinsame Verteilungsfunktion einer zweidimensionalen Zufallsvariablen $X = (X_1, X_2)$. Dann gilt für $\alpha > 0$

$$\begin{aligned} P(X_1 \leq \alpha) &= \lim_{x_2 \to \infty} F(\alpha, x_2) \\ &= \lim_{x_2 \to \infty} (1 + e^{-\lambda_1 \alpha} e^{-\lambda_2 x_2} - e^{-\lambda_1 \alpha} - e^{-\lambda_2 x_2}) \\ &= 1 - e^{-\lambda_1 \alpha}, \end{aligned} \tag{9}$$

da die beiden übrigen Summanden den Grenzwert 0 haben. Die Randverteilung ist also eine Exponentialverteilung.

10.3 Satz

Sei $X = (X_1, \ldots, X_k)$ eine k-dimensionale Zufallsvariable mit gemeinsamer Wahrscheinlichkeitsverteilung. Dann gilt für die i^*-te Randverteilung

$$P(X_{i^*} \in A) = P_X(\mathbb{R} \times \ldots \times A \times \ldots \times \mathbb{R}) \tag{10}$$

und für die Verteilungsfunktion

$$F_{X_{i^*}}(\alpha) = \lim_{\substack{x_i \to \infty \\ i \neq i^*}} F_X(x_1, \ldots, \alpha, \ldots, x_k). \tag{11}$$

A bzw. α steht dabei jeweils an der Stelle i^*.

Analog wie im eindimensionalen Fall wird eine k-dimensionale Zufallsvariable als stetig bezeichnet, wenn sich die Verteilungsfunktion durch Integration über eine Dichtefunktion berechnen läßt (vgl. Definition 9.8):

$$F_X(x_1, \ldots, x_k) = \int_{-\infty}^{x_k} \ldots \int_{-\infty}^{x_1} f_X(t_1, \ldots, t_k) dt_1 \ldots dt_k. \tag{12}$$

Dementsprechend gilt dann

$$\begin{aligned} F_{X_{i^*}}(\alpha) &= \lim_{\substack{x_i \to \infty \\ i \neq i^*}} F_X(x_1, \ldots, x_k) \\ &= \int_{-\infty}^{+\infty} \ldots \int_{-\infty}^{\alpha} \ldots \int_{-\infty}^{+\infty} f_X(t_1, \ldots, t_k) dt_1 \ldots dt_k \end{aligned} \tag{13}$$

oder nach Änderung der Integrationsreihenfolge

$$F_{X_{i^*}}(\alpha) = \int_{-\infty}^{\alpha} \left(\int_{-\infty}^{+\infty} \cdots \int_{-\infty}^{+\infty} f_X(t_1, \ldots, t_k) dt_1 \ldots dt_k \right) dt_{i^*} \tag{14}$$

Der Klammerausdruck entspricht damit genau der Dichtefunktion von X_{i^*}. Man erhält also die Dichte der Randverteilung von X_{i^*} (die "Randdichte") durch Integration der gemeinsamen Dichte über alle übrigen Variablen von $-\infty$ bis $+\infty$.

10.4 Satz

Sei $X = (X_1, \ldots, X_k)$ eine k-dimensionale stetige Zufallsvariable mit Dichtefunktion $f(x_1, \ldots, x_k)$. Dann ist

$$f_{i^*}(t) = \int_{-\infty}^{+\infty} \cdots \int_{-\infty}^{+\infty} f(x_1, \ldots x_{i^*-1}, t, x_{i^*+1}, \ldots, x_k) dx_1 \ldots dx_{i^*-1} dx_{i^*+1} dx_k \tag{15}$$

Dichtefunktion von X_{i^*}.

10.5 Beispiele

1. Sei $X = (X_1, X_2)$ stetig mit Dichtefunktion

$$f(x_1, x_2) = \begin{cases} \frac{2}{63}(x_1 + 3x_2 + 2x_1x_2) & \text{für } 0 \leq x_1 \leq 3, 1 \leq x_2 \leq 2 \\ 0 & \text{sonst} \end{cases} \tag{16}$$

Dann gilt für $\alpha \in \mathbb{R}$

$$\begin{aligned} F_{X_1}(\alpha) &= P(X_1 \leq \alpha) = P_X((-\infty, \alpha] \times \mathbb{R}) \\ &= \lim_{x_2 \to \infty} F_X(\alpha, x_2) \\ &= \int_{-\infty}^{\alpha} \int_{-\infty}^{+\infty} f(x_1, x_2) dx_2 dx_1. \end{aligned} \tag{17}$$

Für das innere Integral erhält man für $x_1 \notin [0, 3]$

$$\int_{-\infty}^{+\infty} f(x_1, x_2)\, dx_2 = \int_{-\infty}^{+\infty} 0\, dx_2 = 0 \tag{18}$$

und für $x_1 \in [0,3]$

$$\begin{aligned}
\int_{-\infty}^{+\infty} f(x_1, x_2)dx_2 &= \int_1^2 \frac{2}{63}(x_1 + 3x_2 + 2x_1x_2)dx_2 \\
&= \frac{2}{63}(x_1x_2 + \frac{3}{2}x_2^2 + x_1x_2^2)\Big|_1^2 \\
&= \frac{2}{63}(2x_1 + \frac{3}{2}\cdot 4 + 4x_1 - x_1 - \frac{3}{2} - x_1) \qquad (19)\\
&= \frac{2}{63}(4x_1 + \frac{9}{2}) \\
&= \frac{8}{63}x_1 + \frac{1}{7}.
\end{aligned}$$

Dichtefunktion von X_1 ist also

$$f_{X_1}(x_1) = \begin{cases} \frac{8}{63}x_1 + \frac{1}{7} & 0 \le x_1 \le 3 \\ 0 & \text{sonst} \end{cases} \qquad (20)$$

Analog erhält man als Dichtefunktion von X_2:

$$f_{X_2}(x_2) = \begin{cases} \frac{4}{7}x_2 + \frac{1}{7} & 1 \le x_2 \le 2 \\ 0 & \text{sonst} \end{cases} \qquad (21)$$

2. Sei f die Dichtefunktion einer Zufallsvariablen $X = (X_1, X_2)$ mit Gleichverteilung auf einem Rechteck mit den Eckpunkten $(a,c), (b,c), (a,d), (b,d),\ a < b, c < d$:

$$f(x,y) = \begin{cases} \frac{1}{(d-c)(b-a)} & a \le x \le b, c \le y \le d \\ 0 & \text{sonst} \end{cases} \qquad (22)$$

Dann erhält man für X_1 die Dichte

$$\begin{aligned}
f_{X_1}(x) &= \int_{-\infty}^{+\infty} f(x,\eta)d\eta \\
&= \begin{cases} \int_c^d \frac{1}{(d-c)(b-a)}d\eta & a \le x \le b \\ 0 & \text{sonst} \end{cases} \qquad (23)\\
&= \begin{cases} \frac{1}{b-a} & a \le x \le b \\ 0 & \text{sonst} \end{cases}
\end{aligned}$$

und analog

$$f_{X_2}(y) = \begin{cases} \frac{1}{d-c} & \text{für } c \le y \le d \\ 0 & \text{sonst} \end{cases} \qquad (24)$$

also jeweils die Gleichverteilung auf dem entsprechenden Intervall. Ein Vergleich zeigt außerdem, daß

$$f(x,y) = f_{X_1}(x) \cdot f_{X_2}(y) \text{ für alle } x \text{ und } y \tag{25}$$

gilt.

3. Die Dichtefunktion der Zufallsvariablen (X, Y) sei gegeben durch

$$f(x,y) = \begin{cases} \alpha_1\alpha_2 e^{-(\alpha_1 x + \alpha_2 y)} & 0 \leq x, 0 \leq y \\ 0 & \text{sonst} \end{cases} \tag{26}$$

mit Parametern $\alpha_1, \alpha_2 > 0$.

Es handelt sich also um eine Verallgemeinerung der eindimensionalen Exponentialverteilung auf den zweidimensionalen Fall.

Dann gilt für $x \geq 0$:

$$\begin{aligned} \int_{-\infty}^{+\infty} f(x,y)dy &= \int_0^{\infty} \alpha_1\alpha_2 e^{-(\alpha_1 x + \alpha_2 y)} dy \\ &= \alpha_1 e^{-\alpha_1 x} \int_0^{\infty} \alpha_2 e^{-\alpha_2 y} dy \\ &= \alpha_1 e^{-\alpha_1 x}, \end{aligned} \tag{27}$$

da das Integral gerade dem Integral über die Dichte einer Exponentialverteilung entspricht. Aus Symmetriegründen gilt dann auch für $y \geq 0$:

$$\int_{-\infty}^{+\infty} f(x,y)dx = \alpha_2 e^{-\alpha_2 y}. \tag{28}$$

Damit sind die beiden Zufallsvariablen X und Y exponentialverteilt, und analog zu Beispiel 2 gilt auch hier

$$f(x,y) = f_X(x) \cdot f_Y(y). \tag{29}$$

Für die Verteilungsfunktion F von (X, Y) folgt damit:

$$\begin{aligned} F(\alpha_1, \alpha_2) &= \int_{-\infty}^{\alpha_1} \int_{-\infty}^{\alpha_2} f(x,y)dydx \\ &= \int_{-\infty}^{\alpha_1} \int_{-\infty}^{\alpha_2} f_X(x) f_Y(y)dydx \end{aligned}$$

$$= \int_{-\infty}^{\alpha_1} f_X(x) \cdot \left(\int_{-\infty}^{\alpha_2} f_Y(y) dy \right) dx \qquad (30)$$

$$= \int_{-\infty}^{\alpha_2} f_Y(y) dy \int_{-\infty}^{\alpha_1} f_X(x) dx$$

$$= F_X(\alpha_1) \cdot F_Y(\alpha_2),$$

wobei hierbei die spezielle Gestalt der Dichte nicht benutzt wurde. Da

$$F(\alpha_1, \alpha_2) = P(X_1 \leq \alpha_1, Y \leq \alpha_2) \qquad (31)$$

und

$$F_X(\alpha_1) = P(X \leq \alpha_1), F_Y(\alpha_2) = P(Y \leq \alpha_2) \qquad (32)$$

ist, bedeutet dies gerade, daß die Ereignisse „$X \leq \alpha_1$" und „$Y \leq \alpha_2$" unabhängig sind.

Zur Überprüfung ganz allgemein von Ereignissen, die durch verschiedene Zufallsvariablen definiert sind, auf einen Zusammenhang, bietet es sich an, zunächst wieder bedingte Verteilungen zu betrachten. Wie immer beginnen wir zunächst mit dem diskreten Fall, der anschaulich leichter zu erfassen ist.

Sei (X, Y) eine zweidimensionale diskrete Zufallsvariable. Dabei habe

X die Werte x_i, $i \in I \subset \mathbb{N}$,
Y die Werte y_j, $j \in J \subset \mathbb{N}$.

Sei x einer der Werte von X mit $P(X = x) \neq 0$. Zu x und einem Wert y_j können wir die Ereignisse

$$A := "X = x" = \{\omega \in \Omega | X(\omega) = x\} \qquad (33)$$

und

$$B_j := "Y = y_j" = \{\omega \in \Omega | Y(\omega) = y_j\}, j \in J \qquad (34)$$

bilden.

Zu diesen Ereignissen erhalten wir die bedingte Wahrscheinlichkeit

$$P(B_j | A) = \frac{P(B_j \cap A)}{P(A)} = \frac{P(Y = y_j, X = x)}{P(X = x)} \qquad (35)$$

und die bedingte Wahrscheinlichkeitsverteilung

$$P(\cdot|A) = \frac{P(\cdot \cap A)}{P(A)} = P(\cdot|X = x). \tag{36}$$

$P(\cdot|X = x)$ ist ein Wahrscheinlichkeitsmaß (vgl. § 8). Bezüglich dieses Wahrscheinlichkeitsmaßes können wir nun die Wahrscheinlichkeitsverteilung von Y bilden. Da aber Y nur die Werte y_j annimmt, ist diese Wahrscheinlichkeitsverteilung durch die bedingten Wahrscheinlichkeiten

$$P(Y = y_j|X = x) \tag{37}$$

vollständig beschrieben.

10.6 Definition

Die Wahrscheinlichkeitsverteilung von Y bzgl. des Wahrscheinlichkeitsmaßes $P(\cdot|X = x)$ heißt *bedingte Verteilung von Y unter der Bedingung $X = x$.*

Natürlich können die Rollen von X und Y vertauscht werden. Auch läßt sich die Definition unmittelbar verallgemeinern für Paare von mehrdimensionalen diskreten Zufallsvariablen.

10.7 Definition

Sei X bzw. Y eine m- bzw. n-dimensionale Zufallsvariable, $x \in \mathbb{R}^m$ mit $P(X = x) \neq 0$, also x ein Wert von X, dann heißt die Wahrscheinlichkeitsverteilung von Y bzgl. des Wahrscheinlichkeitsmaßes $P(\cdot|X = x)$ *bedingte Wahrscheinlichkeitsverteilung von Y unter der Bedingung $X = x$.* Für die Werte $y^j \in \mathbb{R}^n, j \in J \subset \mathbb{N}$ gilt dann

$$P(Y = y^j|X = x) = \frac{P(Y = y^j, X = x)}{P(X = x)} \tag{38}$$

für alle $j \in J$.

10.8 Beispiel

In einer Gemeinde soll eine Umfrage durchgeführt werden, bei der die Passanten nach ihrer Einstellung zu einem bestimmten Produkt befragt werden. Die zu befragenden Personen sollen nach Alter und Geschlecht unterschieden werden. Dabei beschreibe die Zufallsvariable X das Geschlecht[1] ($X = 0$

[1] Es ist zu beachten, daß das Geschlecht ein qualitatives Merkmal ist.

für männlich, $X = 1$ für weiblich) und die Zufallsvariable Y das Alter der Personen, wobei nur interessiert, ob eine Person jünger als 20 Jahre, älter als 40 Jahre oder zwischen 20 und 40 Jahren ist. Von der Verteilung der Population ist lediglich bekannt, daß die Wahrscheinlichkeit, eine männliche Person anzutreffen, $P(X = 0) = 0,6$ ist. Weiter ist aus einer unvollständigen Bevölkerungsstatistik bekannt, daß die Wahrscheinlichkeit, daß ein männlicher Passant jünger als 20 Jahre ist, 0,2 und daß er zwischen 20 und 40 Jahren ist, 0,3 ist. Bei den weiblichen Bewohnern ist die Wahrscheinlichkeit, eine Passantin anzutreffen, die jünger als 20 Jahre ist, 0,1 und eine, die älter als 40 Jahre ist, 0,7. Aus dieser Information soll versucht werden, etwas über die gemeinsame Wahrscheinlichkeitsverteilung von Geschlecht und Alter zu gewinnen.

Dazu kann zunächst die bedingte Wahrscheinlichkeitsverteilung von Y unter der Bedingung $X = x$ angegeben werden. Dabei läßt sich ausnützen, daß gilt:

$$P(Y < 20 \mid X = 0) + P(20 \leq Y \leq 40 \mid X = 0) + P(Y > 40 \mid X = 0) = 1.$$

$$P(Y < 20 \mid X = 1) + P(20 \leq Y \leq 40 \mid X = 1) + P(Y > 40 \mid X = 1) = 1.$$

$Y = y$ / $X = x$	< 20	$[20, 40]$	> 40	
0	0,2	0,3	0,5	1
1	0,1	0,2	0,7	1

Mit der Beziehung $P(Y = y^j \mid X = x) = \frac{P(Y=y^j,\ X=x)}{P(X=x)}$

und damit $\quad P(Y = y^j,\ X = x) = P(Y = y^j \mid X = x) \cdot P(X = x)$

kann die gemeinsame Wahrscheinlichkeitsverteilung von (X,Y) angegeben werden.

$Y = y$ / $X = x$	< 20	$[20, 40]$	> 40	
0	0,12	0,18	0,3	0,6
1	0,04	0,08	0,28	0,4
	0,16	0,26	0,58	1

Bei stetigen Zufallsvariablen ist diese Vorgehensweise nicht durchführbar, da bei einer stetigen Zufallsvariablen X für jede reelle Zahl $x \in \mathbb{R}$

$$P(X = x) = 0 \tag{39}$$

gilt.

Wenn wir also die bedingte Verteilung von Y unter der Bedingung $X = x$ bei stetigem X einführen wollen, so betrachten wir zunächst besser einen Bereich um x mit positiver Wahrscheinlichkeit und verwenden diesen als Bedingung. Sei also $\varepsilon > 0$ und $[x, x + \varepsilon]$ ein solcher Bereich[2], also für das Ereignis

$$A_\varepsilon = "X \in [x, x + \varepsilon]" = \{\omega \in \Omega | x \leq X(\omega) \leq x + \varepsilon\} \tag{40}$$

gelte

$$P(A) = P(x \leq X \leq x + \varepsilon) \neq 0. \tag{41}$$

Damit ist dann wieder ein Wahrscheinlichkeitsmaß unter der Bedingung $A_\varepsilon =$ "$x \leq X \leq x + \varepsilon$" definiert, und wir können die Wahrscheinlichkeitsverteilung von Y bezüglich dieses bedingten Wahrscheinlichkeitsmaßes bilden.

Betrachten wir die Verteilungsfunktion von dieser Wahrscheinlichkeitsverteilung. Sie sei mit $F_{Y|A_\varepsilon}$ bezeichnet:

$$\begin{aligned} F_{Y|A_\varepsilon}(y) &= P(Y \leq y | x \leq X \leq x + \varepsilon) \\ &= \frac{P(Y \leq y, x \leq X \leq x + \varepsilon)}{P(x \leq X \leq x + \varepsilon)} \\ &= \frac{F_{(X,Y)}(x + \varepsilon, y) - F_{(X,Y)}(x, y)}{F_X(x + \varepsilon) - F_X(x)}, \end{aligned} \tag{42}$$

wobei benutzt wird, daß X stetig ist, also $P(X < x) = P(X \leq x)$ gilt.

Diese Verteilung hängt von der Größe des Bereichs $[x, x + \varepsilon]$, also von ε ab. Um die Tendenz an der Stelle x zu erhalten, lassen wir $\varepsilon \to 0$ gehen und erhalten

$$\begin{aligned} \lim_{\varepsilon \to 0} F_{Y|A_\varepsilon}(y) &= \lim_{\varepsilon \to 0} \frac{\frac{F_{(X,Y)}(x+\varepsilon, y) - F_{(X,Y)}(x, y)}{\varepsilon}}{\frac{F_X(x+\varepsilon) - F_X(x)}{\varepsilon}} \\ &= \frac{\frac{\partial}{\partial x} F_{(X,Y)}(x, y)}{\frac{d}{dx} F_X(x)}, \end{aligned} \tag{43}$$

falls diese Ableitungen existieren und der Nenner von Null verschieden ist.

[2] Man könnte natürlich auch $[x - \varepsilon, x + \varepsilon]$ wählen.

Diesen Wert können wir als Wert der Verteilungsfunktion an der Stelle y der „Verteilungsfunktion $F_{Y|X=x}$ von Y unter der Bedingung $X = x$" interpretieren, wenn sich diese Funktion wie eine Verteilungsfunktion verhält.

Um dies festzustellen, betrachten wir die Dichte, indem wir die Ableitung dieser Funktion bilden:

$$\begin{aligned} \frac{d}{dy} F_{Y|X=x}(y) &= \frac{d}{dy} \frac{\frac{\partial F_{(X,Y)}(x,y)}{\partial x}}{\frac{d}{dx} F_X(y)} \\ &= \frac{\frac{\partial^2 F_{(X,Y)}(x,y)}{\partial x \partial y}}{f_X(x)} \\ &= \frac{f_{(X,Y)}(x,y)}{f_X(x)} = f_{Y|X=x}(y). \end{aligned} \tag{44}$$

Mit f sind die Dichtefunktionen zu den verschiedenen Zufallsvariablen bezeichnet.

Offensichtlich gilt $f_{Y|X=x}(y) \geq 0$ für alle y.

Ferner ist

$$\begin{aligned} \int_{-\infty}^{+\infty} f_{Y|X=x}(y)dy &= \int_{-\infty}^{+\infty} \frac{f_{(X,Y)}(x,y)}{f_X(x)} dy \\ &= \frac{1}{f_X(x)} \int_{-\infty}^{+\infty} f_{(X,Y)}(x,y)dy. \end{aligned} \tag{45}$$

Dieses Integral liefert aber gerade die Randdichte von X, also gilt weiter

$$\int_{-\infty}^{+\infty} f_{Y|X=x}(y)dy = \frac{1}{f_X(x)} \cdot f_X(x) = 1 \tag{46}$$

Damit hat $f_{Y|X=x}$ die Eigenschaften einer Dichtefunktion.

Bislang haben wir stillschweigend angenommen, daß die diversen Ableitungen existieren. Andererseits schadet es auch nicht, wenn an endlich vielen Stellen eine oder alle dieser Ableitungen nicht existiert, da der Funktionswert des Integranden an einer einzelnen – oder endlich vielen von diesen – Stelle den Wert des Integrals nicht beeinflußt. Wir können also $f_{Y|X=x}$ als „Dichtefunktion von Y unter der Bedingung $X = x$" verwenden.

10.9 Definition

Seien X und Y stetige Zufallsvariablen, $f_{(X,Y)}$ gemeinsame Dichtefunktion von (X,Y) und f_X Randdichte von X, $f_X(x) \neq 0$ für x. Dann heißt

$$f_{Y|X=x}(y) = \frac{f_{(X,Y)}(x,y)}{f_X(x)} \tag{47}$$

bedingte Dichte von Y unter der Bedingung $X = x$.

Man beachte, daß in dieser Definition nichts darüber festgelegt wurde, welche Dimension die Zufallsvariablen X und Y haben. Neben eindimensionalen Zufallsvariablen können X und Y auch mehrdimensional sein.

Durch den Vergleich der Wahrscheinlichkeitsverteilung von Y mit „der bedingten Wahrscheinlichkeitsverteilung von Y unter der Bedingung $X = x$" können wir also feststellen, wie sich die Bedingung $X = x$ auf Y auswirkt. Diese Auswirkung kann – wie schon bei der Betrachtung des Zusammenhangs zweier Ereignisse – sowohl positiv als auch negativ oder aber gar nicht vorhanden sein, wobei dies sowohl vom Wert x abhängen als auch bei verschiedenen Werten von y unterschiedlich aussehen kann.

Als unabhängig werden wir die beiden Zufallsvariablen bezeichnen, wenn für alle Werte x in der Bedingung einheitlich keinerlei Auswirkung vorliegt, die beiden Wahrscheinlichkeitsverteilungen also völlig übereinstimmen.

Formal heißt dies:

1. im diskreten Fall:
   Für alle x mit $P(X = x) \neq 0$ gilt:
   $$P(Y = y|X = x) = P(Y = y) \text{ für alle Werte } y \text{ von } Y. \tag{48}$$
2. im stetigen Fall:
   Für alle x mit $f_X(x) \neq 0$ gilt:
   $$f_{Y|X=x}(y) = f_Y(y) \text{ für alle } y \in \mathbf{R}. \tag{49}$$

Gleichung (48) kann man umformen in

$$P(Y = y|X = x) = \frac{P(X = x, Y = y)}{P(X = x)} = P(Y = y)$$

oder

$$P(Y = y, X = x) = P(X = x) \cdot P(Y = y).$$

Da diese Beziehung für alle Werte x und y gilt, folgt daraus auch

$$P(X \leq x, Y \leq y) = P(X \leq x)P(Y \leq y) \tag{50}$$

oder ausgedrückt mit den Verteilungsfunktionen

$$F_{(X,Y)}(x,y) = F_X(x) \cdot F_Y(y). \tag{51}$$

Betrachtet man (49) näher, so sieht man, daß

$$f_{Y|X=x}(y) = \frac{f_{(X,Y)}(x,y)}{f_X(x)} = f_Y(y)$$

gleichwertig ist zu

$$f_{(X,Y)}(x,y) = f_X(x) \cdot f_Y(y). \tag{52}$$

Daraus folgt aber

$$\begin{aligned} \int_{-\infty}^{x} \int_{-\infty}^{y} f_{(X,Y)}(s,t)dtds &= \int_{-\infty}^{x} \int_{-\infty}^{y} f_X(s) f_Y(t)dtds \\ &= \int_{-\infty}^{x} f_X(s)ds \int_{-\infty}^{y} f_Y(t)dt, \end{aligned}$$

also ebenfalls

$$F_{(X,Y)}(x,y) = F_X(x) \cdot F_Y(y). \tag{53}$$

Damit bietet es sich an, diese Beziehung (53) zur Definition von Unabhängigkeit zu benutzen.

10.10 Definition

Zwei Zufallsvariablen X und Y heißen *unabhängig*, wenn für alle reellen Zahlen x und y

$$F_{(X,Y)}(x,y) = F_X(x) \cdot F_Y(y) \tag{54}$$

gilt.

Bemerkung:

Unabängigkeit von X und Y besagt also gerade, daß die Ereignisse „$X \leq x$“ und „$Y \leq y$“ unabhängig sind, gleichgültig wie die Schranken x und y festgelegt sind. Über die Ereignisse „$X \leq x$“ bzw. „$Y \leq y$“ und ihre Wahrscheinlichkeiten sind aber sämtliche Ereignisse bzgl. X bzw. Y beschreibbar und ihre Wahrscheinlichkeiten berechenbar.

Unabhängigkeit von X und Y läßt sich damit auch so beschreiben, daß man sagt:

> Ein Ereignis, das – wie auch immer – über die Zufallsvariable X festgelegt wird, ist von einem Ereignis, das – in beliebiger Form – durch Y definiert ist, unabhängig (und umgekehrt, die Beziehung ist ja symmetrisch).

10.11 Beispiele

1. Für die bivariate Normalverteilung erhält man für $\varrho = 0$:

$$\begin{aligned} f_{(X_1,X_2)}(x_1,x_2) &= \frac{1}{2\pi\sigma_1\sigma_2} \cdot e^{-\frac{1}{2}\left(\left(\frac{x_1-\mu_1}{\sigma_1}\right)^2+\left(\frac{x_2-\mu_2}{\sigma_2}\right)^2\right)} \\ &= \frac{1}{\sqrt{2\pi}\sigma_1} \cdot e^{-\frac{1}{2}\left(\frac{x_1-\mu_1}{\sigma_1}\right)^2} \cdot \frac{1}{\sqrt{2\pi}\sigma_2} \cdot e^{-\frac{1}{2}\left(\frac{x_2-\mu_2}{\sigma_2}\right)^2} \\ &= f_{X_1}(x_1) \cdot f_{X_2}(x_2), \end{aligned} \tag{55}$$

wobei X_1 $N(\mu_1, \sigma_1^2)$- und X_2 $N(\mu_2, \sigma_2^2)$-verteilt ist.

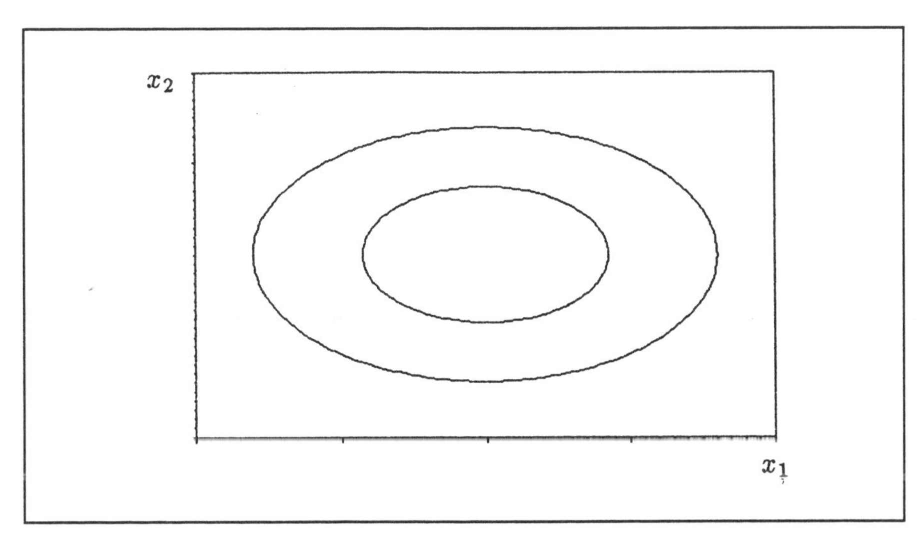

Abbildung 10.1: Höhenlinie zu Dichtefunktion (55).

$X = (X_1, X_2)$ besteht aus zwei unabhängigen normalverteilten Komponenten. Dies wird auch graphisch deutlich:

Betrachten wir für verschiedene Werte von x_2 die Funktion $f_{(X_1,X_2)}(\cdot, x_2)$ in x_1, so erhalten wir jeweils

$$c_{x_2} \cdot f_{X_1}(x_1) \tag{56}$$

mit von x_2 abhängigen Konstanten c_{x_2}, also die typischen Glockenkurven mit gemeinsamer Symmetrieachse bei μ_1 verkleinert (bzw. vergrößert bei $c_{x_2} > 1$) um den Faktor c_{x_2} (siehe Abbildung 10.2).

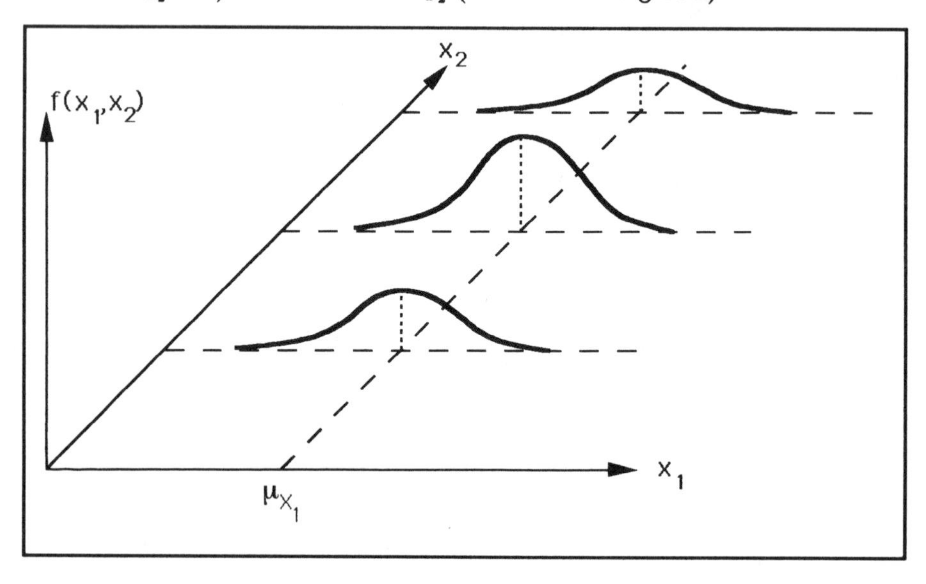

Abbildung 10.2: Schnitte durch das Dichtegebirge bei „Unabhängigkeit".

2. Für die bivariate Normalverteilung mit $\varrho \neq 0$ sind die Hauptachsen der Ellipsen, die durch die Höhenlinien gebildet werden, nicht parallel zu den Achsen (siehe Abbildung 10.3).

   Schnitte senkrecht zur Blattebene parallel zur x_1-Achse (x_2 fest) geben dann den Funktionsverlauf von $f(\cdot, x_2)$ wieder.

   Je nach Wert von x_2 erhält man glockenähnliche Kurven, die nicht nur in der Höhe unterschiedlich sind, sondern auch seitlich versetzt – also verschiedenes Zentrum – haben. Dadurch kommt die Abhängigkeit der beiden Komponenten zum Ausdruck (siehe Abbildung 10.4) [3].

Häufig werden wir es mit mehr als zwei Zufallsvariablen zu tun haben, insbesondere auch in dem wichtigen Fall der schließenden Statistik, nämlich bei der unabhängigen Wiederholung eines Experiments.

[3] Rutsch (1987, S.118) schlägt vor, ein "overlay" der Schnitte anzufertigen, sie also in einem gemeinsamen zweidimensionalen Koordinatensystem einzutragen.

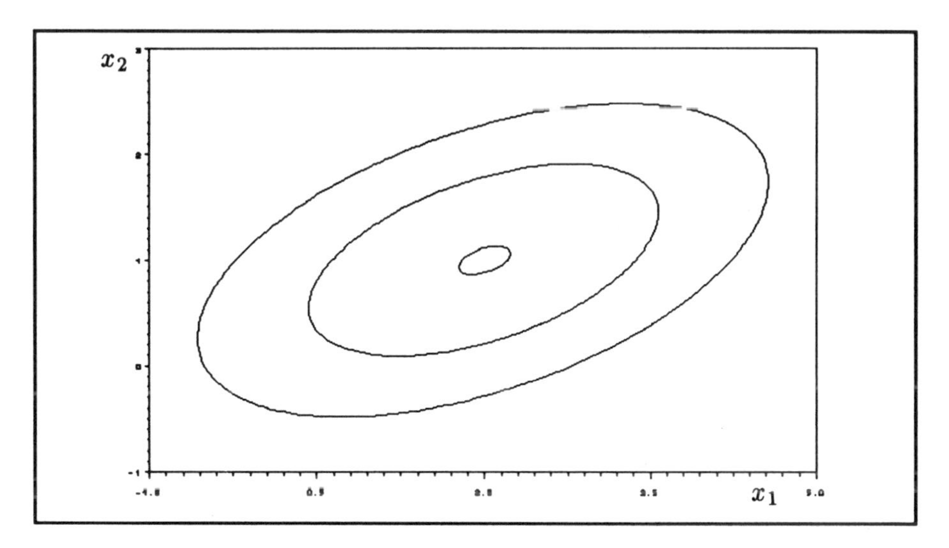

Abbildung 10.3: Höhenliniendiagramm bei „Abhängigkeit".

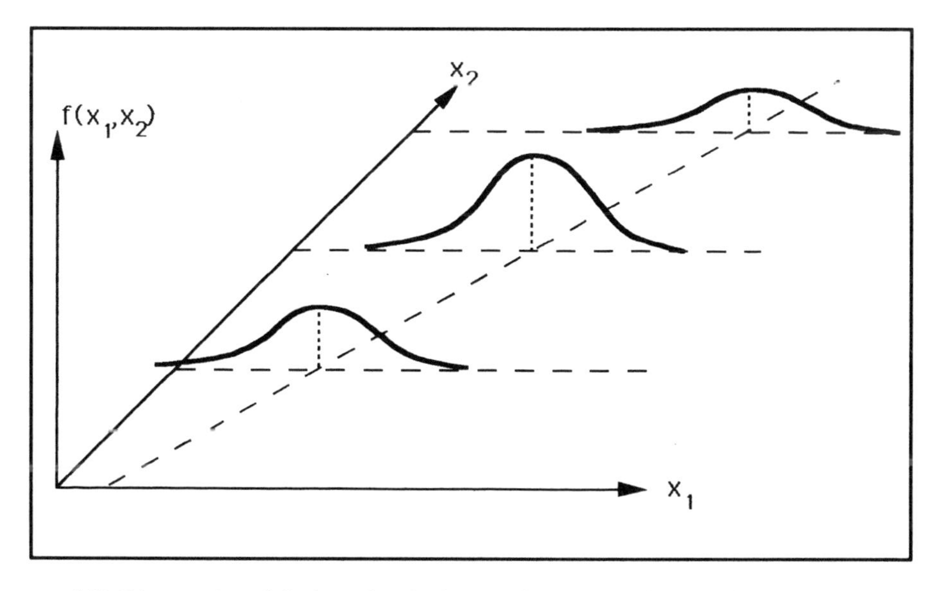

Abbildung 10.4: Schnitte durch das Dichtegebirge bei „Abhängigkeit".

Dies bedeutet, daß wir auch den Begriff der Unabhängigkeit für mehr als zwei Zufallsvariablen verallgemeinern sollten.

Betrachten wir dazu zunächst für die Zufallsvariablen $X_1, \dots, X_n$ die Ereignisse „$X_1 \leq x_1$", …,„$X_n \leq x_n$" für gegebene Schranken $x_1, \dots, x_n$. Dafür, daß $X_1, \dots, X_n$ unabhängig sind, werden wir also analog die Unabhängigkeit dieser Ereignisse für alle möglichen Schranken $x_1, \dots, x_n$ fordern. Daraus folgt insbesondere[4] ($X = (X_1, \dots, X_n)$)

$$\begin{aligned} F_X(x_1, \dots, x_n) &= P(X_1 \leq x_2, \dots, X_n \leq x_n) \\ &= P(X_1 \leq x_1) \cdot \ldots \cdot P(X_n \leq x_n) \qquad (57) \\ &= F_{X_1}(x_1) \cdot F_{X_2}(x_2) \cdot \ldots \cdot F_{X_n}(x_n) \end{aligned}$$

für alle $x_1, \dots, x_n$.

Daneben aber auch für jede Gruppe $X_{i_1}, \dots, X_{i_k}$[5]

$$P(X_{i_1} \leq x_{i_1}, \dots, X_{i_k} \leq x_{i_k}) = P(X_{i_1} \leq x_{i_1}) \cdot \ldots \cdot P(X_{i_k} \leq x_{i_k}). \qquad (58)$$

Diese Gleichung folgt aber schon aus der Beziehung (57), indem wir die übrigen Schranken gegen ∞ gehen lassen:

$$\begin{aligned} P(X_{i_1} \leq x_{i_1}, \dots, X_{i_k} \leq x_{i_k}) &= \lim_{\substack{x_i \to \infty \\ i \notin \{i_1, \dots, i_k\}}} P(X_1 \leq x_1, \dots, X_n \leq x_n) \\ &= \lim_{\substack{x_i \to \infty \\ i \notin \{i_1, \dots, i_k\}}} \prod_{i=1}^{k} P(X_i \leq x_i) \\ &= \prod_{j=1}^{k} F_{X_{i_j}}(x_{i_j}) \prod_{i \notin \{i_1, \dots, i_k\}} \lim_{x_i \to \infty} F_{X_i}(x_i) \qquad (59) \\ &= \prod_{j=1}^{k} F_{X_{i_j}}(x_{i_j}) \cdot 1 \\ &= P(X_{i_1} \leq x_{i_1}) P(X_{i_2} \leq x_{i_2}) \dots P(X_{i_k} \leq x_{i_k}). \end{aligned}$$

Es genügt also, die Beziehung (57) zu fordern.

10.12 Definition

Die Zufallsvariablen $X_1, \dots, X_n : (\Omega, A(\Omega), P) \to \mathbb{R}$ heißen *unabhängig*, wenn für die Verteilungsfunktion F_X von $X = (X_1, \dots, X_n)$ und die Verteilungs-

[4] Vgl. Definition 10.10 und die daran anschließende Bemerkung.
[5] Vgl. Definition 8.15 und die anschließende Bemerkung 2.

funktionen F_{X_i} von X_i für $i = 1, \ldots, n$ gilt :

$$F_X(x_1, \ldots, x_n) = \prod_{i=1}^{n} F_{X_i}(x_i) \text{ für alle } x_1, \ldots, x_n \in \mathbb{R}. \tag{60}$$

Eine Folge $X_i, i = 1, 2, 3 \ldots$ von Zufallsvariablen heißt *unabhängig*, wenn je endlich viele von ihnen unabhängig sind .

Übungsaufgaben zu § 10

1. Für eine bivariat normalverteilte Zufallsvariable (X, Y) berechne man die bedingte Dichte $f_{Y|X=x}$. Welcher Verteilung entspricht diese bedingte Dichte?

2. Die zweidimensionale Zufallsvariable (X, Y) hat folgende Dichtefunktion:

$$f_{X,Y}(x, y) = \begin{cases} \frac{4}{15} & \text{für } 1 < x < 2, 2 < y < 3 \\ 0 & \text{für } x < 0 \text{ oder } y < 0 \text{ oder } x > 3 \text{ oder } y > 4 \\ k & \text{sonst} \end{cases}$$

   (a) Bestimmen Sie k.

   (b) Bestimmen Sie die Randdichten.

   (c) Bestimmen Sie

   - $E(X)$
   - $F_{XY}(1.5; 2.5)$
   - $P(1 \leq X < 3)$
   - $P(X \in [-1; 5]$ und $Y \in [2; 3])$
   - $E(X \mid Y \in [1.5; 2.5])$

   (d) Sind X, Y unabhängig?

3. Jeder von 3 Reisenden setzt sich zufällig in eines von 3 Zugabteilen. Die Zufallsvariable N bezeichne die Anzahl der von ihnen besetzten Abteile und X_i $(i = 1, 2, 3)$ die Anzahl der Reisenden im i-ten Abteil.

   (a) Bestimmen Sie die gemeinsame Wahrscheinlichkeitsverteilung von N und X_1 sowie von X_1 und X_2.

   (b) Berechnen Sie $E(N), E(X_1), Var(N)$ und $Var(X_1)$.

   (c) Sind N und X_1 bzw. X_1 und X_2 unabhängig?

11 Die n-fache unabhängige Wiederholung eines Experiments

Eine wichtige Anwendung des Begriffs der Unabhängigkeit ist die mehrmalige Durchführung eines zufallbehafteten Vorgangs (eines „Experiments“) unter identischen Bedingungen. Unter identischen Bedingungen heißt dabei neben anderem, daß sich die Abläufe der einzelnen Vorgänge nicht gegenseitig beeinflussen. Erfolgen die einzelnen Experimente zeitlich nacheinander, so bedeutet dies insbesondere, daß der Ablauf der ersten Durchführungen keine Auswirkungen auf die nachfolgenden hat.

Die Zufälligkeit des Vorgangs kann auf einer Zufallsauswahl oder aber auch in den Auswirkungen von störenden, unbeeinflußbaren und unsystematischen Vorgängen beruhen, wie sie etwa bei Meßungenauigkeiten vorliegen. Ein Modell eines zufallbehafteten Vorgangs können wir in der Art konstruieren, daß wir alle – theoretisch – möglichen Abläufe in der Grundgesamtheit zusammenfassen:

- $\omega \in \Omega$ ist ein einzelner – theoretisch möglicher – Ablauf des Experiments.
- Ω Gesamtheit aller Abläufe.

Die Zufälligkeit des Ablaufs drückt sich dann in einem Wahrscheinlichkeitsmaß aus, so daß wir einen Wahrscheinlichkeitsraum $(\Omega, A(\Omega), P)$ als Modell des Vorgangs erhalten.

Eine Durchführung des Experiments entspricht also der Auswahl eines $\omega \in \Omega$, wobei bei der Auswahl das Wahrscheinlichkeitsmaß zugrunde gelegt ist. Im allgemeinen wird man den Ablauf des Experiments durch die Messung einer oder mehrerer Größen beobachten. Beschränken wir uns auf eine Größe :

$X(\omega) \in \mathbb{R}$ sei der Meßwert dieser Größe beim Ablauf ω.

Man erhält also eine Abbildung $X : (\Omega, A(\Omega), P) \to \mathbb{R}$, von der wir annehmen, daß es sich um eine Zufallsvariable[1] handelt: Die Beobachtung des Experiments erfolgt damit durch die Zufallsvariable X. Das Ergebnis einer Durchführung $\omega \in \Omega$ des Experiments ist demnach $X(\omega)$, und für den Meßwert liegt die Wahrscheinlichkeitsverteilung von X vor.

[1] Wir setzen also die Meßbarkeit (vgl. § 3) voraus.

Bemerkung:

Häufig wird man sich darauf beschränken, die Wahrscheinlichkeitsverteilung von X – etwa in Form der Verteilungsfunktion – zu betrachten, d.h. man verzichtet darauf, die Grundgesamtheit Ω explizit anzugeben.

Eine n-malige Durchführung bedeutet also, n Elemente der Grundgesamtheit „auszuwählen". Man erhält so einen Vektor $\omega = (\omega_1, \ldots, \omega_n)$, also ein Element von Ω^n.

Die Gesetzmäßigkeit, nach der die „Auswahl" von $\omega \in \Omega^n$ erfolgt, entspricht dann einem Wahrscheinlichkeitsmaß auf Ω^n, das so festgelegt ist, daß es das Wahrscheinlichkeitsmaß bei einmaliger Durchführung berücksichtigt, aber die Unabhängigkeit der einzelnen „Wiederholungen", also die Tatsache, daß sich die Abläufe nicht gegenseitig beeinflussen, ebenfalls wiedergibt.

Ein Ereignis bei einmaliger Durchführung ist eine Teilmenge $A \in \mathcal{A}(\Omega)$ mit der Wahrscheinlichkeit $P(A)$. Zunächst einmal fordert man also, daß das Ereignis A bei der i-ten Durchführung des Experiments im Rahmen der n „Wiederholungen" dieselbe Wahrscheinlichkeit hat :

„$\omega_i \in A$" habe die Wahrscheinlichkeit $P(A)$.

Es ist aber:

$$\begin{aligned} „\omega_i \in A\text{“} &= \{(\omega_1, \ldots, \omega_i, \ldots, \omega_n) \in \Omega^n \mid \omega_i \in A,\ \omega_j \text{ beliebig für } j \neq i\} \\ &= \Omega \times \ldots \times \Omega \times A \times \Omega \times \ldots \times \Omega. \end{aligned} \tag{1}$$

Für das Wahrscheinlichkeitsmaß $P^{(n)}$ auf Ω^n fordern wir also

$$\begin{aligned} P^{(n)}(„\omega_i \in A\text{“}) &= P^{(n)}(\Omega \times \ldots \times \Omega \times A \times \Omega \times \ldots \times \Omega) \\ &= P(A) \text{ für } i = 1, \ldots, n. \end{aligned} \tag{2}$$

Legen wir jetzt für jedes i ein Ereignis A_i fest, $i = 1, \ldots, n$, so erhalten wir das – kombinierte – Ereignis

$$\begin{aligned} „\omega_i \in A_i, i = 1, \ldots, n\text{“} &= \{(\omega_1, \ldots, \omega_n) \in \Omega^n \mid \omega_i \in A_i \text{ für } i = 1, \ldots, n\} \\ &= A_1 \times A_2 \times \ldots \times A_n. \end{aligned} \tag{3}$$

Wegen der Unabhängigkeit der Durchführungen werden wir verlangen, daß

$$\begin{aligned} P^{(n)}(„\omega_i \in A_i, i = 1, \ldots, n\text{“}) &= P(„\omega_1 \in A_1\text{“}) \cdot \ldots \cdot P(„\omega_n \in A_n\text{“}) \quad (4) \\ &= \prod_{i=1}^{n} P(A_i) \end{aligned}$$

gilt.

Damit ist $P^{(n)}$ für alle Teilmengen $A_1 \times \ldots \times A_n$, A_i Ereignis in Ω für $i = 1, \ldots, n$, eindeutig festgelegt.

Teilmengen dieser Art sind von ganz spezieller Gestalt, und es ist keineswegs so, daß diese alle praktisch relevanten Ereignisse darstellen. Dies wird am Beispiel $\Omega = \mathbb{R}$ deutlich. Wichtige Ereignisse in $\mathbb{R}$ sind u.a. Intervalle, nehmen wir also für $n = 2$ als A_1 das Intervall $[\alpha_1, \beta_1]$ und als A_2 das Intervall $[\alpha_2, \beta_2]$. Dann ist

$$\begin{aligned} A_1 \times A_2 &= \{(x_1, x_2) \in \mathbf{R}^2 \mid x_1 \in [\alpha_1, \beta_1], x_2 \in [\alpha_2, \beta_2]\} \\ &= \{(x_1, x_2) \in \mathbf{R}^2 \mid \alpha_1 \le x_1 \le \beta_1, \alpha_2 \le x_2 \le \beta_2\}, \end{aligned} \tag{5}$$

man erhält ein Rechteck in der Ebene (siehe Abbildung 11.1).

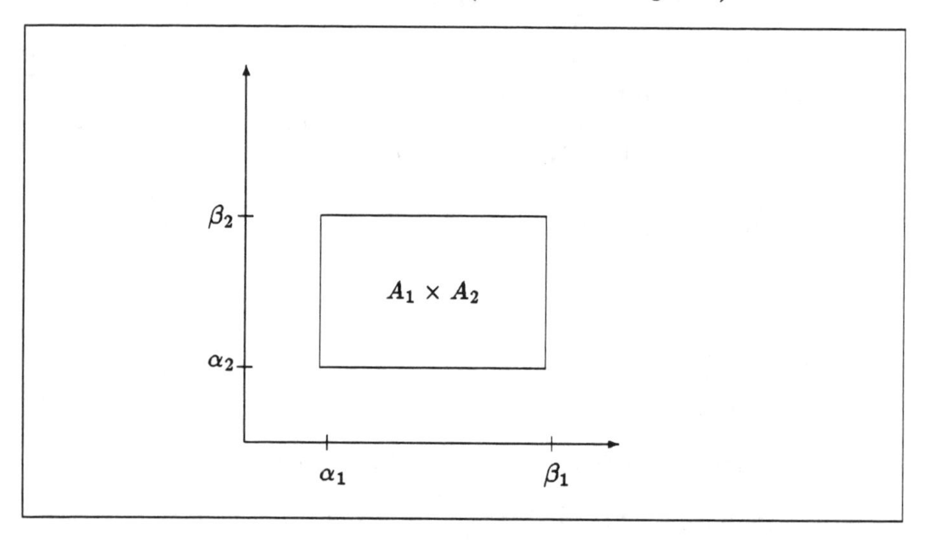

Abbildung 11.1: Darstellung der Ereignisse A_1, A_2 als kartesisches Produkt.

Man erkennt an dieser Abbildung, daß beispielsweise Kreisflächen nicht in dieser Form (also als kartesisches Produkt von zwei Ereignissen) dargestellt werden können. Dies bedeutet, daß wir wieder wie bei Beispiel 4 in § 1 durch die Vereinigung solcher Mengen, Komplementbildung, Durchschnittsbildung etc. weitere Teilmengen bilden. Wir betrachten also das Mengensystem in Ω^n, das durch solche Operationen aus Ereignissen der Form (3) gebildet werden kann. Es ergibt sich dann,

1. daß wir auf diese Weise eine σ-Algebra erhalten (sie sei mit $A^n(\Omega)$ bezeichnet).

2. daß das Wahrscheinlichkeitsmaß auf dieser σ-Algebra durch die Definition (5) eindeutig festgelegt ist (dieses Wahrscheinlichkeitsmaß sei mit $P^{(n)}$ bezeichnet).

11.1 Satz[2]

Sei $(\Omega, A(\Omega), P)$ der Wahrscheinlichkeitsraum eines Experiments. Dann ist $(\Omega^n, A^n(\Omega), P^{(n)})$ ein Wahrscheinlichkeitsraum, wobei

$$P^{(n)}(A_1 \times \ldots \times A_n) = P(A_1) \cdot \ldots \cdot P(A_n) \tag{6}$$

gilt.

$(\Omega^n, A^n(\Omega), P^{(n)})$ heißt *n-faches Produkt von* $(\Omega, A(\Omega), P)$ *mit sich selbst* oder *n-te Potenz von* $(\Omega, A(\Omega), P)$, sie beschreibt die n-fache Wiederholung des Experiments.

Bemerkung:

Diese Produktbildung läßt sich auch mit verschiedenen Wahrscheinlichkeitsräumen durchführen:

Seien $(\Omega_i, A(\Omega_i), P_i)$ für $i = 1, \ldots, n$ Wahrscheinlichkeitsräume. Als Grundgesamtheit bilden wir

$$\Omega = \Omega_1 \times \ldots \times \Omega_n = \{(\omega_1, \ldots, \omega_n) \mid \omega_i \in \Omega_i \text{ für } i = 1, \ldots, n\}. \tag{7}$$

Aus Ereignissen $A_i \in A(\Omega_i)$ in Ω_i bilden wir das Ereignis

$$A_1 \times \ldots \times A_n \text{ in } \Omega \tag{8}$$

und setzen

$$P(A_1 \times \ldots \times A_n) = \prod_{i=1}^{n} P_i\ (A_i). \tag{9}$$

Aus diesen Ereignissen bilden wir – wie gewohnt – durch Vereinigung, Komplementbildung, Durchschnitte, etc. weitere Ereignisse und erhalten so ein System $A(\Omega)$ ($A(\Omega)$ ist σ-Algebra) von Ereignissen in Ω. Für diese ist das Wahrscheinlichkeitsmaß P durch (9) eindeutig festgelegt. Ergebnis ist also ein Wahrscheinlichkeitsraum $(\Omega, A(\Omega), P)$, der „Produktraum" von $(\Omega_i, A(\Omega_i), P_i)$, $i = 1, \ldots, n$.

[2] Für einen Beweis dieses Satzes und zur anschließenden Bemerkung siehe z.B. Bauer: Wahrscheinlichkeitstheorie und Grundzüge der Maßtheorie, S. 112 ff.

Haben wir mit $(\omega_1, \ldots, \omega_n)$ die n Durchführungen des Experiments, so sind

$$(X(\omega_1), \ldots, X(\omega_n)) \tag{10}$$

die Meßwerte bei diesen Durchführungen zu einem Vektor zusammengefaßt. Wir erhalten einen Vektor

$$(X(\omega_1), \ldots, X(\omega_n)) \in \mathbb{R}^n. \tag{11}$$

Mit $\omega = (\omega_1, \ldots, \omega_n)$ bezeichnen wir diesen Vektor als

$$Y(\omega) \subseteq \mathbb{R}^n. \tag{12}$$

Damit ist mit $Y(\omega) = (Y_1(\omega), \ldots, Y_n(\omega)) = (X(\omega_1), \ldots, X(\omega_n))$, $Y : \Omega^n \to \mathbb{R}^n$, und wir erhalten mit Hilfe von X eine Zufallsvariable

$$Y : (\Omega^n, A^n(\Omega), P^{(n)}) \to \mathbb{R}^n. \tag{13}$$

Wie hängt die Wahrscheinlichkeitsverteilung von Y von der Wahrscheinlichkeitsverteilung von X ab ?

Sei F_Y die gemeinsame Verteilungsfunktion von Y. Dann gilt

$$\begin{aligned}
&F_Y(y_1, \ldots, y_n) = \\
&\quad P^{(n)}(Y_i \leq y_i \text{ für } i = 1, \ldots, n) = \\
&\quad P^{(n)}(\{\omega \in \Omega^n \mid Y_i\ (\omega) \leq y_i \text{ für } i = 1, \ldots, n\}) = \\
&\quad P^{(n)}(\{\omega = (\omega_1, \ldots, \omega_n) \in \Omega^n \mid Y_i\ (\omega) = X(\omega_i) \leq y_i \text{ für } i = 1, \ldots, n\}).
\end{aligned} \tag{14}$$

Mit dem Ereignis

$$A_i = \{\omega \in \Omega \mid X(\omega) \leq y_i\} = \text{„}X \leq y_i\text{“} \in A(\Omega) \tag{15}$$

erhalten wir also

$$\begin{aligned}
F_Y(y_1, \ldots, y_n) &= P^{(n)}(\{\omega \in \Omega \mid \omega_i \in A_i\}) \\
&= P^{(n)}(A_1 \times \ldots \times A_n) \\
&= \prod_{i=1}^{n} P(A_i) = \prod_{i=1}^{n} P(X \leq y_i) \\
&= F_X(y_1) \ldots F_X(y_n).
\end{aligned} \tag{16}$$

Mit $y_j \to \infty$ für $j \neq i$ ergibt sich daraus die Randverteilung von Y_i , nämlich

$$F(y_i) = \lim_{\substack{y_j \to \infty \\ j \neq i}} F_Y(y_1, \ldots, y_n)$$

$$= P(X \le y_i) \cdot \lim_{y_j \to \infty} \prod_{\substack{j=1 \\ i \ne i}}^{n} P(X \le y_j) \qquad (17)$$

$$= P(X \le y_i) \cdot \prod_{\substack{j=1 \\ j \ne i}}^{n} \lim_{y_j \to \infty} P(X \le y_j)$$

$$= P(X \le y_i) = F_X(y_i).$$

Zusammenfassend erhält man also

1. Jede Komponente von Y hat dieselbe Verteilungsfunktion wie X („ist identisch verteilt wie X")
2. Die Komponenten von Y sind unabhängig.

Damit kann man die n-fache unabhängige Wiederholung eines Experiments mit Beobachtung durch die Zufallsvariable X auch kurz so zusammenfassen:

n-fache unabhängige Wiederholung von X ist die n-dimensionale Zufallsvariable $Y = (Y_1, \ldots, Y_n)$ derart, daß

- **$Y_1, \ldots, Y_n$ unabhängig**

  und

- **$Y_1, \ldots, Y_n$ identisch verteilt wie X sind.**

Diese Formulierung klingt – losgelöst von der Vorgeschichte – scheinbar paradox. Wie können wir zu **einer** Zufallsvariablen X n **verschiedene unabhängige** Zufallsvariablen erhalten, die alle identisch wie X verteilt sind? Wie das, wenn sie alle das gleiche Experiment beschreiben? Die Auflösung ergibt sich, wie wir gesehen haben, daraus, daß X und die n-dimensionale Zufallsvariable Y nicht auf demselben Wahrscheinlichkeitsraum erklärt sind.

Es ist wie beim Werfen eines Würfels oder einem anderen Zufallsvorgang. Die Gesetzmäßigkeit ist bei jedem Vorgang dieselbe, das Ergebnis aber völlig unterschiedlich, ja sogar unbeeinflußt, also unabhängig, von den anderen.

Typisch dafür ist auch das Vorgehen bei einer Stichprobe mit Zurücklegen (vgl. § 3 und 4). Die Gesetzmäßigkeit beim Ziehen eines einzigen Elements ist durch die Struktur der Grundgesamtheit festgelegt. Durch das Zurücklegen wird erreicht, daß die Ausgangssituation bei jeder Ziehung wieder dieselbe ist. Daher spricht man auch bei $Y_1, \ldots, Y_n$ von einer „Stichprobe mit Zurücklegen zu X“:

- Sei X eine Zufallsvariable. Die n-dimensionale Zufallsvariable $Y = (Y_1, \ldots, Y_n)$ heißt *Stichprobe mit Zurücklegen zu* X, wenn $Y_1, \ldots, Y_n$ unabhängig und – jeweils – identisch verteilt sind wie X.
- Die konkreten Werte $y_1, \ldots, y_n$, die nach Durchführung der Stichprobe vorliegen, nennt man auch *Realisation* der n-dimensionalen Zufallsvariablen $Y = (Y_1, \ldots, Y_n)$.

Diese Realisation $(y_1, \ldots, y_n)$ – in einem Vektor zusammengefaßt – enthält die Information, die durch die Erhebung ermittelt wurde. Diese Information wird man dann zunächst auf ihren wesentlichen Kern komprimieren, z.B. durch Berechnung des arithmetischen Mittels, des „Stichprobenmittelwerts“, wenn es um den Mittelwert der Grundgesamtheit geht, durch Berechnung des Stichprobenausschußanteils, wenn es um den Ausschußanteil der Grundgesamtheit geht, etc.. Es werden also die Stichprobenwerte durch eine Rechenvorschrift, also eine Funktion, ausgewertet. Zur theoretischen Analyse dieses Vorgangs ist es von Bedeutung zu wissen, wie sich die zugehörigen Zufallsvariablen $Y_1, \ldots, Y_n$ dadurch – also durch diese Funktion – verändern. Dies behandeln wir im Anschluß an den nächsten Paragraphen, in dem Kennzahlen mehrdimensionaler Zufallsvariablen behandelt werden.

Übungsaufgabe zu § 11

1. Zeigen Sie, daß sich eine Binomialverteilung aus einer n-fachen Durchführung eines Bernoulli-Experimentes ergibt.
2. Die Zufallsvariable T gebe einen entsprechend der Gleichverteilung zufällig aus dem Intervall $[0, \alpha]$ ausgewählten Punkt an. Dieses Zufallsexperiment wird nun n-mal unabhängig voneinander ausgeführt (d.h. wir betrachten n Realisationen der Zufallsvariablen T). Wie groß ist die Wahrscheinlichkeit P_k, daß k dieser Werte in ein fest vorgegebenes Teilintervall der Länge s von $[0, \alpha]$ fallen[3]?

[3] Im Unterschied dazu kann man nach der Wahrscheinlichkeit fragen, daß die ersten k Werte in einem Intervall der Länge s liegen, daß also die Differenz des größten und kleinsten Wertes (vgl. dazu den Begriff der „Spannweite“ in § 13, S. 165) höchstens s beträgt.

12 Kennzahlen mehrdimensionaler Zufallsvariablen

Eine mehrdimensionale Zufallsvariable $X = (X_1, \ldots, X_k)$ besteht aus der Zusammenfassung von k Zufallsvariablen $X_1, \ldots, X_k$, wobei die gemeinsame Wahrscheinlichkeitsverteilung für die untersuchte Fragestellung von Bedeutung ist. Will man X durch Kennzahlen beschreiben, so kann man zunächst die einzelnen Komponenten von X durch ihre Kennzahlen Erwartungswert und Varianz charakterisieren, für die Gemeinsamkeitseffekte benötigt man dann aber eine weitere Kennzahl. Naheliegend ist dafür, daß man die Kovarianz bzw. den Korrelationskoeffizienten aus der deskriptiven Statistik überträgt.

12.1 Erwartungswert

Sei $X = (X_1, \ldots, X_k)$ eine k-dimensionale Zufallsvariable. Erwartungswert[1] von Komponente X_i ist

(a) im diskreten Fall:

$$E(X_i) = \sum_{j \in J_i} x_{ij} \cdot P(X_i = x_{ij}), \tag{1}$$

wobei $x_{ij}, j \in J_i$ die Werte von X_i seien. $P(X_i = x_{ij})$ ist die Randverteilung der gemeinsamen Wahrscheinlichkeitsverteilung, also

$$P(X_i = x_{ij}) = \sum_{t \neq i} \sum_{s \in J_t} P(X_i = x_{ij}, X_t = x_{ts} \text{ für } t \neq i). \tag{2}$$

Die Summation erstreckt sich dabei über alle möglichen Kombinationen von Werten der einzelnen Zufallsvariablen mit dem speziellen Wert x_{ij} der Zufallsvariablen X_i.
Setzt man dies in (1) ein, so erhält man eine Summation über alle Wertekombinationen von $X_1, \ldots, X_k$. Numerieren wir diese durch:

$$x^r \in \mathbb{R}^k, r \in L \subset \mathbb{N}, \tag{3}$$

so gilt

$$E(X_i) = \sum_{r \in L} x_i^r \cdot P(X = x^r) \tag{4}$$

[1] Vorausgesetzt, der Erwartungswert existiert (vgl. § 6).

und in Vektorschreibweise mit $E(X) = (E(X_1), \ldots, E(X_k))$

$$E(X) = \sum_{r \in L} x^r \cdot P(X = x^r), \tag{5}$$

also eine ganz analoge Formel wie im eindimensionalen Fall.

(b) im stetigen Fall:

$$E(X_i) = \int_{-\infty}^{+\infty} x_i f_{X_i}(x_i) dx_i \tag{6}$$

$$= \int_{-\infty}^{+\infty} x_i \int_{-\infty}^{+\infty} \ldots \int_{-\infty}^{+\infty} f_X(x_1, \ldots, x_i, \ldots, x_k)\, dx_1 \ldots dx_{i-1} dx_{i+1} \ldots dx_k dx_i.$$

In Vektorschreibweise können wir dies schreiben als

$$E(X) = \int_{-\infty}^{+\infty} \ldots \int_{-\infty}^{+\infty} (x_1, \ldots, x_k) f_X(x_1, \ldots, x_k)\, dx_1 \ldots dx_k. \tag{7}$$

12.2 Varianz

Die Varianz[2] der einzelnen Komponenten X_i erhält man analog durch die Randverteilungen:

$$Var(X_i) = E(X_i^2) - (E(X_i))^2 \quad \text{für } i = 1, \ldots, k. \tag{8}$$

(Eine Vektorschreibweise ähnlich wie beim Erwatungswert kommt jetzt nicht in Frage, da bei einem Vektor $x = (x_1, \ldots, x_k)$ x^2 definiert ist durch $\sum_{i=1}^{k} x_i^2$ und nicht als Vektor mit den Komponenten $x_1^2, x_2^2, \ldots, x_k^2$.)

12.3 Kovarianz und Korrelationskoeffizient

Sei (X, Y) eine zweidimensionale Zufallsvariable, so berechnet man analog zur deskriptiven Statistik die Kovarianz[3] von X und Y

[2] Falls diese existiert.

[3] Auch die Kovarianz muß nicht existieren. Sie existiert aber jedenfalls dann, wenn die Varianz der beiden Zufallsvariablen existiert.

(a) im diskreten Fall:

$$Cov(X,Y) = \sum_{i\in I}\sum_{j\in J}(x_i - E(X))(y_j - E(Y))P(X = x_i, Y = y_j), \tag{9}$$

wobei x_i, $i \in I \subset \mathbb{N}$ und y_j, $j \in J \subset \mathbb{N}$ die Werte von X bzw. Y seien.

(b) im stetigen Fall:

$$Cov(X,Y) = \int_{-\infty}^{+\infty}\int_{-\infty}^{+\infty}(x - E(X))(y - E(Y))f_{(X,Y)}(x,y)dxdy. \tag{10}$$

12.4 Bemerkung

$$\begin{aligned} Cov(X,Y) &= E((X - E(X))(Y - E(Y))) \\ &= E(X \cdot Y) - E(X)E(Y). \end{aligned} \tag{11}$$

12.5 Folgerung

$$Cov(X,Y) = Cov(Y,X).$$

Wie in der deskriptiven Statistik folgt aus der Unabhängigkeit von X und Y, daß die Kovarianz verschwindet. Auch der Beweis verläuft ganz analog (Übungsaufgabe).

12.6 Satz

Sei (X,Y) eine zweidimensionale Zufallsvariable, X und Y seien unabhängig. Dann gilt

$$Cov(X,Y) = 0. \tag{12}$$

Die Umkehrung gilt wie in der deskriptiven Statistik nicht.

X und Y heißen *unkorreliert*, wenn $Cov(X,Y) = 0$ gilt.

Seien nun $h_1(X) = \alpha X + \beta$ und $h_2(Y) = \gamma Y + \delta$, dann gilt:

$$\begin{aligned}
&Cov(\alpha X + \beta, \gamma Y + \delta) \\
&= \sum_{i \in I} \sum_{j \in J} (\alpha x_i + \beta - E(\alpha X + \beta))(\gamma y_j + \delta - E(\gamma Y + \delta)) P(X = x_i, Y = y_j) \\
&= \sum_{i \in I} \sum_{j \in J} (\alpha x_i + \beta - \alpha E(X) - \beta)(\gamma y_j + \delta - \gamma E(Y) - \delta) P(X = x_i, Y = y_j) \\
&= \alpha \cdot \gamma \sum_{i \in I} \sum_{j \in J} (x_i - E(X))(y_j - E(Y)) P(X = x_i, Y = y_j) \qquad (13) \\
&= \alpha \cdot \gamma \cdot Cov(X, Y)
\end{aligned}$$

im diskreten Fall. Im stetigen Fall ergibt sich in analoger Weise dasselbe Ergebnis.

12.7 Folgerung

Mit $\alpha = 0$ und $\beta \in \mathbb{R}$ beliebig ist $h_1 \circ X = 0 \cdot X + \beta$ eine konstante Zufallsvariable mit Wert β, und es gilt $Cov(C, Y) = 0$, wobei mit C diese konstante Zufallsvariable bezeichnet sei.

Da $Var(\alpha X + \beta) = \alpha^2 Var(X)$ und $Var(\gamma Y + \delta) = \gamma^2 Var(Y)$ ist, erhält man einen Ausdruck, der invariant bei linearen Transformationen mit $\alpha > 0$ ist, durch

$$\varrho := \frac{Cov(X, Y)}{\sqrt{Var(X) \cdot Var(Y)}}. \qquad (14)$$

12.8 Definition

Sei (X, Y) eine zweidimensionale Zufallsvariable mit $Var(X) \neq 0$ und $Var(Y) \neq 0$. Dann heißt

$$\varrho(X, Y) = \frac{Cov(X, Y)}{\sqrt{Var(X) \cdot Var(Y)}} \qquad (15)$$

Korrelationskoeffizient von X und Y.

Es gilt [4]:

$$-1 \leq \varrho(X, Y) \leq 1. \qquad (16)$$

[4] Dies folgt aus der Cauchy-Schwarzschen Ungleichung (vgl. z.B. Kall, Lineare Algebra für Ökonomen, S.41).

12.9 Satz

$$\varrho(\alpha X + \beta, \gamma Y + \delta) = \varrho(X, Y) \text{ für } \alpha > 0 \text{ und } \gamma > 0.$$

12.10 Bemerkung

1. Die Invarianz des Korrelationskoeffizienten bei linearen Transformationen entspricht der Unabhängigkeit von der Maßeinheit des Bravais-Pearson-Korrelationskoeffizienten in der deskriptiven Statistik.

2. Mit den Methoden der Linearen Algebra läßt sich neben der Ungleichung (16) auch zeigen, daß $|\varrho(X,Y)| = 1$ genau dann gilt, wenn $Y = \lambda X + \beta$ mit $\lambda \neq 0$ ist ($Var(X) \neq 0 \neq Var(Y)$ nach Definition von $\varrho(X,Y)$). Damit kann $\varrho(X,Y)$ als Kennzahl für einen linearen Zusammenhang zwischen den beiden Zufallsvariablen betrachtet werden. Auch dies ist völlig analog zur deskriptiven Statistik.

Sei $X = (X_1, \ldots, X_n)$ eine n-dimensionale Zufallsvariable. Dann kann man zu je zwei verschiedenen Komponenten $X_i, X_j, i \neq j$ die Kovarianz bilden. Man erhält also ein Schema von Zahlen. Ergänzt man dieses für $i = j$ um die Varianz von X_i, $Var(X_i)$, so läßt sich dies in Matrixform schreiben:

$$c_{ij} = \begin{cases} Var(X_i) & i = j \\ Cov(X_i, X_j) & i \neq j \end{cases} \tag{17}$$

Diese Matrix $C = (c_{ij})$ heißt *Kovarianzmatrix von X*.

12.11 Bemerkung

1. Die Matrix C ist symmetrisch, d.h $c_{ij} = Cov(X_i, X_j) = Cov(X_j, X_i) = c_{ji}$ für $i \neq j$.

2. Sind die Komponenten paarweise unkorreliert, d.h. $Cov(X_i, X_j) = 0$ für $i \neq j$, so hat die Kovarianzmatrix Diagonalgestalt, d.h. außerhalb der Diagonalen stehen nur Nullen. $X_1, \ldots, X_n$ heißen dann *unkorreliert*.

Übungsaufgaben zu § 12

1. Zeigen Sie, daß bei bivariat normalverteilten Zufallsvariablen (X, Y) auch gilt:

$$X, Y \text{ unkorreliert} \quad \Rightarrow \quad X, Y \text{ unabhängig.}$$

2. Die zweidimensionale Zufallsvariable (X, Y) hat folgende Dichtefunktion:

$$f_{X,Y}(x, y) = \begin{cases} x + y & \text{für} \quad 0 \leq x \leq 1, 0 \leq y \leq 1 \\ 0 & \text{sonst} \end{cases}$$

   (a) Man berechne die Verteilungsfunktion von (X, Y).

   (b) Bestimmen Sie die Randdichten.

   (c) Berechnen Sie die Erwartungswerte von $X \cdot Y, X, Y$.

   (d) Sind X, Y unabhängig?

   (e) Berechnen Sie den Korrelationskoeffizienten.

3. Berechnen Sie für die Zufallsvariablen X_1, X_2 und N aus Aufgabe 10.3

   (a) die Kovarianz von N und X_1.

   (b) die Kovarianz von X_1 und X_2.

   (c) den Korrelationskoeffizienten ϱ von X_1 und X_2.

13 Funktion und Transformation mehrdimensionaler Zufallsvariablen

Sei $Y = (Y_1, \ldots, Y_n)$ eine n-dimensionale Zufallsvariable, z.B. beschreibe Y die Beobachtung bei einer n-fachen Wiederholung eines Experiments. Wird nun dieses Experiment konkret n-mal durchgeführt, so erhält man n Meßwerte $y_1, \ldots, y_n$, die den Zufallsvariablen $Y = (Y_1, \ldots, Y_n)$ entsprechen, die sogenannte „Realisation" $(y_1, \ldots, y_n)$ zu $(Y_1, \ldots, Y_n)$. Zur weiteren Analyse wird man diese Realisation zunächst auswerten, indem wir beispielsweise arithmetisches Mittel, Standardabweichung, Spannweite, usw., also die Auswertungsmethoden der deskriptiven Statistik heranziehen. Das Ergebnis ist dann die Realisation einer Zufallsvariablen, die wir erhalten, wenn wir dieselbe Operation mit den Zufallsvariablen $Y_1, \ldots, Y_n$ durchführen. Betrachten wir dies am Beispiel des arithmetischen Mittels genauer:

Seien $Y_1, \ldots, Y_n$ definiert auf $(\Omega, A(\Omega), P)$. Dann erhalten wir die Realisation durch Auswahl eines $\omega \in \Omega$:

$$y_1 = Y_1(\omega), \ldots, y_n = Y_n(\omega). \tag{1}$$

Das arithmetische Mittel der Realisation ist dann:

$$\overline{y} = \frac{1}{n} \sum_{i=1}^{n} y_i = \frac{1}{n} \sum_{i=1}^{n} Y_i(\omega) =: \overline{Y}(\omega), \tag{2}$$

wobei dadurch eine Zufallsvariable

$$\overline{Y} : (\Omega, A(\Omega), P) \rightarrow \mathbb{R} \tag{3}$$

definiert wird.

Setzt man $g : \mathbb{R}^n \rightarrow \mathbb{R}$ mit

$$g(x_1, \ldots, x_n) = \frac{1}{n} \sum_{i=1}^{n} x_i \quad , \tag{4}$$

so ist $\overline{Y}$ die Hintereinanderausführung $g \circ Y$ mit $Y = (Y_1, \ldots, Y_n)$ von Y und g, also eine Funktion von Y (vgl. auch § 6). Wie dort schreiben wir auch $g(Y_1, \ldots, Y_n)$, in diesem Fall also

$$\overline{Y} = \frac{1}{n} \sum_{i=1}^{n} Y_i. \tag{5}$$

Weitere Beispiele von Funktionen:

1. Summe : $\sum_{i=1}^{n} Y_i$ und arithmetisches Mittel : $\frac{1}{n}\sum_{i=1}^{n} Y_i$
2. Maximum : $\max\{Y_1, \ldots, Y_n\}$
3. Minimum : $\min\{Y_1, \ldots, Y_n\}$
4. Spannweite (Range):
   $R(Y_1, \ldots, Y_n) = \max\{Y_1, \ldots, Y_n\} - \min\{Y_1, \ldots, Y_n\}$
5. Produkt : $Y_1 \cdot \ldots \cdot Y_n = \prod_{i=1}^{n} Y_i$

Für die weiteren Überlegungen ist es dann von Interesse, soweit irgend möglich, die Wahrscheinlichkeitsverteilung der Funktion von $Y_1, \ldots, Y_n$ aus der Wahrscheinlichkeitsverteilung von $Y = (Y_1, \ldots, Y_n)$ zu ermitteln. Bereitet dies Schwierigkeiten, so wird man versuchen, zumindest Kennzahlen wie Erwartungswert und Varianz für $g\ (Y_1, \ldots, Y_n)$ zu berechnen.

Die Beziehung zwischen den Wahrscheinlichkeitsverteilungen von $g(Y_1, \ldots, Y_n)$ und von $Y = (Y_1, \ldots, Y_n)$ ist vom Prinzip wie im eindimensionalen Fall :

Sei $g : \mathbf{R}^n \to \mathbf{R}^k$, $\mathbf{B} \in \mathcal{L}^k$, also ein Ereignis für $g\ (Y_1, \ldots, Y_n)$.

$$\begin{aligned} &P(g(Y_1, \ldots, Y_n) \in \mathbf{B}) \\ &\quad= P(\{\omega \in \Omega \mid g(Y_1(\omega), \ldots, Y_n(\omega)) \in \mathbf{B}\}) \\ &\quad= P(\{\omega \in \Omega \mid (Y_1(\omega), \ldots, Y_n(\omega)) = y \in \mathbf{R}^n \text{ mit } g(y) \in \mathbf{B}\}). \end{aligned} \tag{6}$$

Sei nun Y diskret mit Werten $y^j \in \mathbf{R}^n$, $j \in J \subset \mathbf{N}$. Dann ist

$$\begin{aligned} P(\{\omega \in \Omega \mid (Y_1(\omega), \ldots, Y_n(\omega)) &= y^j\ ,\ j \in J, \text{mit } g(y^j) \in \mathbf{B}\}) \\ &= \sum_{j \in J : g(y^j) \in \mathbf{B}} P(Y = y^j). \end{aligned} \tag{7}$$

Entsprechend gilt für stetiges Y mit Dichtefunktion f_Y:

$$P(g(Y_1, \ldots, Y_n) \in \mathbf{B}) = \int \ldots \int_{\{y \mid g(y) \in \mathbf{B}\}} f_Y(y_1, \ldots, y_n) dy_1 \ldots dy_n. \tag{8}$$

13.1 Satz

Sei $Y = (Y_1, \ldots, Y_n)$ n-dimensionale Zufallsvariable, $g : \mathbb{R}^n \to \mathbb{R}^k$ $\mathcal{L}^n$-$\mathcal{L}^k$-meßbar[1]. Dann gilt :

1. für diskretes Y mit Werten $y^j \in \mathbb{R}^n$, $j \in J \subset \mathbb{N}$:

$$P(g(Y_1, \ldots, Y_n) = z) = \sum_{j \in J : g(y^j) = z} P(Y = y^j) \tag{9}$$

2. für stetiges Y mit Dichte $f_g(y_1, \ldots, y_n)$:
   Die Verteilungsfunktion von $g(Y_1, \ldots, Y_n)$ ist gegeben durch

$$F_{g(Y_1,\ldots,Y_n)}(z_1, \ldots, z_k) = \int_{y:g(y) \leq z} \cdots \int f_g(y_1, \ldots, y_n) dy_1 \ldots dy_n \tag{10}$$

Vor allem das Bereichsintegral kann im konkreten Einzelfall sehr aufwendig zu berechnen sein.

13.2 Folgerung

Sei $Y = (Y_1, \ldots, Y_n)$ eine n-dimensionale Zufallsvariable, $g : \mathbb{R}^x \to \mathbb{R}^k$ $\mathcal{L}^n$-$\mathcal{L}^k$-meßbar, also $g \circ Y = g(Y_1, \ldots, Y_n)$ eine Zufallsvariable. Dann gilt

1. für diskretes Y mit Werten $y^j \in \mathbb{R}$, $j \in J \subset \mathbb{N}$:

$$E(g(Y_1, \ldots, Y_n)) = \sum_{j \in J} g(y^j) P(Y = y^j) \tag{11}$$

2. für stetiges Y mit Dichtefunktion f_Y:

$$E(g(Y_1, \ldots, Y_n)) = \int_{-\infty}^{+\infty} \cdots \int_{-\infty}^{+\infty} g(y_1, \ldots, y_n) f_g(y_1, \ldots, y_n) dy_1 \ldots dy_n \tag{12}$$

[1] Vgl. Fußnote 1 §3

Spezielle Funktionen

13.3 Summe und arithmetisches Mittel

$$g(Y_1, \ldots, Y_n) = \sum_{i=1}^{n} Y_i \tag{13}$$

bzw.

$$g(Y_1, \ldots, Y_n) = \frac{1}{n} \sum_{i=1}^{n} Y_i. \tag{14}$$

Sei Y diskret mit Werten y^j:

$$\begin{aligned} P(Y_1 + \ldots + Y_n) = \alpha) &= P(g(Y_1, \ldots, Y_n) = \alpha) \\ &= \sum_{j:g(y^j)=\alpha} P(Y = y^j) \\ &= \sum_{j:y_1^j+\ldots+y_n^j=\alpha} P(Y = y^j) \end{aligned} \tag{15}$$

13.3.1 Beispiel

Beim Würfeln mit zwei Würfeln sei Y_1 (Y_2) die Augenzahl beim ersten (zweiten) Würfel:

$$\begin{aligned} P(Y_1 + Y_2 = k) &= \sum_{\substack{i,j:i+j=k \\ i,j\in\{1,\ldots,6\}}} P(Y_1 = i, Y_2 = j) \\ &= \sum_{\substack{i \\ i,k-i\in\{1,\ldots,6\}}} P(Y_1 = i, Y_2 = k - i) \end{aligned} \tag{16}$$

k	2	3	4	5	6	7	8	9	10	11	12
$P(Y_1 + Y_2 = k)$	$\frac{1}{36}$	$\frac{2}{36}$	$\frac{3}{36}$	$\frac{4}{36}$	$\frac{5}{36}$	$\frac{6}{36}$	$\frac{5}{36}$	$\frac{4}{36}$	$\frac{3}{36}$	$\frac{2}{36}$	$\frac{1}{36}$

Sei Y stetig mit Dichte f_Y. Dann gilt:

$$F_{Y_1+\ldots+Y_n}(\alpha) = \int_{\substack{y_1,\ldots,y_n: \\ \sum y_i \leq \alpha}} \cdots \int f_y(y_1, \ldots, y_n)\, dy_1 \ldots dy_n \tag{17}$$

13.3.2 Beispiel

Y_1 und Y_2 seien unabhängig und standardnormalverteilt. Dann hat Y_1+Y_2 die Verteilungsfunktion

$$\begin{aligned} F_{Y_1+Y_2}(\alpha) &= \iint\limits_{y_1+y_2\leq\alpha} f_{Y_1}(y_1)f_{Y_2}(y_2)dy_1dy_2 \\ &= \int\limits_{z\leq\alpha}\left(\int\limits_{y_1+y_2=z} f_{Y_1}(y_1)f_{Y_2}(y_2)dy_1\right)dz \end{aligned} \tag{18}$$

und es gilt

$$\begin{aligned} \int\limits_{y_1+y_2=z} f_{Y_1}(y_1)f_{Y_2}(y_2)dy_1 &= \int\limits_{-\infty}^{+\infty} f_{Y_1}(y_1)f_{Y_2}(z-y_1)dy_1 \\ &= \int\limits_{-\infty}^{+\infty} \frac{1}{\sqrt{2\pi}}e^{-\frac{1}{2}y_1^2}\frac{1}{\sqrt{2\pi}}e^{-\frac{1}{2}(z-y_1)^2}dy_1 \\ &= \int\limits_{-\infty}^{+\infty} \frac{1}{2\pi}e^{-\frac{1}{2}y_1^2-\frac{1}{2}(z^2-2zy_1+y_1^2)}dy_1 \\ &= \int\limits_{-\infty}^{+\infty} \frac{1}{2\pi}e^{-y_1^2+zy_1-\frac{z^2}{2}}dy_1 \qquad (19) \\ &= \int\limits_{-\infty}^{+\infty} \frac{1}{2\pi}e^{-y_1^2+zy_1-\frac{z^2}{4}}e^{-\frac{z^2}{4}}dy_1 \\ &= \frac{1}{\sqrt{2}\sqrt{2\pi}}e^{-\frac{z^2}{4}}\int\limits_{-\infty}^{+\infty}\frac{\sqrt{2}}{\sqrt{2\pi}}e^{-\frac{(y_1-\frac{z}{2})^2}{2\cdot\frac{1}{2}}}dy_1 \end{aligned}$$

(Unter dem Integral steht die Dichte einer Normalverteilung, das Integral ist also 1 :)

$$= \frac{1}{\sqrt{2\pi}\sqrt{2}}e^{-\frac{z^2}{2\cdot 2}} \tag{20}$$

Als Ergebnis erhält man damit die Dichte einer Normalverteilung mit $\mu = 0, \sigma^2 = 2$.
Also ist :

$$F_{Y_1+Y_2}(\alpha) = \int\limits_{-\infty}^{\alpha} f_{N(0,2)}(z)dz \tag{21}$$

$Y_1 + Y_2$ ist demnach normalverteilt mit Mittelwert 0 und Varianz 2.

Zusammenfassend kann man damit feststellen:

Die Summe zweier standardnormalverteilter unabhängiger Zufallsvariablen ist normalverteilt mit Mittelwert 0 und Varianz 2. Die entsprechende Verallgemeinerung für zwei unabhängige (nicht notwendig standardnormalverteilte) Zufallsvariablen lautet:

13.3.3 Satz

Seien Y_1 und Y_2 unabhängig und normalverteilt mit μ_1 bzw. μ_2 und σ_1^2 bzw. σ_2^2, dann ist Y_1+Y_2 normalverteilt mit Mittelwert $\mu_1+\mu_2$ und Varianz $\sigma_1^2+\sigma_2^2$.

13.3.4 Folgerungen

1. Sei Y_i $N(\mu_i, \sigma_i^2)$-verteilt für $i = 1, \ldots, n$, $Y_1, \ldots, Y_n$ unabhängig, dann ist $\sum_{i=1}^{n} Y_i$ $N(\sum_{i=1}^{n} \mu_i, \sum_{i=1}^{n} \sigma_i^2)$-verteilt.
2. Seien $Y_1, \ldots, Y_n$ unabhängig und identisch normalverteilt mit μ und σ^2. Dann ist $\frac{1}{n} \sum_{i=1}^{n} Y_i$ normalverteilt mit μ und $\frac{\sigma^2}{n}$.

Der Erwartungswert der Summe von unabhängigen normalverteilten Zufallsvariablen ist also gerade die Summe der Erwartungswerte, und entsprechendes gilt für die Varianz. Inwieweit gelten diese Aussagen auch für andere Verteilungen?

13.3.5 Satz

Sei $Y = (Y_1, \ldots, Y_n)$ eine n-dimensionale Zufallsvariable. Dann gilt :

$$E(Y_1 + \ldots + Y_n) = E(Y_1) + \ldots + E(Y_n). \tag{22}$$

Beweis:

Nach Folgerung 13.2 gilt mit der Funktion $g(y_1, \ldots, y_n) = \sum_{i=1}^{n} y_i$ für diskretes Y:

$$\begin{aligned} E(g(Y)) = E(Y_1 + \ldots + Y_n) &= \sum_{j \in J} g(y^j) P(Y = y^j) \\ &= \sum_{j \in J} (y_1^j + \ldots + y_n^j) P(Y = y^j) \\ &= \sum_{j \in J} y_1^j P(Y = y^j) + \ldots + \sum_{j \in J} y_n^j P(Y = y^j) \\ &= E(Y_1) + \ldots + E(Y_n) \qquad (23) \end{aligned}$$

Für stetiges Y ist die Herleitung von $E(Y_1 + \ldots + Y_n) = E(Y_1) + \ldots + E(Y_n)$ analog.

13.3.6 Bemerkung

Allerdings wird der Typ der Verteilung bei der Summenbildung im allgemeinen (anders als bei der Normalverteilung) nicht notwendig erhalten bleiben. Beispielsweise ist die Summe von unabhängigen exponentialverteilten Zufallsvariablen nicht exponentialverteilt.

Nach Definition der Kovarianz (vgl. Definition in § 12) gilt

$$Cov\ (X, Y) = E[(X - E(X))(Y - E(Y))]. \qquad (24)$$

Mit $X = X_1 + \ldots + X_n$ folgt aus Satz 13.3.5 unmittelbar :

13.3.7 Folgerung

$$Cov\ (X_1 + \ldots + X_n, Y) = Cov\ (X_1, Y) + \ldots + Cov\ (X_n, Y). \qquad (25)$$

Da weiter $Var\ (X) = E[(X - E(X))^2] = Cov\ (X, X)$ gesetzt werden kann, folgt daraus

13.3.8 Folgerung

$$\begin{aligned} Var\ (X_1 + \ldots + X_n) &= Cov\ (X_1 + \ldots + X_n, X_1 + \ldots + X_n) \\ &= \sum_{i,j=1}^{n} Cov\ (X_i, X_j) \qquad (26) \\ &= \sum_{i=1}^{n} Var\ (X_i) + 2 \cdot \sum_{i<j} Cov\ (X_i, X_j). \qquad (27) \end{aligned}$$

Damit gilt wegen Satz 12.6

13.3.9 Folgerung

Seien $X_1, \ldots, X_n$ unabhängig, dann gilt:

$$Var\ (X_1 + \ldots + X_n) = Var\ (X_1) + \ldots + Var\ (X_n). \qquad (28)$$

Etwas allgemeiner gilt dies auch für unkorrelierte Zufallsvariablen, denn Unkorreliertheit wurde ja gerade so definiert, daß $Cov\ (X_i, X_j) = 0$ für $i \neq j$ ist.

Es gilt also ganz allgemein :

- Erwartungswert einer Summe gleich Summe der Erwartungswerte

Aber es gilt i.a. **nur für unkorrelierte** (also insbesondere für unabhängige) Zufallsvariablen:

- Varianz einer Summe gleich Summe der Varianzen.

Für das arithmetische Mittel folgt aus dem Vorangegangenen:

13.3.10 Folgerung

1. $E(\frac{1}{n} \sum_{i=1}^{n} Y_i) = \frac{1}{n} \sum_{i=1}^{n} E(Y_i)$
2. für unkorrelierte $Y_1, \ldots, Y_n$:
   $Var\ (\frac{1}{n} \sum_{i=1}^{n} Y_i) = \frac{1}{n^2} \sum_{i=1}^{n} Var\ (Y_i)$

Von besonderem Interesse ist dabei für die schließende Statistik der Fall, daß $Y_1, \ldots, Y_n$ eine Stichprobe mit Zurücklegen zu einer Zufallsvariablen X ist. Dann sind (vgl. § 11) $Y_1, \ldots, Y_n$ unabhängig und identisch verteilt wie X, d.h. insbesondere Erwartungswert und Varianz von Y_i stimmen mit denen von X überein, und man erhält:

13.3.11 Folgerung

Sei $Y_1, \ldots, Y_n$ Stichprobe mit Zurücklegen zu X, dann gilt:

1. $E(\frac{1}{n} \sum_{i=1}^{n} Y_i) = \frac{1}{n} \sum_{i=1}^{n} E(Y_i) = E(X)$
2. $Var\ (\frac{1}{n} \sum_{i=1}^{n} Y_i) = \frac{1}{n^2} \sum_{i=1}^{n} Var\ (Y_i) = \frac{1}{n} Var\ (X)$

Folgerung 13.3.11 ergibt den für die schließende Statistik wichtigen Sachverhalt, daß der Erwartungswert des Stichprobenmittels mit dem Erwartungswert von X übereinstimmt, aber die Varianz des Stichprobenmittels nur der n-te Teil der Varianz von X ist, mit zunehmendem n also immer kleiner wird. Wählt man damit n hinreichend groß, so schwankt der Mittelwert der Stichprobe kaum noch um den Erwartungswert von X. Für eine Realisation $y_1, \ldots, y_n$, also für die Meßwerte bei den einzelnen gezogenen Stichprobenelementen, weicht also $\overline{y} = \frac{1}{n} \sum_{i=1}^{n} y_i$ nur selten stark von $E(X)$ ab. Wenn also $E(X)$ gesucht ist, ist demnach $\overline{y}$ ein „guter" Wert, falls nur n genügend groß ist. Eine gute Abschätzung für die „Stärke" der Abweichung ist mit Hilfe der Tschebyscheffschen Ungleichung möglich (vgl. § 14).

Abschließend erlaubt Satz 13.3.5 noch eine Folgerung, die man als Monotonieeigenschaft des Erwartungswertes interpretieren kann.

13.3.12 Folgerung

Seien X, Y zwei Zufallsvariablen mit $X(\omega) \leq Y(\omega)$ „fast sicher", d.h.

$$P(\{\omega \in \Omega \mid X(\omega) \leq Y(\omega)\}) = P(X \leq Y) = 1, \tag{29}$$

so ist $E(X) \leq E(Y)$.

Beweis: Sei nämlich $Z = Y - X = Y + (-X)$, dann ist $P(Z < 0) = 0$ und damit $E(Z) \geq 0$. Mit

$$E(Z) = E(Y) + E(-X) = E(Y) - E(X) \tag{30}$$

folgt die Behauptung.

13.4 Maximum von $Y_1, \ldots, Y_n$

Mit $g : \mathbb{R}^n \to \mathbb{R}$, $g(x_1, \ldots, x_n) = \max\{x_1, \ldots, x_n\} = \max\limits_{i=1,\ldots,n} x_i$ erhält man

$$g(Y_1, \ldots, Y_n) = \max_{i=1,\ldots,n} Y_i, \tag{31}$$

d.h. für jedes $\omega \in \Omega$ wird der Maximalwert von $Y_1(\omega), \ldots, Y_n(\omega)$ betrachtet. Die Verteilungsfunktion von $\max\limits_{i=1,\ldots,n} Y_i$ ist definiert durch

$$\begin{aligned} F_{\max Y_i}(\alpha) &= P(\max_{i=1,\ldots,n} Y_i \leq \alpha) \\ &= P(Y_i \leq \alpha \text{ für } i = 1, \ldots, n) \\ &= F_Y(\alpha, \ldots, \alpha), \end{aligned} \tag{32}$$

da das Maximum genau dann $\leq \alpha$ ist, wenn jeder der Werte $\leq \alpha$ ist (F_Y sei die gemeinsame Verteilungsfunktion von $Y = (Y_1, \ldots, Y_n)$).

Sind $Y_1, \ldots, Y_n$ unabhängig, so gilt weiter

$$F_Y(\alpha, \ldots, \alpha) = \prod_{i=1}^{n} F_{Y_i}(\alpha) \tag{33}$$

und damit

$$F_{\max Y_i}(\alpha) = \prod_{i=1}^{n} F_{Y_i}(\alpha). \tag{34}$$

Falls darüberhinaus $Y_1, \ldots, Y_n$ identisch verteilt sind wie X, erhält man

$$F_{\max Y_i}(\alpha) = F_X^n(\alpha) \tag{35}$$

und bei stetigem X

$$f_{\max Y_i}(\alpha) = n \cdot F_X^{n-1}(\alpha) \cdot F_X'(\alpha) = n \cdot F_X^{n-1}(\alpha) \cdot f_X(\alpha) \tag{36}$$

für alle α, in denen F_X' existiert.

13.4.1 Beispiel „Parallelschaltung“

Von den zwei Düsentriebwerken eines Verkehrsflugzeuges muß für sicheren Flug und Landung mindestens eines in Betrieb sein und ausreichend Leistung erbringen. Die Zeitdauer T bei ununterbrochenem Betrieb bis zum ersten Störfall („Lebensdauer“) sei eine Zufallsvariable, nehmen wir an exponentialverteilt mit Parameter λ. Die beiden Triebwerke arbeiten nach unserer Annahme unabhängig voneinander, und wir gehen davon aus, daß Störungen im Flug nicht behoben werden können.

Wie groß ist dann die Wahrscheinlichkeit, daß ein Flug von t Stunden Dauer ohne Katastrophe abläuft ?

Seien T_1, T_2 die Lebensdauern der Triebwerke, dann ist gefragt nach

$$\begin{aligned}
P(\max\{T_1,T_2\} \geq t) &= 1 - P(\max\{T_1,T_2\} < t) \\
&= 1 - F_{T_1}(t)F_{T_2}(t) \\
&= 1 - (1-e^{-\lambda t})(1-e^{-\lambda t}) \\
&= 1 - (1 - 2e^{-\lambda t} + e^{-2\lambda t}) \qquad (37)\\
&= 2e^{-\lambda t} - e^{-2\lambda t} \\
&= e^{-\lambda t}(2 - e^{-\lambda t}).
\end{aligned}$$

Bei einer mittleren Lebensdauer von $\frac{1}{\lambda} = 24h$ und $t = 12h$ erhält man z.B.

$$\begin{aligned}
P(\max\{T_1,T_2\} \geq 12) &= e^{-\frac{1}{24}\cdot 12}(2 - e^{-\frac{1}{24}\cdot 12}) \\
&= e^{-\frac{1}{2}}(2 - e^{-\frac{1}{2}}) \qquad (38)\\
&= 0.607(2 - 0.607) = 0.845\ ,
\end{aligned}$$

einen sicherlich unbefriedigenden Wert, wenn man an dem Flug teilnehmen soll.

13.5 Minimum von $Y_1, \ldots, Y_n$

Analog zum Maximum erhält man die Verteilungsfunktion von $\min\limits_{i=1,\ldots,n} Y_i$ durch

$$\begin{aligned}
F_{\min Y_i}(\alpha) &= P(\min_{i=1,\ldots,n} Y_i \leq \alpha) \\
&= 1 - P(\min_{i=1,\ldots,n} Y_i > \alpha) \qquad (39)\\
&= 1 - P(Y_i > \alpha \text{ für } i = 1,\ldots,n).
\end{aligned}$$

Für unabhängige Zufallsvariablen $Y_1, \ldots, Y_n$ gilt weiter

$$\begin{aligned} F_{\min Y_i}(\alpha) &= 1 - \prod_{i=1}^{n} P(Y_1 > \alpha) \\ &= 1 - \prod_{i=1}^{n} (1 - F_{Y_i}(\alpha)). \end{aligned} \quad (40)$$

Sind darüberhinaus $Y_1, \ldots, Y_n$ identisch verteilt wie X, so ist

$$F_{\min Y_i}(\alpha) = 1 - (1 - F_X(\alpha))^n \quad (41)$$

und bei stetigem Y

$$f_{\min Y_i}(\alpha) = n(1 - F_X(\alpha))^{n-1} \cdot f_X(\alpha) \quad (42)$$

für alle α, in denen F'_X existiert.

13.5.1 Beispiel „Reihenschaltung"

In einer Fertigungsstraße arbeiten fünf Roboter unabhängig voneinander. Fällt einer der Roboter aus, muß die Anlage angehalten werden. Seien $T_1, \ldots, T_5$ die „Lebensdauern" der fünf Roboter und T_i exponentialverteilt mit Parameter λ. Wie groß ist die Wahrscheinlichkeit, daß eine volle Schicht von t h ungestört produziert werden kann?

Gesucht ist : $P(\min T_i \geq t)$

$$\begin{aligned} P(\min T_i \leq t) &= 1 - \prod_{i=1}^{5} (1 - F_{T_i}(t)) \\ &= 1 - (1 - 1 - e^{-\lambda t})^5 \\ &= 1 - e^{-5\lambda t}. \end{aligned} \quad (43)$$

Man erhält also eine Exponentialverteilung mit Parameter 5λ, d.h. einem Erwartungswert von $\frac{1}{5\lambda}$.

Damit ist

$$P(\min T_i \geq t) = e^{-5\lambda t}. \quad (44)$$

Bei einer mittleren Lebensdauer von 10 Stunden ($\lambda = 0.1$) und einer Schicht von 8 Stunden erhält man

$$P(\min T_i \geq 8) = e^{-5 \cdot 0.1 \cdot 8} = e^{-4} \approx 0.02. \quad (45)$$

13.6 Spannweite von $\mathbf{Y_1, \ldots, Y_n}$

$R : \mathbf{R}^n \to \mathbf{R}$ sei definiert durch

$$R(x_1, \ldots, x_n) = \max\{x_1, \ldots, x_n\} - \min\{x_1, \ldots, x_n\}. \tag{46}$$

Dann hat $R(Y_1, \ldots, Y_n)$ zu einer n-dimensionalen Zufallsvariablen $Y = (Y_1, \ldots, Y_n)$ die Verteilungsfunktion der Zufallsvariablen $Z_1 - Z_2$ mit $Z_1 = \max\limits_{i=1,\ldots,n} Y_i$ und $Z_2 = \min\limits_{i=1,\ldots,n} Y_i$. Es ist also die Verteilungsfunktion der Differenz zweier Zufallsvariablen zu bestimmen.

Dafür gilt im diskreten Fall

$$\begin{aligned} P(Z_1 - Z_2 = z) &= \sum_{\substack{x_i, y_j \\ x_i - y_j = z}} P(Z_1 = x_i, Z_2 = y_j) \\ &= \sum_{x_i} P(Z_1 = x_i, Z_2 = z - x_i) \end{aligned} \tag{47}$$

und im stetigen Fall

$$f_{Z_1 - Z_2}(\alpha) = \int_{-\infty}^{+\infty} f_{Z_1, Z_2}(z_1, z_1 - \alpha) dz_1. \tag{48}$$

Es ist also zunächst die gemeinsame Wahrscheinlichkeitsverteilung bzw. Dichte von $\max Y_i$ und $\min Y_i$ zu bestimmen.

$$\begin{aligned} &P(\max Y_i \leq x, \min Y_i \leq y) \\ &\quad = P(\max Y_i \leq x) - P(\max Y_i \leq x, \min Y_i > y) \\ &\quad = P(Y_i \leq x \text{ für } i = 1, \ldots, n) - P(y < Y_i \leq x \text{ für } i = 1, \ldots, n) \quad (49) \\ &\quad = \begin{cases} \prod\limits_{i=1}^{n} F_{Y_i}(x) & \text{für } x \leq y \\ \prod\limits_{i=1}^{n} F_{Y_i}(x) - \prod\limits_{i=1}^{n} (F_{Y_i}(x) - F_{Y_i}(y)) & \text{für } x > y \end{cases} \end{aligned}$$

bei Unabhängigkeit. Falls darüberhinaus $Y_1, \ldots, Y_n$ identisch verteilt sind wie X :

$$= \begin{cases} F_X^n(x) & \text{für } x \leq y \\ F_X^n(x) - (F_X(x) - F_X(y))^n & \text{für } x > y \end{cases} \tag{50}$$

und im stetigen Fall

$$\begin{aligned} &f_{\max Y_i, \min Y_i}(x, y) \\ &\quad = \begin{cases} 0 & \text{für } x \leq y \\ n(n-1)(F_X(x) - F_X(y))^{n-2} f_X(x) f_X(y) & \text{für } x > y \end{cases} \end{aligned} \tag{51}$$

13.6.1 Beispiele

1. Beim Werfen mit zwei Würfeln erhält man für das Maximum (Minimum) der Augenzahlen die Verteilung :

z	1	2	3	4	5	6
$P(\max\{Y_1, Y_2\} = z)$	$\frac{1}{36}$	$\frac{3}{36}$	$\frac{5}{36}$	$\frac{7}{36}$	$\frac{9}{36}$	$\frac{11}{36}$
$P(\max\{Y_1, Y_2\} \leq z)$	$\frac{1}{36}$	$\frac{1}{9}$	$\frac{1}{4}$	$\frac{4}{9}$	$\frac{25}{36}$	1
$P(\min\{Y_1, Y_2\} = z)$	$\frac{11}{36}$	$\frac{9}{36}$	$\frac{7}{36}$	$\frac{5}{36}$	$\frac{3}{36}$	$\frac{1}{36}$
$P(\min\{Y_1, Y_2\} \leq z)$	$\frac{11}{36}$	$\frac{5}{9}$	$\frac{3}{4}$	$\frac{8}{9}$	$\frac{35}{36}$	1

Die gemeinsame Verteilung ist:

		$\max\{Y_1, Y_2\} \leq$					
		1	2	3	4	5	6
	1	$\frac{1}{36}$	$\frac{3}{36}$	$\frac{5}{36}$	$\frac{7}{36}$	$\frac{9}{36}$	$\frac{11}{36}$
	2	$\frac{1}{9}$	$\frac{1}{9}$	$\frac{2}{9}$	$\frac{3}{9}$	$\frac{4}{9}$	$\frac{5}{9}$
$\min\{Y_1, Y_2\} \leq$	3	$\frac{1}{4}$	$\frac{1}{4}$	$\frac{1}{4}$	$\frac{5}{12}$	$\frac{7}{12}$	$\frac{3}{4}$
	4	$\frac{4}{9}$	$\frac{4}{9}$	$\frac{4}{9}$	$\frac{4}{9}$	$\frac{2}{3}$	$\frac{8}{9}$
	5	$\frac{25}{36}$	$\frac{25}{36}$	$\frac{25}{36}$	$\frac{25}{36}$	$\frac{25}{36}$	$\frac{35}{36}$
	6	1	1	1	1	1	1

bzw.

$$P(\max\{Y_1, Y_2\} = i, \min\{Y_1, Y_2\} = j) = \begin{cases} 0 & \text{für} \quad i < j \\ \frac{1}{36} & \text{für} \quad i = j \\ \frac{2}{36} & \text{für} \quad j < i \end{cases}$$

Dies ergibt sich auch aus der einfachen Überlegung, daß

$$\begin{aligned} & P(\max\{Y_1, Y_2\} = i, \min\{Y_1, Y_2\} = j) \\ & = P(Y_1 = i, Y_2 = j \text{ oder } Y_1 = j, Y_2 = i) \end{aligned} \tag{52}$$

für $i \neq j$ gilt.

Damit erhält man als Verteilung der Spannweite R

$$P(R=k)=\sum_{i=k+1}^{6} P(\max\{Y_1,Y_2\}=i, \min\{Y_1,Y_2\}=i-k) \tag{53}$$

k	0	1	2	3	4	5
$P(R=k)$	$\frac{1}{6}$	$\frac{5}{18}$	$\frac{2}{9}$	$\frac{1}{6}$	$\frac{1}{9}$	$\frac{1}{18}$

2. Sei X gleichverteilt auf $[0,1]$, habe also die Dichte

$$f(x)=\begin{cases} 0 & \text{für} \quad x \notin [0,1] \\ 1 & \text{für} \quad x \in [0,1] \end{cases} \tag{54}$$

und die Verteilungsfunktion

$$F(x)=\begin{cases} 0 & \text{für} \quad x \leq 0 \\ x & \text{für} \quad 0 \leq x \leq 1 \\ 1 & \text{für} \quad 1 \leq x \end{cases} \tag{55}$$

$Y=(Y_1,\ldots,Y_n)$ sei eine Stichprobe mit Zurücklegen zu X. Damit ist die gemeinsame Dichte von $\max Y_i$ und $\min Y_i$:

$$f(x,y)=\begin{cases} 0 & \text{für} \quad x \leq y \\ n(n-1)(x-y)^{n-2} & \text{für} \quad 0 \leq y < x \leq 1 \\ 0 & \text{sonst} \end{cases} \tag{56}$$

Die Dichte der Spannweite ergibt sich daraus zu

$$\begin{aligned} f_R(z) &= \int_{-\infty}^{+\infty} f(x,x-z)dx \\ &= \begin{cases} 0 & \text{für} \quad z \leq 0 \\ \int_z^1 n(n-1)(x-(x-z))^{n-2}dx & \text{für} \quad 0 < z < 1 \\ 0 & \text{für} \quad 1 \leq z \end{cases} \\ &= \begin{cases} 0 & \text{für} \quad z \leq 0 \\ n(n-1)z^{n-2}(1-z) & \text{für} \quad 0 < z < 1 \\ 0 & \text{für} \quad 1 \leq z \end{cases} \end{aligned} \tag{57}$$

Übungsaufgabe:

Man berechne den Erwartungswert von R.

13.7 Produkt von $Y_1, \ldots, Y_n$

Analog zur Summe ist die Wahrscheinlichkeitsverteilung von $\prod_{i=1}^{n} Y_i$ gegeben durch

- im diskreten Fall :

$$P(\prod_{i=1}^{n} Y_i = \alpha) = \sum_{j: y_1^j \cdot \ldots \cdot y_n^j = \alpha} P(Y = y^j), \tag{58}$$

wobei $y^j \in \mathbb{R}^n, j \in J$, die Werte von $Y = (Y_1, \ldots, Y_n)$ seien.

- im stetigen Fall :

$$F_{\prod Y_i}(\alpha) = \underset{y_1 \cdot \ldots \cdot y_n \leq \alpha}{\int_{-\infty}^{+\infty} \cdots \int_{-\infty}^{+\infty}} f_Y(y_1, \ldots, y_n)\, dy_1 \ldots dy_n. \tag{59}$$

Speziell für $n = 2$ erhält man daraus für $\alpha \neq 0$

$$P(X \cdot Y = \alpha) = \sum_{x_i \neq 0} P(X = x_i, Y = \frac{\alpha}{x_i}) \tag{60}$$

und

$$P(X \cdot Y = 0) = P(X = 0 \text{ oder } Y = 0) \tag{61}$$

bzw.

$$F_{X \cdot Y}(\alpha) = \underset{x \cdot y \leq \alpha.}{\int_{-\infty}^{+\infty}\int} f(x, y) dx\, dy. \tag{62}$$

Aus $x \cdot y \leq \alpha$ folgt $x \leq \frac{\alpha}{y}$ für $y \geq 0$ und $x \geq \frac{\alpha}{y}$ für $y \leq 0$.
Damit ist

$$F_{X \cdot Y}(\alpha) = \int_0^{\infty} \int_{-\infty}^{\frac{\alpha}{y}} f(x, y) dx\, dy + \int_{-\infty}^{0} \int_{\frac{\alpha}{y}}^{\infty} f(x, y) dx\, dy \tag{63}$$

und mit der Substitution[2] $z = x \cdot y$

$$= \int_0^{\infty} \int_{-\infty}^{\alpha} f(\frac{z}{y}, y) \cdot \frac{1}{y} dz\, dy + \int_{-\infty}^{0} \int_{-\infty}^{\alpha} f(\frac{z}{y}, y) \cdot \frac{1}{|y|} dz\, dy$$

[2]Für $y > 0$ gilt: $x \leq \frac{\alpha}{y} \iff z \leq \alpha$, für $y < 0$ gilt: $x \geq \frac{\alpha}{y} \iff z \leq \alpha$.

$$= \int_{-\infty}^{\alpha} \int_{-\infty}^{+\infty} f(\frac{z}{y}, y) \cdot \frac{1}{|y|} dy\, dz. \tag{64}$$

Also ist

$$F_{X \cdot Y}(\alpha) = \int_{-\infty}^{\alpha} \int_{-\infty}^{+\infty} f(\frac{z}{y}, y) \cdot \frac{1}{|y|} dy\, dz \; ^{3} \tag{65}$$

und damit

$$f_{X \cdot Y}(z) = \int_{-\infty}^{+\infty} f(\frac{z}{y}, y) \cdot \frac{1}{|y|} dy \tag{66}$$

Dichte von $X \cdot Y$.

13.7.1 Beispiel

Aufgabe der Materialdisposition ist es, für die Versorgung der Produktion mit den notwendigen Produktionsmaterialien, also Rohstoffe, Bauteile, Betriebsstoffe, etc. zu sorgen. Dabei soll eine hohe Liefersicherheit bei niedrigen Lagerkosten erreicht werden. Eine mögliche Lösung dieser Aufgabe besteht darin, bei einem bestimmten Lagerbestand s eine Bestellung auszulösen. Der Lagerbestand s hat dann den Bedarf bis zum Eintreffen der Lieferung abzudecken. Dabei ist die Bedarfsrate (z.B. täglicher Bedarf) und die Lieferzeit (vom Zeitpunkt der Bestellung bis zum Zeitpunkt, in dem das Material der Produktion zur Verfügung steht) häufig nicht determiniert, schwankt also mehr oder minder. Die Gesetzmäßigkeiten dieses „zufälligen“ Schwankens seien jeweils durch eine Zufallsvariable erfaßt. Wir betrachten also zwei Zufallsvariablen:

Y = Höhe des täglichen Bedarfs,
Z = Dauer der Lieferzeit.

Die erforderliche Quantität an Material für den Bedarf bis zur Verfügbarkeit der neuen Lieferung ist damit das Produkt

$$X = Y \cdot Z$$

der beiden Zufallsvariablen.

[3] Für $y = 0$ setzen wir den Integranden beliebig fest, also z.B. $= 0$.

Sind Y und Z stetig mit Dichte f_Y bzw. f_Z und unabhängig, so ist

$$f_{(Y,Z)}(y,z) = f_Y(y) \cdot f_Z(z) \tag{67}$$

gemeinsame Dichtefunktion. Dichtefunktion von X ist also

$$f_X(x) = \int_{-\infty}^{+\infty} f_Y(y) f_Z(\frac{x}{y}) \cdot \frac{1}{|y|} dy \; ^4. \tag{68}$$

Beim Lagerbestand s ist damit die Wahrscheinlichkeit, den Bedarf decken zu können :

$$\begin{aligned} P(X \leq s) &= \int_{-\infty}^{s} f_X(x)dx \\ &= \int_{-\infty}^{s} \int_{-\infty}^{+\infty} f_Y(y) f_Z(\frac{x}{y}) \frac{1}{|y|} dy\, dx. \end{aligned} \tag{69}$$

Diese Wahrscheinlichkeit wird auch als „Liefersicherheit“ bezeichnet.

Beispiel:

Angenommen, Y sei gleichverteilt auf $[8,12]$ und Z gleichverteilt auf $[3,5]$, also

$$\begin{aligned} f_Y(y) &= \begin{cases} \frac{1}{4} & 8 \leq y \leq 12 \\ 0 & \text{sonst} \end{cases} \\ f_Z(z) &= \begin{cases} \frac{1}{2} & 3 \leq z \leq 5 \\ 0 & \text{sonst} \end{cases} \end{aligned}$$

Dann gilt[5]:

$$\begin{aligned} f_X(x) &= \int_{-\infty}^{+\infty} f_Y(y) f_Z(\frac{x}{y}) \cdot \frac{1}{|y|}\, dy \\ &= \int_{\max\{\frac{x}{5},8\}}^{\min\{\frac{x}{3},12\}} \frac{1}{4} \cdot \frac{1}{2} \cdot \frac{1}{y}\, dy \\ &= \frac{1}{8} \ln y \Big|_{\max\{\frac{x}{5},8\}}^{\min\{\frac{x}{3},12\}} \end{aligned}$$

[4] S. Fußnote 3.

[5] $f_Z(\frac{x}{y}) \neq 0$ für $\frac{x}{5} \leq y \leq \frac{x}{3}$, $f_Y(y) \neq 0$ für $8 \leq y \leq 12$.

$$= \begin{cases} 0 & x \leq 24 \\ \frac{1}{8}(\ln \frac{x}{3} - \ln 8) & 24 \leq x \leq 36 \\ \frac{1}{8}(\ln 12 - \ln 8) & 36 \leq x \leq 40 \\ \frac{1}{8}(\ln 12 - \ln \frac{x}{5}) & 40 \leq x \leq 60 \\ 0 & 60 < x \end{cases}$$

$$= \begin{cases} 0 & x \leq 24 \\ \frac{1}{8}(\ln x - \ln 3 - \ln 8) & 24 \leq x \leq 36 \\ \frac{1}{8}(\ln 12 - \ln 8) & 36 \leq x \leq 40 \\ \frac{1}{8}(\ln 12 - \ln x + \ln 5) & 40 \leq x \leq 60 \\ 0 & 60 < x \end{cases}$$

In Abbildung 13.1 ist die Dichtefunktion des Bedarfs während der Lieferzeit dargestellt.

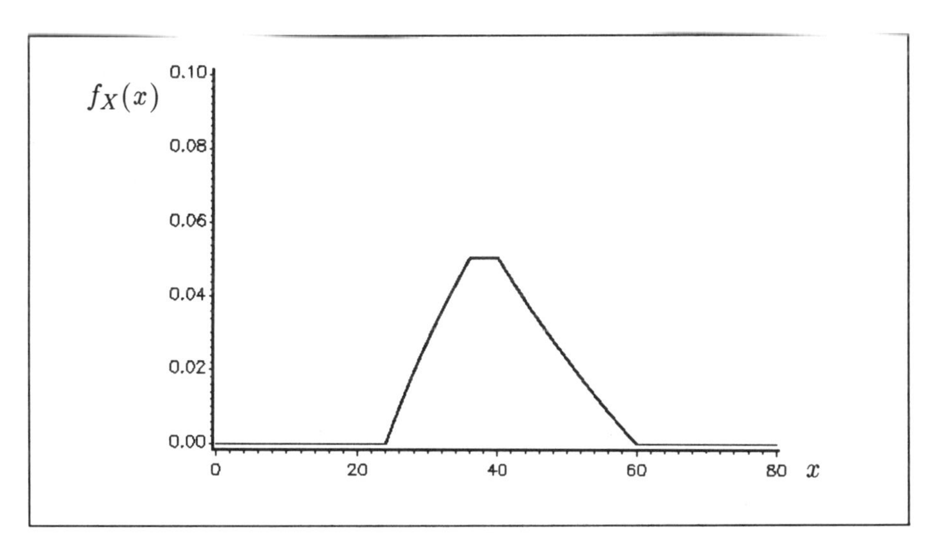

Abbildung 13.1: Dichtefunktion des Bedarfs während der Lieferzeit.

Als Verteilungsfunktion erhält man nach einiger Rechnung (Stammfunktion von $\ln x$ ist $x \ln x - x$):

$$F_X(s) = \begin{cases} 0 & s \leq 24 \\ \frac{s}{8}(\ln \frac{s}{24} - 1) + 3 & 24 \leq s \leq 36 \\ \frac{s}{8} \ln 1.5 - 1.5 & 36 \leq s \leq 40 \\ \frac{s}{8}(\ln \frac{60}{s} + 1) - 6.5 & 40 \leq s \leq 60 \\ 1 & 60 \leq s \end{cases}$$

Wie aus Abbildung 13.2 ersichtlich, ist bei einer vorgegebenen Liefersicherheit von 0.95 also bei einem Lagerbestand von $s \approx 53$ eine Bestellung auszulösen.

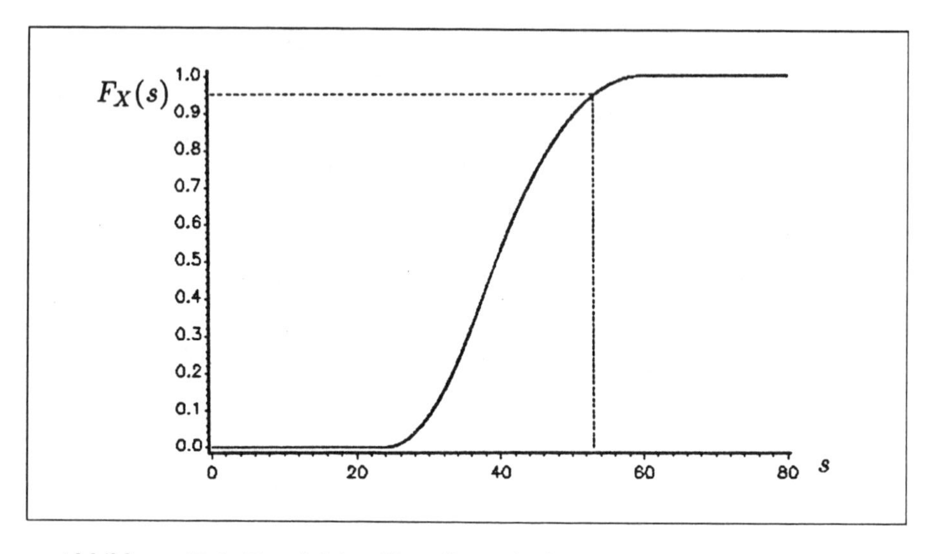

Abbildung 13.2: Zugehörige Verteilungsfunktion, Bestellmenge bei einer Liefersicherheit von 0.95.

13.8 Transformation von $(\mathbf{Y_1, \ldots, Y_n})$

Falls g eine umkehrbar eindeutige Funktion ist, also $g : \mathbf{R}^n \to \mathbf{R}^n$ und es existiert ein $g^{-1} : \mathbf{R}^n \to \mathbf{R}^n$ mit $g^{-1}(g(x)) = x = g(g^{-1}(x))$, dann gilt offensichtlich für alle $z \in \mathbf{R}^n$:

$$P(g(Y) = z) = P(Y = g^{-1}(z)). \tag{70}$$

Für diskretes Y ergibt sich daraus sofort die Wahrscheinlichkeitsverteilung von $g(Y)$ aus der Wahrscheinlichkeitsverteilung von Y.

Für stetiges Y erhält man die Verteilungsfunktion von $g(Y)$, wenn man die Transformationsregel für Integrale benutzt[6], um die Dichtefunktion von $g(Y)$ zu bestimmen. Dazu benötigen wir die sogenannte *Jacobi-Matrix*[7].

Seien g und g^{-1} differenzierbar, dann heißt die Matrix gebildet aus den par-

[6] Vgl. z.B. Barner/Flohr, 1983: Analysis II, S. 311 ff.
[7] Jacobi, Karl Gustav Jacob, 1804-1851, dt. Mathematiker.

tiellen Ableitungen an der Stelle x Jacobi-Matrix von g in x

$$g'(x) = \begin{pmatrix} \frac{\partial g_1(x)}{\partial x_1} & \cdots & \frac{\partial g_1(x)}{\partial x_n} \\ \vdots & \ddots & \vdots \\ \frac{\partial g_n(x)}{\partial x_1} & \cdots & \frac{\partial g_n(x)}{\partial x_n} \end{pmatrix}, \tag{71}$$

wobei $g(x) = (g_1(x), \ldots, g_n(x))$ sei.
Für die Jacobi-Matrix von g^{-1} gilt dann

$$(g^{-1})'(y) = (g'(g^{-1}(y)))^{-1}, \tag{72}$$

d.h. die Jacobimatrix von g^{-1} an der Stelle y ist die Inverse der Jacobi-Matrix von g an der Stelle $g^{-1}(y)$.

Damit gilt für die Verteilungsfunktion von $g(Y)$ an der Stelle $\alpha = (\alpha_1, \ldots, \alpha_n)$

$$\begin{aligned} F_{g(Y)}(\alpha) &= \int_{-\infty}^{\alpha_n} \cdots \int_{-\infty}^{\alpha_1} f_{g(Y)}(y) dy_1 \ldots dy_n \\ &= \int \cdots \int_{t:g(t)\leq\alpha} f_Y(t_1, \ldots, t_n) dt_1 \ldots dt_n, \end{aligned} \tag{73}$$

und nach der Transformationsregel für Integrale erhält man: [8]

$$\int \cdots \int_{t:g(t)\leq\alpha} f_Y(t_1, \ldots, t_n) dt_1 \ldots dt_n$$

$$= \int_{-\infty}^{\alpha_n} \cdots \int_{-\infty}^{\alpha_1} f_Y(g^{-1}(y)) \mid det((g^{-1})'(y)) \mid dy_1 \ldots dy_n \tag{74}$$

Daraus folgt:

$$\begin{aligned} f_{g(Y)} &= f_Y(g^{-1}(y)) \mid det((g^{-1})'(y)) \mid \\ &= f_Y(g^{-1}(y)) \frac{1}{|det(g'(g^{-1}(y)))|} . \end{aligned} \tag{75}$$

Dies läßt sich noch verallgemeinern, in dem man Ausnahmen für solche Bereiche des $\mathbf{R}^n$ zuläßt, die von der Zufallsvariablen Y nicht mit positiver Wahrscheinlichkeit getroffen werden.

[8] Zu einer $n \times n$ Matrix M sei $det(M)$ die Determinante von M.

Damit erhält man

13.8.1 Satz

Sei $Y = (Y_1, \ldots, Y_n)$ eine stetige n-dimensionale Zufallsvariable mit Dichte f_Y. $D, B \subseteq \mathbb{R}^n$ mit $P(Y \in D) = 1$ und $g : D \to B$ umkehrbar mit Umkehrfunktion $g^{-1} : B \to D$, derart daß g und g^{-1} auf D bzw. B differenzierbar sind [9]. Dann ist

$$f_{g(Y)}(y) = \begin{cases} f_Y(g^{-1}(y)) \frac{1}{|det(g'(g^{-1}(y)))|} & \text{für } y \in B \\ 0 & \text{für } y \notin B \end{cases} \tag{76}$$

Dichtefunktion der transformierten Zufallsvariablen g(Y).

13.8.2 Beispiel

Seien $Y_1, \ldots, Y_n$ unabhängig und standardnormalverteilt. Dann ist

$$\begin{aligned} f_Y(y_1, \ldots, y_n) &= \prod_{i=1}^{n} f_{Y_i}(y_i) \\ &= \prod_{i=1}^{n} \frac{1}{\sqrt{2\pi}} e^{-\frac{y_i^2}{2}} \\ &= \frac{1}{(2\pi)^{\frac{n}{2}}} e^{-\frac{1}{2}\sum_{i=1}^{n} y_i^2} \\ &= \frac{1}{(2\pi)^{\frac{n}{2}}} e^{-\frac{1}{2} y \cdot y^t}, \end{aligned} \tag{77}$$

wobei mit y^t der Spaltenvektor zu y bezeichnet sei, so daß $x \cdot y^t = \sum_{i=1}^{n} x_i y_i$ das Skalarprodukt der Vektoren x und y ergibt.

Sei $y^t = g(x) = Ax^t + b^t$ eine lineare Transformation mit der $n \times n$-Matrix A, deren Inverse A^{-1} existiert. Dann ist $x^t = g^{-1}(y^t) = A^{-1}(y^t - b^t)$, und es gilt ($x = (y - b)(A^{-1})^t$):

$$f_{g(Y)}(y) = f_Y(g^{-1}(y)) \frac{1}{det(g'(g^{-1}(y)))}$$

[9] D wird insbesondere eben so festgelegt, daß Stellen x, an denen g (bzw g^{-1} in $g(x)$) nicht differenzierbar ist, außerhalb liegen.

$$= \frac{1}{(2\pi)^{\frac{n}{2}}} \cdot \frac{1}{det(A)} \cdot e^{-\frac{1}{2}(y-b)(A^{-1})^t A^{-1}(y^t-b^t)} \tag{78}$$
$$= \frac{1}{(2\pi)^{\frac{n}{2}}} \cdot \frac{1}{\sqrt{det AA^t}} e^{-\frac{1}{2}(y-b)(AA^t)^{-1}(y^t-b^t)} .$$

AA^t ist eine symmetrische, positiv definite Matrix. Man kann zeigen, daß $\Sigma := AA^t$ die Kovarianzmatrix von $g(y)$ ist. Damit ist

$$f_{g(Y)}(y) = \frac{1}{\sqrt{(2\pi)^n det\Sigma}} e^{-\frac{1}{2}(y-b)\Sigma^{-1}(y^t-b^t)} . \tag{79}$$

Eine Zufallsvariable $X = (X_1, \ldots, X_n)$ heißt *n-dimensional normalverteilt*, wenn ihre Dichtefunktion von diesem Typ ist, d.h. also wenn X durch lineare Transformation aus $Y = (Y_1, \ldots, Y_n)$, $Y_1, \ldots, Y_n$ unabhängig und standardnormalverteilt, hervorgegangen ist.

Der Transformationssatz für Dichten läßt sich auch auf andere Weise anwenden. Sei nämlich $h : \mathbf{R}^n \to \mathbf{R}$ eine reellwertige – also skalare – Funktion und die Verteilung von $h(Y_1, \ldots, Y_n)$ gesucht. Häufig ist

$$g(x_1, \ldots, x_n) = (h(x_1, \ldots, x_n), x_2, \ldots, x_n) \tag{80}$$

invertierbar, und man kann mit Hilfe des Transformationssatzes die Dichte von $g(Y_1, \ldots, Y_n)$ berechnen. Die Randichte der ersten Komponente von $g(Y)$ ist dann die Dichte von $h(Y_1, \ldots, Y_n)$.

13.8.3 Beispiele

1. Sei $h(x_1, x_2) = \begin{cases} \frac{x_2}{x_1} & \text{für } x_1 \neq 0 \\ 0 & \text{sonst} \end{cases}$

   Dann ist $g(x_1, x_2) = (\frac{x_2}{x_1}, x_2)$ für $x_1 \neq 0$ invertierbar mit $g^{-1}(y) = (\frac{y_2}{y_1}, y_2)$ für $y_1 \neq 0$. Es ist

$$g'(x_1, x_2) = \begin{pmatrix} -\frac{x_2}{x_1^2} & \frac{1}{x_1} \\ 0 & 1 \end{pmatrix} \tag{81}$$

   und $det(g'(x_1, x_2)) = -\frac{x_2}{x_1^2}$.
   Mit $x_1 = \frac{y_2}{y_1}, x_2 = y_2$ wird daraus

$$det(g'(g^{-1}(y_1, y_2))) = -\frac{y_2}{\frac{y_2^2}{y_1^2}} = -\frac{y_1^2}{y_2}. \tag{82}$$

Damit ist bei einer zweidimensionalen Zufallsvariablen $Y = (Y_1, Y_2)$ für $y_1, y_2 \neq 0$:

$$f_{g(Y_1,Y_2)}(y_1, y_2) = f_Y(g^{-1}(y_1, y_2)) \cdot \frac{1}{|\frac{y_1^2}{y_2}|}$$
$$= f_Y(\frac{y_2}{y_1}, y_2) \cdot \frac{|y_2|}{y_1^2}. \quad (83)$$

Randichte der ersten Komponente ist dann

$$f_{\frac{Y_2}{Y_1}}(z) = \int_{-\infty}^{+\infty} f_{g(Y_1,Y_2)}(z, y_2)dy_2 = \int_{-\infty}^{+\infty} f_Y(\frac{y_2}{z}, y_2)\frac{|y_2|}{z^2}dy_2 \quad (84)$$

und mit $y_2 = z \cdot x$

$$f_{\frac{Y_2}{Y_1}}(z) = \int_{-\infty}^{+\infty} f_Y(x, z \cdot x)|x|dx. \quad (85)$$

Sind beispielsweise Y_1 und Y_2 unabhängig und identisch gleichverteilt auf [0, 1]:

$$f_{(Y_1,Y_2)}(x_1, x_2) = \begin{cases} 1 & \text{für } 0 < x_1, x_2 < 1 \\ 0 & \text{sonst.} \end{cases} \quad (86)$$

Damit ist

$$f_{\frac{Y_2}{Y_1}}(z) = \int_{-\infty}^{+\infty} f_Y(x, zx)|x|dx$$
$$= \begin{cases} 0 & \text{für } z \leq 0 \\ \int_0^1 xdx & \text{für } 0 < z \leq 1 \\ \int_0^{\frac{1}{z}} xdx & \text{für } 1 < z \end{cases} \quad (87)$$
$$= \begin{cases} 0 & \text{für } z \leq 0 \\ \frac{1}{2} & \text{für } 0 < z \leq 1 \\ \frac{1}{2z^2} & \text{für } 1 < z \end{cases}$$

2. Y_1 und Y_2 seien unabhängig und λ-exponentialverteilt,

$$h(x_1, x_2) = \frac{x_1}{x_1 + x_2} \text{ für } x_1, x_2 > 0 \quad (88)$$

Dann ist

$$g(x_1, x_2) = (\frac{x_1}{x_1 + x_2}, x_2) \tag{89}$$

invertierbar mit

$$g^{-1}(y_1, y_2) = (\frac{y_1 y_2}{1 - y_1}, y_2) \text{ für } 0 < y_1 < 1 \tag{90}$$

und

$$(g^{-1})'(y_1, y_2) = \begin{pmatrix} \frac{y_2}{(1-y_1)^2} & \frac{y_1}{1-y_1} \\ 0 & 1 \end{pmatrix} \tag{91}$$

mit

$$det((g^{-1})'(y_1, y_2)) = \frac{y_2}{(1 - y_1)^2}. \tag{92}$$

Gemeinsame Dichte von Y_1 und Y_2 ist

$$f_{(Y_1,Y_2)}(x_1, x_2) = \begin{cases} \lambda^2 e^{-\lambda(x_1+x_2)} & \text{für } x_1, x_2 > 0 \\ 0 & \text{sonst} \end{cases} \tag{93}$$

Folglich ist

$$f_{g(Y)}(y_1, y_2) = \begin{cases} \lambda^2 e^{-\lambda(\frac{y_1 y_2}{1-y_1}+y_2)} \cdot \frac{y_2}{(1-y_1)^2} & \text{für} \quad 0 < y_1 < 1, 0 < y_2 \\ 0 & \text{sonst} \end{cases} \tag{94}$$

und

$$f_{\frac{Y_1}{Y_1+Y_2}}(z) = \begin{cases} \int\limits_{-\infty}^{+\infty} \lambda^2 e^{-\frac{\lambda}{1-z}y_2} \frac{y_2}{(1-z)^2} dy_2 & \text{für} \quad 0 < z < 1 \\ 0 & \text{sonst} \end{cases} \tag{95}$$

$$\begin{aligned} \int\limits_{-\infty}^{+\infty} \lambda^2 e^{-\frac{\lambda}{1-z}y_2} \frac{y_2}{(1-z)^2} dy_2 &= \frac{\lambda}{1-z} \cdot \int\limits_0^{\infty} y_2 \frac{\lambda}{1-z} e^{-\frac{\lambda}{1-z}y_2} dy_2 \\ &= \frac{\lambda}{1-z} \cdot \frac{1}{\frac{\lambda}{1-z}} = 1, \end{aligned} \tag{96}$$

da das letzte Integral gerade der Erwartungswert einer exponentialverteilten Zufallsvariablen mit Parameter $\frac{\lambda}{1-z}$ ist.

$\frac{Y_1}{Y_1+Y_2}$ ist also gleichverteilt auf $[0, 1]$.

Übungsaufgaben zu § 13

1. (a) X und Y seien unabhängige Zufallsvariablen, die beide poissonverteilt sind mit Parameter λ_1 bzw. λ_2. Man bestimme die Wahrscheinlichkeitsverteilung von $X + Y$.

   (b) Mit Hilfe von (a) zeige man mit vollständiger Induktion, daß die Summe von n unabhängigen Zufallsvariablen, poissonverteilt mit Parameter λ, ebenfalls poissonverteilt ist mit Parameter $n\lambda$.

2. Die Lebensdauer eines elektronischen Bauteils sei gleichverteilt auf dem Intervall [20,120]. Die Lebensdauer eines 2. Bauteils ist exponentialverteilt mit Parameter $\lambda = \frac{1}{50}$.

   (a) Bestimmen Sie die Lebensdauerverteilung des aus beiden Bauteilen bestehenden Parallelsystems, wenn die Lebensdauern der einzelnen Bauteile voneinander unabhängig sind.

   (b) Bestimmen Sie die Lebensdauerverteilung des aus beiden Bauteilen bestehenden Reihensystems, wenn die Lebensdauern der einzelnen Bauteile voneinander unabhängig sind.

   (c) Bestimmen Sie die Wahrscheinlichkeiten, daß das Parallel- bzw. das Reihensystem den Zeitpunkt $t = 80$ überlebt.

3. Sei G_1 eine gleichverteilte und G_2 eine exponentialverteilte Zufallsvariable. Bestimmen Sie die Dichtefunktion der Zufallsvariablen $G_1 + G_2$ unter der Voraussetzung, daß G_1 und G_2 unabhängig sind.

14 Grenzwertsätze

Gesetz der großen Zahlen

Die mathematische Theorie über die Gesetzmäßigkeiten von Zufallsexperimenten, die hier als Wahrscheinlichkeitstheorie bezeichnet wird, kann nur dann für praktische Anwendungen herangezogen werden, wenn sich aus ihr die in der Realität beobachteten Sachverhalte herleiten lassen. So erwartet man, daß bei häufiger unabhängiger Wiederholung eines Experiments die relative Häufigkeit eines bestimmten Ereignisses näherungsweise mit der Wahrscheinlichkeit dieses Ereignisses übereinstimmt und daß eine evtl. vorhandene Abweichung mit wachsender Anzahl von Wiederholungen immer kleiner wird. Betrachtet man z.B. beim Würfeln mit einem Würfel nach 1000 Würfen die relative Häufigkeit der einzelnen Augenzahlen, so ist zu erwarten, daß diese für jede Augenzahl etwa $\frac{1}{6}$ ist. Auch bei einer Stichprobe mit Zurücklegen zur Feststellung des Ausschußanteils einer Partie wird man mit zunehmendem Stichprobenumfang erwarten, daß der Ausschußanteil der Stichprobe mit dem der Partie nahezu übereinstimmt.

Bildet man diesen empirischen Sachverhalt im Rahmen des Modells - also wahrscheinlichkeitstheoretisch - nach, so sollte ein analoges Ergebnis nachweisbar sein. Wir verwenden also die Konstruktion der n-fachen unabhängigen Wiederholung eines Experimentes und vergleichen die sich dabei ergebende relative Häufigkeit eines Ereignisses mit der Wahrscheinlichkeit eben dieses Ereignisses bei dem Experiment, das wir wiederholen.

Sei $(\Omega, A(\Omega), P)$ ein Wahrscheinlichkeitsraum, $A \in A(\Omega)$ ein Ereignis in Ω. Sei $1_A : (\Omega, A(\Omega), P) \to \mathbf{R}$ die Zufallsvariable[1] definiert durch :

$$1_A(\omega) = \begin{cases} 1 & \omega \in A \\ 0 & \omega \notin A \end{cases} \tag{1}$$

Entnimmt man nun zufällig ein Element aus Ω , so gehört dieses mit Wahrscheinlichkeit

$$p := P(A) = P(1_A = 1) \tag{2}$$

zum Ereignis A.

Sei $Y = (Y_1, \ldots, Y_n)$ die Zufallsvariable, die sich bei n-facher unabhängiger Wiederholung von 1_A ergibt, also eine Stichprobe mit Zurücklegen zu 1_A, so ist die relative Häufigkeit des Ereignisses A gegeben durch die Zufallsvariable $\overline{Y} := \frac{1}{n}\sum_{i=1}^{n} Y_i$, wobei $Y_1, \ldots, Y_n$ unabhängig und identisch verteilt sind wie

[1] 1_A wird auch als *Indikatorfunktion* zu A bezeichnet.

1_A, da $\sum Y_i$ gerade die Häufigkeit des Eintretens von A angibt. ($Y_i = 1 \Longleftrightarrow$ Ereignis A wird bei der i-ten Wiederholung beobachtet). Sei

$$P_A^{(n)} := \overline{Y} = \frac{1}{n}\sum_{i=1}^{n} Y_i. \tag{3}$$

Da $P_A^{(n)}$ für jedes n eine Zufallsvariable ist, können wir nicht einfach einen Grenzwert von $P_A^{(n)}$ berechnen. Außerdem ist es natürlich bei der Konstruktion der n-fachen Wiederholung möglich, daß wir bei jeder Wiederholung dieselbe Durchführung ω erhalten, der Vektor $(\omega_1, \ldots, \omega_n)$ der n-fachen Durchführung also aus den Komponenten ω besteht, d.h. $\omega_1 = \ldots = \omega_n = \omega$. Damit ist dann die relative Häufigkeit 0 oder 1. Theoretisch sind also diese Extremfälle möglich. Der empirischen Beobachtung nach müßten sie aber dann sehr unwahrscheinlich sein. Behauptung ist nun, daß diese relative Häufigkeit mit großer Wahrscheinlichkeit in der Nähe von p liegt, also

$$P^{(n)}(|\frac{1}{n}\sum_{i=1}^{n} Y_i - p| < \varepsilon) \approx 1, \tag{4}$$

wobei $P^{(n)}$ das Wahrscheinlichkeitsmaß bei n-facher unabhängiger Wiederholung ist.

Zur Überprüfung dieser Behauptung beweisen wir als Hilfssatz zunächst die Tschebyscheffsche Ungleichung.

14.1 Hilfssatz : Tschebyscheffsche Ungleichung[2]

Sei X eine eindimensionale Zufallsvariable mit Erwartungswert $E(X)$ und Varianz $Var(X)$. Dann gilt für alle $c > 0$

$$P(|X - E(X)| \geq c) \leq \frac{Var(X)}{c^2} \tag{5}$$

Beweis:

Sei Z die Zufallsvariable definiert durch

$$Z(\omega) = \begin{cases} c^2 & |X(\omega) - E(X)| \geq c \\ 0 & \text{sonst} \end{cases} \tag{6}$$

[2]Tschebyscheff, Pafnutij, 1821-1894, russ. Mathematiker.

Dann ist wegen $c > 0$

$$Z(\omega) \leq (X(\omega) - E(X))^2 \text{ für alle } \omega \in \Omega. \tag{7}$$

Also ist

$$E(Z) \leq E[(X - E(X))^2] = Var(X). \tag{8}$$

Andererseits ist

$$\begin{aligned} E(Z) &= c^2 P(Z = c^2) + 0P(Z = 0) \\ &= c^2 P(|X - E(X)| \geq c), \end{aligned} \tag{9}$$

so daß

$$P(|X - E(X)| \geq c) \leq \frac{Var(X)}{c^2} \tag{10}$$

folgt.

Wenden wir die Tschebyscheffsche Ungleichung auf die Ausgangssituation an. Bekanntlich ist

$$E(\frac{1}{n}\sum_{i=1}^{n} Y_i) = \frac{1}{n}\sum_{i=1}^{n} E(Y_i) = p \tag{11}$$

und damit

$$\begin{aligned} P^{(n)}(|\frac{1}{n}\sum_{i=1}^{n} Y_i - p| \geq \varepsilon) &\leq \frac{Var(\frac{1}{n}\sum_{i=1}^{n} Y_i)}{\varepsilon^2} \\ &= \frac{\sum_{i=1}^{n} Var(Y_i)}{n^2\varepsilon^2} \\ &= \frac{Var(1_A)}{n \cdot \varepsilon^2}. \end{aligned} \tag{12}$$

Der rechte Ausdruck geht für $n \to \infty$ gegen 0. Damit ist der folgende Satz bewiesen.

14.2 Satz : „Bernoullis Gesetz der großen Zahlen“

Sei $(\Omega, A(\Omega), P)$ ein Wahrscheinlichkeitsraum und $A \in A(\Omega)$ ein Ereignis. Sei $1_A : (\Omega, A(\Omega), P) \to \{0,1\}$ die Indikatorfunktion von A, $Y^{(n)}$ die n-fache unabhängige Wiederholung von 1_A, $P^{(n)}$ das Wahrscheinlichkeitsmaß der n-ten Potenz von $(\Omega, A(\Omega), P)$, so gilt für alle $\varepsilon > 0$

$$\lim_{n\to\infty} P^{(n)}(|\frac{1}{n}\sum_{i=1}^{n} Y^{(n)} - P(A)| < \varepsilon) = 1. \tag{13}$$

Bemerkung:

Die n-fache unabhängige Wiederholung eines Experiments kann man als den Abschnitt der ersten n Wiederholungen aus einer unendlichen Folge von Wiederholungen betrachten. Formal ergibt sich dies folgendermaßen : Analog zur n-fachen Wiederholung bilden wir zum Wahrscheinlichkeitsraum $(\Omega, A(\Omega), P)$ die abzählbar unendliche Potenz. Es sei

$\Omega^{\mathrm{N}} = \{(\omega_i)_{i \in \mathrm{N}} | \omega_i \in \Omega\}$ Menge aller Folgen in Ω,

$A(\Omega)^{(\mathrm{N})}$ die σ-Algebra, die von allen Mengen der Form $\prod_{i=1}^{n} A_i = A_1 \times A_2 \times A_3 \times \ldots$ mit $A_i \in \Omega$ erzeugt wird,

$P^{(\mathrm{N})}$ das eindeutig bestimmte Wahrscheinlichkeitsmaß mit $P^{(\mathrm{N})}(\prod_{i=1}^{\infty} A_i) = \prod_{i=1}^{\infty} P(A_i)$ für alle $A_i \in \Omega$ für $i \in \mathbb{N}$.

Sei $X : (\Omega, A(\Omega), P) \to \mathbb{R}$ eine Zufallsvariable und $X^{(n)} : (\Omega^{(n)}, A(\Omega)^{(n)}, P^{(n)}) \to \mathbb{R}^n$ die n-fache unabhängige Wiederholung. Der Abschnitt der ersten n Wiederholungen ergibt sich nun folgendermaßen:

Sei $\omega = (\omega_1, \omega_2, \omega_3, \ldots)$ Folge in Ω, so ist $X^\infty : \Omega^{\mathrm{N}} \to \mathbb{R}^{\mathrm{N}}$

$$X^\infty(\omega) = (g(\omega_1), g(\omega_2), \ldots) \tag{14}$$

die Zufallsvariable der abzählbar unendlichen Wiederholung von X.

Verwendet man nur den Abschnitt der ersten n Wiederholungen, so erhält man

$$X^{\infty,n}(\omega) = (X(\omega_1), \ldots, X_n(\omega_n)). \tag{15}$$

Vergleicht man die Wahrscheinlichkeitsverteilungen von $X^{(n)}$ und $X^{\infty,n}$, so erhält man für die Verteilungsfunktionen

$$F_{X^{(n)}}(\alpha_1, \ldots, \alpha_n) = \prod_{i=1}^{n} F_X(\alpha_i) \tag{16}$$

und

$$\begin{aligned} F_{X^{\infty,n}}(\alpha_1, \ldots, \alpha_n) &= P(X_i^{\infty,n} \leq \alpha_i,\ i = 1, \ldots, n) \\ &= P(X_i^\infty \leq \alpha_i,\ i = 1, \ldots, n,\ X_i^\infty \leq \infty\ i = n+1, \ldots) \\ &= \prod_{i=1}^{n} P(X_i^\infty \leq \alpha_i) \prod_{i=n+1}^{\infty} P(X_i^\infty \leq \infty) \end{aligned} \tag{17}$$

$$= \prod_{i=1}^{n} P(X \le \alpha_i)$$
$$= \prod_{i=1}^{n} F_X(\alpha_i),$$

d.h. $X^{(n)}$ und $X^{\infty,n}$ haben dieselbe Verteilungsfunktion und damit dieselbe Wahrscheinlichkeitsverteilung.

Damit kann man anstelle von $X^{(n)}$ die Zufallsvariablen $X^{\infty,n}$ betrachten. Dies hat den Vorteil, daß sie alle auf demselben Wahrscheinlichkeitsraum definiert sind. Die Aussage des obigen Satzes entspricht damit einem Konvergenzverhalten von Wahrscheinlichkeiten, man spricht daher kürzer von stochastischer Konvergenz.

14.3 Definition

Seien $X_k, X_0 : (\Omega, A(\Omega), P) \to \mathbb{R}$, $k = 1, 2, 3, \ldots$ Zufallsvariablen. Man sagt, die Folge (X_k) *konvergiert stochastisch* gegen X_0, wenn für alle $\varepsilon > 0$

$$\lim_{n\to\infty} P(|X_n - X_0| \ge \varepsilon) = 0 \qquad (18)$$

ist. Als Schreibweise verwenden wir

$$X_0 = p \lim_{k\to\infty} X_k. \qquad (19)$$

Sei jetzt (Y_k) eine Folge von unabhängigen Zufallsvariablen

$$Y_k : (\Omega, A(\Omega), P) \to \mathbb{R}$$

mit übereinstimmendem Erwartungswert μ und übereinstimmender Varianz σ^2. Für die Zufallsvariable

$$\overline{Y}^{(n)} := \frac{1}{n}\sum_{i=1}^{n} Y_i \qquad (20)$$

gilt dann

$$E(\overline{Y}^{(n)}) = E(\frac{1}{n}\sum_{i=1}^{n} Y_i) = \frac{1}{n}\sum_{i=1}^{n} E(Y_i) = \mu \qquad (21)$$

und

$$Var(\overline{Y}^{(n)}) = Var(\frac{1}{n}\sum_{i=1}^{n} Y_i) = \frac{1}{n^2}\sum_{i=1}^{n} Var(Y_i) = \frac{\sigma^2}{n}. \qquad (22)$$

Nach der Tschebyscheffschen Ungleichung ist mit $\varepsilon > 0$

$$P^{(n)}(|\overline{Y}^{(n)} - \mu| \geq \varepsilon) \leq \frac{Var(\overline{Y}^{(n)})}{\varepsilon^2} = \frac{\sigma^2}{n \cdot \varepsilon}, \tag{23}$$

und für $n \to \infty$ geht dieser Ausdruck gegen 0. Es liegt also stochastische Konvergenz vor.

14.4 Satz: Schwaches Gesetz der großen Zahlen

Sei (Y_k) eine Folge von unabhängigen Zufallsvariablen $Y_k : (\Omega, A(\Omega), P) \to \mathbf{R}$ mit übereinstimmendem Erwartungswert μ und übereinstimmender Varianz σ^2, dann konvergiert $\overline{Y}^{(n)}$ mit $\overline{Y}^{(n)} = \frac{1}{n} \sum_{k=1}^{n} Y_k$ stochastisch gegen $X_0 : (\Omega, A(\Omega), P)$ mit $X_0(\omega) = \mu$ für alle $\omega \in \Omega$.

An diesem Satz läßt sich verdeutlichen, daß stochastische Konvergenz und punktweise Konvergenz, wie wir sie von Funktionen kennen, verschiedene Dinge sind.

Punktweise Konvergenz ist ja bekanntlich wie folgt definiert:

14.5 Definition

(X_k) sei eine Folge von Funktionen $X_k : \Omega \to \mathbf{R}, k = 1, 2, 3 \ldots, X_0 : \Omega \to \mathbf{R}$. (X_k) *konvergiert punktweise* gegen X_0, wenn für jedes $\omega \in \Omega$

$$\lim_{k \to \infty} X_k(\omega) = X_0(\omega) \tag{24}$$

gilt.

Sei $X : (\Omega, A(\Omega), P) \to \mathbf{R}$ eine Zufallsvariable mit Erwartungswert μ und Varianz σ^2 und $X^\infty : (\Omega^{\mathbf{N}}, A(\Omega)^{\mathbf{N}}, P^{\mathbf{N}}) \to \mathbf{R}^{\mathbf{N}}$ sei die abzählbar unendliche unabhängige Wiederholung zu X,

$$\overline{X}^{(n)} = \frac{1}{n} \sum_{i=1}^{n} X_i^\infty \tag{25}$$

das arithmetische Mittel der ersten n Versuche, dann gilt nach dem Schwachen Gesetz der großen Zahlen

$$p \lim_{n \to \infty} \overline{X}^{(n)} = X_0 \tag{26}$$

mit $X_0(\omega) = \mu$ für alle $\omega \in \Omega$.

Dies entspricht – wie schon erläutert – dem empirischen Sachverhalt, daß die relative Häufigkeit eines Ereignisses bei einer großen Anzahl von Versuchen mit einer großen Sicherheit mit der Wahrscheinlichkeit des Ereignisses übereinstimmt, bzw. allgemeiner arithmetisches Mittel und Erwartunswert mit entsprechender Sicherheit kaum voneinander abweichen. Andererseits ist aber bei dieser Darstellung der abzählbar unendlichen Wiederholung nicht ausgeschlossen – aber eben sehr sehr selten –, daß jedesmal dasselbe Ergebnis erscheint. Es ist wie beim Würfeln: Es ist nicht unmöglich, daß wir immer dieselbe Augenzahl erhalten und damit die relative Häufigkeit dieses Ereignisses 1 ist und bei jedem weiteren Wurf, der eben diese Augenzahl bringt, 1 bleibt, also die relative Häufigkeit dieser Augenzahl nicht gegen die Wahrscheinlichkeit $\frac{1}{6}$ konvergiert. Aber es ist sehr unwahrscheinlich. Wir haben also keine punktweise Konvergenz, sondern „nur" stochastische Konvergenz in obigem Sinn.

Formal fassen läßt sich dies wie folgt:

Sei $X : (\Omega, A(\Omega), P) \to \mathbb{R}$ eine Zufallsvariable und $X^\infty : (\Omega^{\mathbb{N}}, A(\Omega)^{\mathbb{N}}, P^{\mathbb{N}}) \to \mathbb{R}^{\mathbb{N}}$ die zugehörige abzählbar unendlich unabhängige Wiederholung von X. Dann ist für jedes $\omega \in \Omega$ auch die konstante Folge $\overset{\infty}{\omega} = (\omega, \omega, \omega, \ldots)$ Element von $\Omega^{\mathbb{N}}$, so daß bei geeigneter Wahl von ω

$$\begin{aligned} \lim_{n\to\infty} \overline{X}^{(n)}(\overset{\infty}{\omega}) &= \lim_{n\to\infty} \frac{1}{n} \sum_{i=1}^{n} X_i^\infty(\overset{\infty}{\omega}) \\ &= \lim_{n\to\infty} \frac{1}{n} \sum_{i=1}^{n} X(\overset{\infty}{\omega}_i) \qquad (27) \\ &= \lim_{n\to\infty} \frac{1}{n} \sum_{i=1}^{n} X(\omega) \\ &= X(\omega) \end{aligned}$$

(In unserem Beispiel ist etwa ω die Augenzahl 6 und $X(\omega') = 1$ für $\omega' = 6$ und $X(\omega') = 0$ sonst. Damit ist dann $\overline{X}^{(n)}$ die relative Häufigkeit der Augenzahl 6 nach n Versuchen.)

Wählt man ω so, daß $X(\omega) \neq \mu$ gilt, so folgt

$$\lim_{n\to\infty} \overline{X}^{(n)}(\overset{\infty}{\omega}) = X(\omega) \neq \mu. \qquad (28)$$

Es liegt also keine punktweise Konvergenz vor.

Ist aber A irgendein Ereignis in Ω (also z.B. das Werfen der Augenzahl 6) mit

$P(A) \neq 1$, so ist die Wahrscheinlichkeit, daß bei unendlich vielen unabhängigen Versuchen jedesmal das Ereignis A eintritt:

$$P^{\mathrm{N}}(A^{\mathrm{N}}) = \prod_{i=1}^{\infty} P(A) = \lim_{n\to\infty} (P(A))^n = 0, \tag{29}$$

wobei $A^{\mathrm{N}} = A \times A \times A \times \ldots$ sei.

Dies bedeutet, daß die Wahrscheinlichkeit, immer eine sechs zu werfen, 0 ist. Ebenso kommt auch das gewählte Beispiel, das zeigt, daß die Konvergenz nicht punktweise ist, nur mit Wahrscheinlichkeit 0 vor. Ereignisse mit Wahrscheinlichkeit 0 sind aus der Sicht des Zufalls ohne Bedeutung, so daß man als Abschwächung der punktweisen Konvergenz die „fast sichere" punktweise Konvergenz einführt.

14.6 Definition

Sei (X_n) eine Folge von Zufallsvariablen. Man sagt: X_n *konvergiert fast sicher punktweise gegen die Zufallsvariable* X_0, falls

$$P(\{\omega | \lim_{n\to\infty} X_n(\omega) = X_0(\omega)\}) = 1 \tag{30}$$

ist.

Wir erhalten also folgende Arten von Konvergenz bei Zufallsvariablen:

- punktweise Konvergenz
- fast sicher punktweise Konvergenz
- stochastische Konvergenz

Dabei impliziert die erste die zweite und die zweite die dritte Art.

14.7 Satz

Seien $X_k, X_0 : (\Omega, A(\Omega), P) \to \mathbb{R}$ für $k \in \mathbb{N}$ Zufallsvariablen. Falls (X_k) fast sicher punktweise gegen X_0 konvergiert, konvergiert (X_k) stochastisch gegen X_0.

Beweis:

Sei $\varepsilon > 0$ vorgegeben und $B_{k,\varepsilon} := \{\omega \in \Omega \mid \quad |X_n(\omega) - X_0(\omega)| < \varepsilon$ für alle $n > k\}$.

Sei $A \in A(\Omega)$ mit $P(A) = 0$ und $\lim X_k(\omega) = X_0(\omega)$ für alle $\omega \in \Omega \backslash A$.

Für jedes $\omega \in \Omega \backslash A$ existiert ein $n_0(\varepsilon, \omega)$ mit

$$|X_k(\omega) - X_0(\omega)| < \varepsilon \text{ für alle } k > n_0(\varepsilon, \omega), \tag{31}$$

also gilt

$$\omega \in B_{n_0(\varepsilon,\omega),\varepsilon} \tag{32}$$

und damit

$$\Omega \backslash A \subset \bigcup_{k \in \mathbf{N}} B_{k,\varepsilon} =: B \text{ und } P(B) = 1. \tag{33}$$

Ferner ist $B_{k+1,\varepsilon} \supset B_{k,\varepsilon}$ für alle k, so daß

$$P(B_{k,\varepsilon}) \tag{34}$$

eine monoton wachsende Folge ist.

Daraus folgt mit $P(B) = 1$

$$\lim_{k \to \infty} P(B_{k,\varepsilon}) = 1. \tag{35}$$

Andererseits ist $B_{k,\varepsilon} \subseteq \{\omega \mid \quad |X_k(\omega) - X_0(\omega)| < \varepsilon\}$, und man erhält

$$P(B_{k,\varepsilon}) \leq P(|X_k - X_0| < \varepsilon) \leq 1, \tag{36}$$

sowie

$$\lim P(B_{k,\varepsilon}) = 1. \tag{37}$$

Daraus folgt

$$\lim_{k \to \infty} P(|X_k - X_0| < \varepsilon) = 1, \tag{38}$$

also die stochastische Konvergenz.

Hauptsatz der Statistik

Ein anderer empirischer Sachverhalt ist, daß die empirische Verteilungsfunktion und die theoretische Verteilungsfunktion mit der Anzahl der Versuche immer ähnlicher werden.

Wenn wir beispielsweise davon ausgehen, daß die abgefüllte Quantitiät bei einer automatischen Abfüllanlage normalverteilt ist mit Erwartungswert μ und Varianz σ^2, so hat die Verteilungsfunktion also folgenden Verlauf:

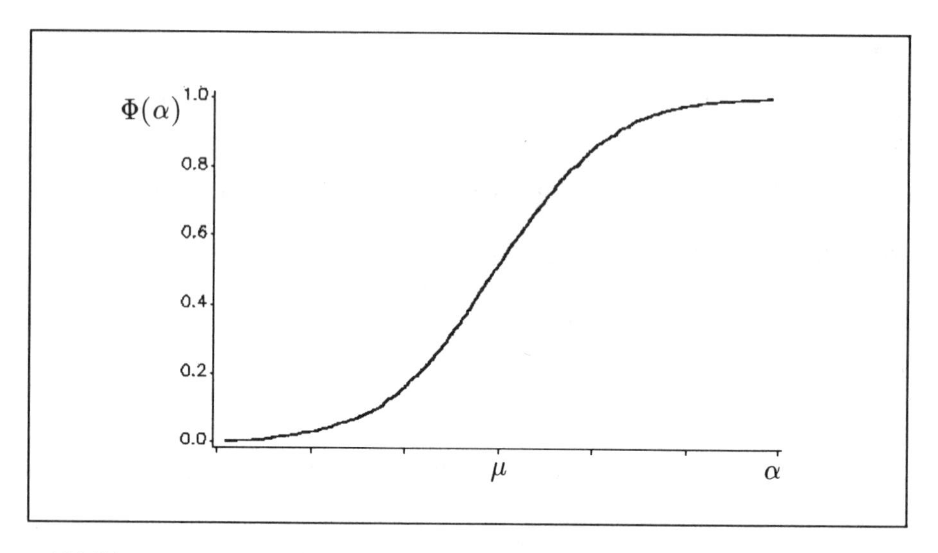

Abbildung 14.1: Verteilungsfunktion der Quantität einer Abfüllanlage, die normalverteilt ist mit Erwartungswert μ und Varianz σ^2.

Wir erwarten dann, daß die empirische Verteilungsfunktion nach n Versuchen für großes n kaum noch davon abweicht, obwohl die empirische Verteilungsfunktion den typischen Verlauf mit Treppenstufen aufweist.

Die empirische Verteiungsfunktion nach n Versuchen ist gegeben durch

$$F^{emp,n}(\alpha) = \frac{1}{n}\#\{i = 1,\ldots,n : x_i \leq \alpha\}, \tag{39}$$

wobei $x_1, \ldots, x_n$ die Versuchsergebnisse bezeichnen.

Zu einer Folge $(\omega_1, \omega_2, \ldots) = (\omega_i)_{i=1,2,3,\ldots}$ von Durchführungen des Versuchs wird also für gegebenes n festgestellt, wieviele der Versuchsergebnisse $X(\omega_1) = X_1((\omega_i)_{i=1,2,3,\ldots}), X(\omega_2) = X_2((\omega_i)_{i=1,2,3,\ldots}), \ldots, X(\omega_n) = X_n((\omega_i)_{i=1,2,3,\ldots})$ den Wert α nicht überschreiten und dann die relative Häufigkeit gebildet. Damit ist diese relative Häufigkeit von der Zufälligkeit des Ablaufs der Versuche abhängig, also eine Zufallsvariable. Diese Zufallsvariable erhält man, wenn man in (39) für die Realisationen $x_1, \ldots, x_n$ die zugehörigen Zufallsvariablen $X_1, \ldots, X_n$ einsetzt:

$$F_X^{emp,n}(\alpha) = \frac{1}{n}\#\{i = 1,\ldots,n : X_i \leq \alpha\} \tag{40}$$

Sei A das Ereignis $X \leq \alpha$. Dann ist

$$F_X(\alpha) = P(X \leq \alpha) = P(A). \tag{41}$$

Nach Bernoullis Gesetz der großen Zahlen gilt mit $Y_i((\omega_i)_{i=1,2,\ldots}) = 1_A(\omega_i)$:

$$\lim_{n\to\infty} P^{\mathrm{N}}(\left|\frac{1}{n}\sum_{i=1}^{n} Y_i - P(A)\right| < \varepsilon) = 1, \tag{42}$$

wobei $\frac{1}{n}\sum_{i=1}^{n} Y_i$ nach Definition die relative Häufigkeit des Ereignisses A und damit $F_X^{emp,n}(\alpha)$ ist. Es gilt also für jedes $\varepsilon > 0$:

$$\lim_{n\to\infty} P^{\mathrm{N}}(|F^{emp,n}(\alpha) - F(\alpha)| < \varepsilon) = 1. \tag{43}$$

Diese Aussage läßt sich insoweit verschärfen, daß die Konvergenz gleichmäßig in α ist. Es gilt der

14.8 Hauptsatz der Statistik

Sei $X_1, X_2, \ldots$ die abzählbar unendliche unabhängige Wiederholung einer Zufallsvariablen X mit Verteilungsfunktion F_X. Dann gilt für die Folge $F_X^{emp,n}(\alpha) = \frac{1}{n}\#\{i = 1, \ldots, n : X_i \leq \alpha\}$ der empirischen Verteilungsfunktion nach n Versuchen

$$\lim_{n\to\infty} P^{\mathrm{N}}(\sup_{\alpha} |F_X^{emp,n}(\alpha) - F(\alpha)| < \varepsilon) = 1. \tag{44}$$

Der Hauptsatz der Statistik legt intuitiv ein Verfahren nahe, nach dem man überprüfen kann, ob es gerechtfertigt ist, von der Verteilungsfunktion F auszugehen. Man will also die „Verteilungsannahme" für eine Zufallsvariable überprüfen. Beispielsweise wüßte man gerne, ob die abgefüllte Quantität bei der Abfüllmaschine tatsächlich normalverteilt ist mit μ und σ^2. Ansatzpunkt aufgrund des Hauptsatzes der Statistik ist der Vergleich der Verteilungsfunktion F mit der empirischen Verteilungsfunktion, die aus den Meßwerten der ersten n Versuche gebildet wird. Sollte das supremum der Abweichung größer als eine „Testschranke" sein, wird man die Verteilungsannahme ablehnen[3]. Die Festlegung der Testschranke hängt von der Sicherheit ab, mit der die Aussage richtig sein soll; sie ist Gegenstand der schließenden Statistik.

Zentraler Grenzwertsatz

Wie wir gesehen haben, gilt für unabhängige $N(\mu_i, \sigma_i^2)$-verteilte Zufallsvariablen $X_1, \ldots, X_n$, daß $\sum_{i=1}^{n} X_i$ normalverteilt ist mit Mittelwert $\mu := \sum_{i=1}^{n} \mu_i$ und Varianz $\sigma^2 := \sum_{i=1}^{n} \sigma_i^2$.

[3] Dieses Verfahren wird als Anpassungstest nach Kolmogoroff/Smirnoff bezeichnet.

Damit ist

$$Z_n = \frac{\sum_{i=1}^{n} X_i - \mu}{\sqrt{\sigma^2}} \tag{45}$$

wegen

$$E(Z_n) = \frac{1}{\sigma} E(\sum_{i=1}^{n} X_i - \mu) = \frac{1}{\sigma} \sum_{i=1}^{n} (E(X_i) - \mu_i) = 0 \tag{46}$$

und

$$Var(Z_n) = \frac{1}{\sigma^2} Var(\sum_{i=1}^{n} X_i) = \frac{1}{\sigma^2} \sum_{i=1}^{n} \sigma_i^2 = 1 \tag{47}$$

als lineare Transformation von $\sum_{i=1}^{n} X_i$ standardnormalverteilt.

Lassen wir die Forderung fallen, daß $X_1, \ldots, X_n$ normalverteilt sind, wir fordern also nur noch, daß der Erwartungswert $\mu_i = E(X_i)$ und die Varianz $\sigma^2 = Var(X_i)$ existiert (sowie die Unabhängigkeit), so gilt weiterhin für die Zufallsvariable

$$Z_n = \frac{\sum_{i=1}^{n} X_i - \sum_{i=1}^{n} \mu_i}{\sqrt{\sum_{i=1}^{n} \sigma_i^2}}, \tag{48}$$

daß Z_n den Erwartungswert 0 und die Varianz 1 hat.

Unter schwachen zusätzlichen Voraussetzungen (der sogenannten *Lindeberg-Bedingung*[4]) folgt, daß die Verteilungsfunktion von Z_n gegen die Verteilungsfunktion ϕ der Standardnormalverteilung konvergiert.

14.9 Satz

Seien $X_1, X_2, X_3, \ldots$ unabhängige Zufallsvariablen, deren Erwartungswerte $\mu_i = E(X_i)$ und Varianzen $\sigma_i^2 = Var(X_i)$ existieren $(i = 1, \ldots, n)$.
Falls $X_1, X_2, \ldots$ die Lindeberg-Bedingung erfüllen, gilt für die Verteilungsfunktion F_{Z_n} der Folge Z_n mit

$$Z_n = \frac{\sum_{i=1}^{n} X_i - \sum_{i=1}^{n} \mu_i}{\sqrt{\sum_{i=1}^{n} \sigma_i^2}}, \tag{49}$$

[4] Lindeberg, J.W., 1876-1932, finnischer Mathematiker. Für eine genaue Formulierung dieser Bedingung und einen Beweis des Satzes s. Bauer, Wahrscheinlichkeitstheorie und Grundzüge der Maßtheorie, S. 224.

daß für alle α

$$\lim_{n\to\infty} F_{Z_n}(\alpha) = \phi(\alpha) = \int_{-\infty}^{\alpha} \frac{1}{\sqrt{2\pi}} e^{-\frac{x^2}{2}} dx \tag{50}$$

gilt und die Konvergenz gleichmäßig in α ist.

14.10 Bemerkungen:

1. Dieser Satz wird häufig als Rechtfertigung dazu verwendet, für eine gegebene Zufallsvariable eine Normalverteilung zu postulieren. Gerade bei physikalischen Messungen liegt meist eine Vielzahl von Ursachen für Meßungenauigkeiten vor, die unabhängig voneinander sind. Damit ist der Meßwert Summe von vielen zufälligen Schwankungen, also ist der Meßwert $Y = \sum_{i=1}^{n} X_i$, und $X_1, \ldots, X_n$ sind unabhängig. Nach dem angegebenen Satz ist

$$Z_n = \frac{\sum_{i=1}^{n} X_i - \sum_{i=1}^{n} \mu_i}{\sqrt{\sum_{i=1}^{n} \sigma_i^2}} \tag{51}$$

„näherungsweise" standardnormalverteilt. Angenommen Z_n wäre standardnormalverteilt, so wäre

$$\sum_{i=1}^{n} X_i = \sqrt{\sigma^2} Z_n + \mu \text{ mit } \sigma^2 = \sum_{i=1}^{n} \sigma_i^2,\ \mu = \sum_{i=1}^{n} \mu_i \tag{52}$$

normalverteilt mit Mittelwert μ und Varianz σ^2. Also kann man die Approximation von Z_n durch die Standardnormalverteilung auf die Näherung von $\sum_{i=1}^{n} X_i$ durch eine Normalverteilung übertragen.

2. $Z_n = \frac{\sum_{i=1}^{n} X_i - \sum_{i=1}^{n} \mu_i}{\sqrt{\sum_{i=1}^{n} \sigma_i^2}}$ ist nur eine Möglichkeit, eine Standardisierung durchzuführen. Ein anderer Weg besteht darin, zunächst jedes X_i zu standardisieren durch

$$Y_i = \frac{X_i - \mu_i}{\sigma_i};\ (E(Y_i) = 0,\ Var(Y_i) = 1). \tag{53}$$

Dann hat

$$\sum_{i=1}^{n} Y_i = \sum_{i=1}^{n} \frac{X_i - \mu_i}{\sigma_i} \tag{54}$$

Erwartungswert 0 und Varianz n und damit

$$\tilde{Z}_n = \frac{1}{\sqrt{n}} \sum_{i=1}^{n} Y_i = \frac{1}{\sqrt{n}} \sum_{i=1}^{n} \frac{X_i - \mu_i}{\sigma_i} \tag{55}$$

den Erwartungswert 0 und die Varianz 1. Wendet man den zentralen Grenzwertsatz auf die Zufallsvariablen $Y_1, Y_2, \ldots$ an, so folgt, daß $\tilde{Z}_n$ für großes n näherungsweise normalverteilt ist.

Die Lindeberg-Bedingung ist immer dann erfüllt, wenn die Zufallsvariablen $X_1, X_2, \ldots$ identisch verteilt sind, also wenn es sich um eine Stichprobe mit Zurücklegen zu einer Zufallsvariablen X handelt. Man erhält damit den zentralen Grenzwertsatz.

14.11 Zentraler Grenzwertsatz

Sei $X_1, X_2, \ldots$ eine Folge von unabhängig identisch verteilten Zufallsvariablen mit Erwartungswert μ und Varianz σ^2. Dann gilt für die Folge der Verteilungsfunktionen F_{Z_n} der Zufallsvariablen

$$Z_n = \frac{1}{\sqrt{n}\sigma} \cdot \sum_{i=1}^{n} (X_i - \mu) = \frac{1}{\sqrt{n}\sigma} (\sum_{i=1}^{n} X_i - n\mu) \tag{56}$$

$$\lim_{n \to \infty} F_{Z_n}(\alpha) = \phi(\alpha). \tag{57}$$

Dieser Satz hat eine Vielzahl von Anwendungen, von denen nur zwei hier erwähnt seien:

Anwendungsbeispiele:

1. Eine der vielen Standardanwendungen des zentralen Grenzwertsatzes ist die Näherung der Binomialverteilung durch die Normalverteilung. Die $B(n,p)$-Verteilung kann man auffassen als n-fache unabhängige Wiederholung der Bernoulli-Verteilung mit Wahrscheinlichkeit p (vgl. Übungsaufgabe 1, § 11). Für die $B(n,p)$-Verteilung gilt:

   Erwartungswert: $n \cdot p$
   Varianz: $np(1-p)$

Sei also X $B(1,p)$- und Y $B(n,p)$-verteilt, dann ist ($X_1, X_2 \ldots$ unabhängig und identisch wie X verteilt)

$$\frac{Y - np}{\sqrt{np \cdot (1-p)}} = \frac{\sum_{i=1}^{n} X_i - n \cdot p}{\sqrt{np \cdot (1-p)}} \tag{58}$$

näherungsweise normalverteilt, d.h.

$$P\left(\frac{Y - np}{\sqrt{np \cdot (1-p)}} \leq x\right) \approx \phi(x) \tag{59}$$

bzw.

$$P(Y \leq y) \approx \phi\left(\frac{y - np}{\sqrt{np \cdot (1-p)}}\right). \tag{60}$$

Da Y nur ganze Werte annimmt, ist die linke Seite für alle Zwischenwerte y zwischen zwei ganzen Zahlen k und $k+1$ konstant, während die rechte Seite stetig in y ist. Für $k = 0, 1, 2, \ldots, n$ erhält man eine gute Approximation mit

$$P(Y \leq k) = P(Y < k + \frac{1}{2}) \approx \phi\left(\frac{k + \frac{1}{2} - np}{\sqrt{np \cdot (1-p)}}\right).^5 \tag{61}$$

Voraussetzung ist, daß n hinreichend groß ist ($np(1-p) \geq 9$ nach Hartung, $np \geq 5$ und $n(1-p) \geq 5$ nach Bamberg/Baur).

2. Sei X auf dem Intervall $[0,1]$ gleichverteilt, ferner seien $X_1, X_2, \ldots$ unabhängig und identisch wie X verteilt. Mit $E(X) = \frac{1}{2}$ und $Var(X) = \frac{1}{12}$ erhält man für $Y = \sum_{i=1}^{12} X_i$ die Werte $E(Y) = 12 \cdot \frac{1}{2} = 6$ und $Var(Y) = \sum_{i=1}^{12} Var(X_i) = 1$. Damit ist $\sum_{i=1}^{12} X_i - 6$ nach dem zentralen Grenzwertsatz näherungsweise standardnormalverteilt.

   Dies kann man dazu verwenden, um sogenannte *Zufallszahlen* zur Standardnormalverteilung (und durch entsprechende Transformation dann für jede Normalverteilung) zu erzeugen, wobei man von einer Zufallszahlentabelle ausgeht. Tabellen von Zufallszahlen findet man in nahezu allen Tabellenwerken und vielen Lehrbüchern der Statistik. Auf Computern sind meist mehr oder weniger gute Zufallszahlengeneratoren implementiert. Es handelt sich dabei – mehr oder minder explizit – um

[5] Man vergleiche dies anhand von Tabellen. Die Festsetzung $y = k + \frac{1}{2}$ bezeichnet man auch als *Stetigkeitskorrektur*.

Zufallszahlen zur Gleichverteilung auf $[0, 1]$. Faßt man diese in Gruppen zu je 12 zusammen und vermindert die Summe um 6, so erhält man damit Zufallszahlen für die Standardnormalverteilung[6]. Zufallszahlen für eine vorgegebene Verteilung werden bei der Simulation von zufallsbehafteten Vorgängen benötigt.

Übungsaufgaben zu § 14

1. Die mittlere Geburtenrate einer Tierart soll geschätzt werden. Dabei soll die Abweichung des Stichprobenmittels als Schätzwert vom wahren Wert höchstens 2 sein, und zwar mit einer Wahrscheinlichkeit von mindestens 95%. Wie groß darf die Varianz der Geburtenrate höchstens sein, wenn dazu ein Stichprobenumfang von $n = 100$ ausreichen soll?

   Dazu wird

   (a) keine Annahme über die Verteilung gemacht.

   (b) angenommen, daß eine Normalverteilung vorliegt.

2. Zeigen Sie mit Hilfe der Ungleichung von Tschebyscheff, daß bei einer statistischen Masse mit einem quantitativem Merkmal gilt:

   (a) $\frac{3}{4}$ aller Beobachtungen liegen im Intervall $[\bar{x} - 2 \cdot s, \bar{x} + 2 \cdot s]$

   (b) $\frac{8}{9}$ aller Beobachtungen liegen im Intervall $[\bar{x} - 3 \cdot s, \bar{x} + 3 \cdot s]$

   (siehe Bol, „Deskriptive Statistik", S. 73)

3. Eine Sportartikelfirma produziere pro Tag 40 Tennisschläger. Die Qualitätskontrolle hat ermittelt, daß 5% der produzierten Schläger einen Defekt aufweisen.

   (a) Die Wahrscheinlichkeit, daß bei einer Tagesproduktion mindestens einer und höchstens 5 Schläger defekt sind, beträgt 0,8576. Wie berechnet sich dieser Wert?

   (b) Schätzen Sie die Wahrscheinlichkeit aus (a) mit Hilfe der Tschebyscheffschen Ungleichung ab und interpretieren Sie das Ergebnis.

   (c) Approximieren Sie die Wahrscheinlichkeit aus (a)

   - unter Anwendung des zentralen Grenzwertsatzes.
   - mittels einer Poissonverteilung.

   Beurteilen Sie die Güte der Approximation.

[6]Vgl. Schmitz/Lehmann: Monte-Carlo-Methoden I, S. 58.

A Lösungen zu den Übungsaufgaben

§ 2

1. (a) $\Omega = \{\alpha, \beta, \gamma, \delta\}$. Eine Teilmenge $A(\Omega)$ der Potenzmenge heißt σ-Algebra, wenn sie folgende Eigenschaften erfüllt (vgl. Definition 2.1):

   1. $\Omega \in A(\Omega)$
   2. $A \in A(\Omega) \Rightarrow \Omega \setminus A \in A(\Omega)$
   3. $A_i \in A(\Omega)$ für $i = 1, 2, 3 ... \Rightarrow \bigcup_{i=1}^{\infty} A_i \in A(\Omega)$

   - $A(\Omega) = \{\emptyset; \{\alpha\}; \{\beta, \gamma\}; \{\alpha, \beta, \gamma, \delta\}; \{\delta\}\}$.
     Überprüfen der drei Eigenschaften:
     1. $\emptyset, \Omega \in A(\Omega)$ ist erfüllt.
     2. Durch Angabe eines Gegenbeispiels kann gezeigt werden, daß diese Eigenschaft nicht erfüllt ist.
        Z.B. $A_1 = \{\alpha\} \Rightarrow \Omega \setminus A_1 = \{\beta, \gamma, \delta\}$ müßte in $A(\Omega)$ enthalten sein.
        Dies ist nicht der Fall.
        $\Rightarrow A(\Omega)$ ist keine σ-Algebra.

   - $B(\Omega) = \{\{\alpha, \beta\}; \{\gamma\}; \{\delta\}; \emptyset; \{\gamma, \delta\}; \{\alpha, \beta, \delta\}; \{\alpha, \beta, \gamma\}; \{\alpha, \beta, \gamma, \delta\}\}$.
     Überprüfen der drei Eigenschaften:
     1. $\emptyset, \Omega \in B(\Omega)$ ist erfüllt.
     2. Die letzten vier Teilmengen sind jeweils die Komplemente der ersten vier.
     3. Durch Nachschauen sieht man, daß die Vereinigung von je zwei Teilmengen in $B(\Omega)$ wieder in $B(\Omega)$ ist. Damit gilt dies auch für mehr als zwei Teilmengen.
        $\Rightarrow B(\Omega)$ erfüllt alle Eigenschaften einer σ-Algebra.

   (b) $\Omega = \mathbb{N}$; $A(\Omega) = \{A \subseteq \mathbb{N} \mid A \text{ ist endlich oder } \mathbb{N} \setminus A \text{ ist endlich}\}$.
   Mit Hilfe eines Gegenbeispiels kann gezeigt werden, daß Eigenschaft 3 nicht erfüllt ist.
   Z.B. $A_i = \{2i\} \subseteq \mathbb{N}$ und A_i ist endlich für $i = 1, 2, 3 \ldots$, $\Omega \setminus A_i = \mathbb{N} \setminus \{2i\}$ ist unendlich für $i = 1, 2, 3 \ldots$. Damit die dritte Eigenschaft erfüllt ist, müßte $A = \bigcup_{i \in \mathbb{N}} A_i = \{2, 4, 6, \ldots\}$ oder $\Omega \setminus A = \Omega \setminus \bigcup_{i \in \mathbb{N}} A_i = \{1, 3, 5 \ldots\}$ endlich sein, da beide in $A(\Omega)$ liegen müßten.

Da aber beide Ereignisse unendlich sind, ist Eigenschaft 3 nicht erfüllt und somit ist $A(\Omega)$ keine σ-Algebra.

2. (a) Für 2 nicht disjunkte Ereignisse $A, B \in A(\Omega)$ gilt:

$$\begin{aligned} P(A \cup B) &= P(A) + P(B) - P(A \cap B) \\ \Rightarrow P(B) &= P(A \cup B) + P(A \cap B) - P(A) \\ &= 1 + \frac{1}{16} - \frac{7}{16} \\ &= \frac{5}{8}. \end{aligned}$$

(b) $C = \{W, X\}$; $D = \{W, X, Y, Z\}$.
$D \cup C = D$, da $C \subset D$ ist.
Also $P(D) = 1 - P(\{V\}) = \frac{7}{8}$.

3. (a) Wahrscheinlichkeitsraum $(\Omega, A(\Omega), P)$ mit
$\Omega = \{\omega_i \mid \omega_i \in \{00, 01, \ldots, 99\}\}$,
$A(\Omega) = \mathcal{P}(\Omega)$,
$P(\{\omega_i\}) = \frac{1}{\#\Omega} = \frac{1}{100}$ und $P : \mathcal{P}(\Omega) \rightarrow [0,1]$ ist definiert durch $P(A) = \frac{\#A}{\#\Omega}$.

(b)
- $X = 3 : A_1 = \{30, \ldots, 39\} \Rightarrow P(A_1) = \frac{10}{100} = 0.1$.
- $X = Y : A_2 = \{11, \ldots, 99\} \Rightarrow P(A_2) = \frac{10}{100} = 0.1$.
- $X + Y = 9 : A_3 = \{(0,9); (1,8); (2,7); (3,6); (4,5); (5,4); (6,3); (7,2); (8,1); (9,0)\} \Rightarrow P(A_3) = \frac{10}{100} = 0.1$.
- $X \leq 2$ und $Y \leq 7 : A_4 = \{(0,0); \ldots; (0,7); (1,0); \ldots; (1,7); (2,0); \ldots; (2,7)\} \Rightarrow P(A_4) = \frac{24}{100} = 0.24$.
- $X \neq 5$ und $Y \neq 2 : A_5 = \Omega \setminus \{(5,0); \ldots; (5,9); (0,2); \ldots; (4,2); (6,2); \ldots; (9,2)\} \Rightarrow P(A_5) = \frac{81}{100} = 0.81$.

4. (a) Eine Codierung der Merkmale mit den Ausprägungen „geglückter Versuch" und „Fehlversuch" ist hier sinnvoll. Dabei entspricht hier 0 einem Fehlversuch und die Zahl 1 einem geglückten Versuch. Wahrscheinlichkeitsraum $(\Omega, A(\Omega), P)$ mit $\Omega = \{1, 01, 001, 0001, 00001, 000001, 000000\} = \{\omega_1, \ldots, \omega_7\}$, $A(\Omega) = \mathcal{P}(\Omega)$,

$P(\omega_1) = \frac{1}{8}$,[1] $\quad P(\omega_2) = \frac{7}{8} \cdot \frac{1}{7} = \frac{1}{8}$,

$P(\omega_3) = \frac{7}{8} \cdot \frac{6}{7} \cdot \frac{1}{6} = \frac{1}{8}$, $\quad P(\omega_4) = \frac{7}{8} \cdot \frac{6}{7} \cdot \frac{5}{6} \cdot \frac{1}{5} = \frac{1}{8}$,

$P(\omega_5) = \frac{7}{8} \cdot \frac{6}{7} \cdot \frac{5}{6} \cdot \frac{4}{5} \cdot \frac{1}{4} = \frac{1}{8}$, $\quad P(\omega_6) = \frac{7}{8} \cdot \frac{6}{7} \cdot \frac{5}{6} \cdot \frac{4}{5} \cdot \frac{3}{4} \cdot \frac{1}{3} = \frac{1}{8}$,

$P(\omega_7) = \frac{7}{8} \cdot \frac{6}{7} \cdot \frac{5}{6} \cdot \frac{4}{5} \cdot \frac{3}{4} \cdot \frac{2}{3} = \frac{1}{4}$.

(b) $P(\omega_7) = \frac{1}{4}$.

§ 3

1. (a)
Wahrscheinlichkeitsraum $(\Omega, A(\Omega), P)$ mit

$$\begin{aligned} \Omega &= \{sss, ssw, sws, wss, sww, wsw, wws\}, \\ &= \{\omega_1, \omega_2, \omega_3, \omega_4, \omega_5, \omega_6, \omega_7\}, \end{aligned}$$

$A(\Omega) = \mathcal{P}(\Omega)$,

$$P(\omega_1) = \frac{8}{10} \cdot \frac{7}{9} \cdot \frac{6}{8} = \frac{7}{15},$$

$$P(\omega_2) = \frac{8}{10} \cdot \frac{7}{9} \cdot \frac{2}{8} = \frac{7}{45} = P(\omega_3) = P(\omega_4),$$

$$P(\omega_5) = \frac{8}{10} \cdot \frac{2}{9} \cdot \frac{1}{8} = \frac{1}{45} = P(\omega_6) = P(\omega_7).$$

(b)
Die Zufallsvariable Z gebe die Anzahl der weißen Kugeln an.

$Z: \ (\Omega, A(\Omega), P) \to \{0, 1, 2\}:$

$$P_Z(\{0\}) = P(Z^{-1}(\{0\})) = P(\{\omega_i \mid Z(\omega_i) = 0\}) = P(\omega_1) = \frac{7}{15},$$

$$P_Z(\{1\}) = P(Z^{-1}(\{1\})) = P(\{\omega_i \mid Z(\omega_i) = 1\}) = P(\omega_2) + P(\omega_3)$$

$$+P(\omega_4) = \frac{21}{45},$$

[1] Vgl. Fußnote 7 in § 2.

$$P_Z(\{2\}) = P(Z^{-1}(\{2\})) = P(\{\omega_i \mid Z(\omega_i) = 2\}) =$$

$$P(\omega_5) + P(\omega_6) + P(\omega_7) = \frac{3}{45}.$$

Die Wahrscheinlichkeitsverteilung einer Zufallsvariable wird meist in einer Tabelle der folgenden Form angegeben:

$Z = z$	0	1	2	
$P(Z = z)$	$\frac{7}{15}$	$\frac{21}{45}$	$\frac{3}{45}$	$\sum_{i=0}^{2} P(Z = i) = 1$

(c)
$Z : (\Omega, A(\Omega), P) \rightarrow \{0, 1, 2\} \subset \mathbf{R}$: Verteilungsfunktion von Z ist

$F_Z : \mathbf{R} \rightarrow [0, 1]$ mit $F_Z(\alpha) = P(Z \leq \alpha)$

$$\Rightarrow F_Z(\alpha) = \begin{cases} 0 & \text{für } z < 0 \\ \frac{7}{15} & \text{für } 0 \leq z < 1 \\ \frac{42}{45} & \text{für } 1 \leq z < 2 \\ 1 & \text{für } 2 \leq z \end{cases}$$

2. (a)
Es wird eine Codierung durchgeführt mit 0 $\hat{=}$ Mißerfolg, 1 $\hat{=}$ Erfolg. Wahrscheinlichkeitsraum ist $(\Omega, A(\Omega), P)$ mit

$$\begin{aligned} \Omega &= \{1, 01, 001, 0001, 00001, 00000\}, \\ &= \{\omega_1, \omega_2, \omega_3, \omega_4, \omega_5, \omega_6\}, \end{aligned}$$

$A(\Omega) = \mathcal{P}(\Omega)$,

$$\begin{aligned} P(\omega_1) &= 0.4 \\ P(\omega_2) &= 0.6 \cdot 0.4 = 0.24 \\ P(\omega_3) &= 0.6^2 \cdot 0.4 = 0.144 \\ P(\omega_4) &= 0.6^3 \cdot 0.4 = 0.0864 \\ P(\omega_5) &= 0.6^4 \cdot 0.4 = 0.05184 \\ P(\omega_6) &= 0.6^5 = 0.07776. \end{aligned}$$

Die Zufallsvariable G beschreibe den Nettogewinn des Experiments:

$G: (\Omega, A(\Omega), P) \rightarrow \{150000, 70000, -10000, -90000, -170000, -420000\}$.

$G = g$	150000	70000	-10000	-90000	-170000	-420000
$P(G = g)$	0.4	0.24	0.144	0.0864	0.05184	0.07776

(b)

$$P(G \leq \alpha) = \begin{cases} 0 & \text{für} & & & \alpha & < & -420000 \\ 0.07776 & \text{für} & -420000 & \leq & \alpha & < & -170000 \\ 0.1296 & \text{für} & -170000 & \leq & \alpha & < & -90000 \\ 0.216 & \text{für} & -90000 & \leq & \alpha & < & -10000 \\ 0.36 & \text{für} & -10000 & \leq & \alpha & < & 70000 \\ 0.6 & \text{für} & 70000 & \leq & \alpha & < & 150000 \\ 1 & \text{für} & 15000 & < & \alpha & & \end{cases}$$

3. Eine Zufallsvariable X ist eine (meßbare) Abbildung $X : (\Omega, A(\Omega), P) \rightarrow \mathbb{R}$. Der Wahrscheinlichkeitsraum $(\Omega, A(\Omega), P)$ ist aus der Verteilungsfunktion nicht eindeutig zu ermitteln, es gibt also mehrere Möglichkeiten. Aus der Verteilungsfunktion ergibt sich, daß X genau die Werte 0, 1, 2, 3, 4, 6, 7, 8 mit positiver Wahrscheinlichkeit annimmt, und zwar gilt:

x	0	1	2	3	4	6	7	8
$P(X = x)$	0.4	0.24	0.16	0.14	0.01	0.03	0.01	0.01

Damit muß Ω mindestens 8 Elemente haben. Sei $\Omega = \{\omega_1, \ldots, \omega_8\}$, $A(\Omega) = \mathcal{P}(\Omega)$ und $P(\{\omega_i\}) = p_i$ gemäß folgender Tabelle:

i	1	2	3	4	5	6	7	8
p_i	0.4	0.24	0.16	0.14	0.01	0.03	0.01	0.01

dann ist die Abbildung $X : \Omega \rightarrow \mathbb{R}$ mit

i	1	2	3	4	5	6	7	8
$X(\omega_i)$	0	1	2	3	4	6	7	8

eine Zufallsvariable mit der angegebenen Verteilungsfunktion.

Sei $R \subset \mathbb{R}$, dann gilt nach § 3 (11) (vgl. auch § 3 (16)):

$$\begin{aligned} P_X(R) &= P(X^{-1}(R)) = P(\{\omega_i \mid i = 1,\ldots,8 : X(\omega_i) \in R\}) \\ &= \sum_{\substack{i=1 \\ X(\omega_i)\in R}}^{8} p_i. \end{aligned}$$

Es sind also die Wahrscheinlichkeiten $P(X = x)$ aus der ersten Tabelle für alle $x \in R$ aufzusummieren.

§ 4

1. Sei X die Anzahl der LKW, die in einer festgelegten Minute ankommen. Dann gilt:

   (a) $P(X = 1) = \frac{\lambda^1}{1!} \cdot e^{-\lambda} = \frac{1}{e} = 0.3679.$

   (b) $P(X \geq 1) = 1 - P(X = 0) = 1 - \frac{\lambda^0}{0!} \cdot e^{-\lambda} = 1 - \frac{1}{e} = 0.6321.$

   (c) $P(X \leq 1) = P(X = 0) + P(X = 1) = 0.7358.$

2. Da 10% der Studenten wechseln wollen, ist anzunehmen, daß auch bei den 20 zufällig herausgegriffenen mit großer Wahrscheinlichkeit 10%, also zwei, wechseln wollen. Also dürfte $P(X = 2)$ am größten sein (X = Anzahl der wechselwilligen Studenten unter den 20). Es liegt eine hypergeometrische Verteilung vor (Stichprobe ohne Zurücklegen):

   $$P(X = m) = \frac{\binom{10}{m} \cdot \binom{90}{20-m}}{\binom{100}{20}}.$$

   Damit ist

   $$P(X = 1) = 0.2679, \quad P(X = 2) = 0.3182, \quad P(X = 3) = 0.2092$$

   und die Vermutung ist bestätigt.

3. (a) $N = 100, \quad n = 10, \quad M = p \cdot N = 3.$

   Die Zufallsvariable Z gebe die Anzahl defekter Teile in der Stichprobe an. Bei Stichproben ohne Zurücklegen ist die Zufallsvariable Z hypergeometrisch verteilt. Die Wahrscheinlichkeit für das Ablehnen der Warenpartie ist

   $$P(Z \geq 1) = 1 - P(Z = 0) = 1 - \frac{\binom{3}{0} \cdot \binom{97}{10}}{\binom{100}{10}} = 0.27347.$$

(b) Bei Ziehen mit Zurücklegen ist die Zufallsvariable Z binomialverteilt. Die Wahrscheinlichkeit für das Ablehnen der Warenpartie ist dann:

$$P(Z \geq 1) = 1 - P(Z = 0) = 1 - \binom{10}{0} \cdot 0.03^0 \cdot 0.97^{10} = 0.26257,$$

d.h. bei Ziehen mit Zurücklegen wird die Warenpartie mit einer um rund 0.01 niedrigeren Wahrscheinlichkeit abgelehnt als bei Ziehen ohne Zurücklegen.

(c) Die Erhöhung des Umfangs der Warenpartie hat bei Ziehen mit Zurücklegen keinen Einfluß auf die Annahmewahrscheinlichkeit. Bei Ziehen ohne Zurücklegen ergibt sich mit dem erhöhten Umfang folgende Annahmewahrscheinlichkeit:

$M' = p \cdot N' = 30.$

$$P(Z = 1) = 1 - P(Z = 0) = 1 - \frac{\binom{30}{0}\binom{970}{10}}{\binom{1000}{10}} = 0.26361.$$

Der Unterschied der Annahmewahrscheinlichkeiten zwischen Ziehen mit und ohne Zurücklegen reduziert sich auf rund 0.001.

§ 5

1. Die Konstante b muß 0 sein, sonst ist die Normierungsbedingung $\int_{-\infty}^{\infty} f_X(x)\, dx = 1$ verletzt. Die Bestimmung der Konstanten a erfolgt über die Verteilungsfunktion $F_X(x)$.

   Zunächst gilt: $F_X(-3) = 0$.

   Für $-3 \leq x \leq -1$ gilt:

$$F_X(x) = a \cdot \int_{-3}^{x} (1 - (z+2)^2)\, dz = a \cdot [x + \frac{8}{3} - \frac{1}{3} \cdot (x+2)^3].$$

   Damit ist: $F_X(-1) = \frac{4}{3} \cdot a$.
   Für $-1 < x \leq 1$ ist:

$$F_X(x) = a \cdot \int_{-1}^{x} (1 - z^2) dz + \frac{4}{3} \cdot a = a \cdot [x + 2 - \frac{1}{3} x^3]$$

und $F_X(1) = \frac{8}{3} \cdot a$.

Für $1 < x \leq 3$ folgt:

$$F_X(x) = a \cdot \int_1^x (1-(z-2)^2)dz + \frac{8}{3} \cdot a = a \cdot [x + \frac{4}{3} - \frac{1}{3}(x-2)^3].$$

$F_X(3) = 1 \Rightarrow \quad a = \frac{1}{4}$.
Die Verteilungsfunktion von X ist dann:

$$F_X(x) = \begin{cases} 0 & \text{für} \quad x \leq -3 \\ \frac{1}{4} \cdot (x + \frac{8}{3} - \frac{1}{3}(x+2)^3) & \text{für} \quad -3 < x \leq -1 \\ \frac{1}{4} \cdot (x + 2 - \frac{1}{3}x^3) & \text{für} \quad -1 < x \leq 1 \\ \frac{1}{4} \cdot (x + \frac{4}{3} - \frac{1}{3}(x-2)^3) & \text{für} \quad 1 < x \leq 3 \\ 1 & \text{für} \quad 3 < x \end{cases}$$

2. (a)

$$\begin{aligned} F_{X_\alpha}(x) &= \int_{-\infty}^x \lambda \cdot e^{-\lambda(z-\alpha)} \cdot I_\alpha(z)\, dz \\ &= \int_\alpha^x \lambda \cdot e^{-\lambda(z-\alpha)}\, dz \\ &= -e^{-\lambda(z-\alpha)}\Big|_\alpha^x \\ &= 1 - e^{-\lambda(x-\alpha)} \\ &= \begin{cases} 1 - e^{-\lambda(x-\alpha)} & \text{für} \quad x \geq \alpha \\ 0 & \text{sonst} \end{cases} \end{aligned}$$

(b) Es erfolgt eine Verschiebung der Dichte- und der Verteilungsfunktion der Exponentialverteilung um α, wie aus Abbildung A.1 ersichtlich ist.

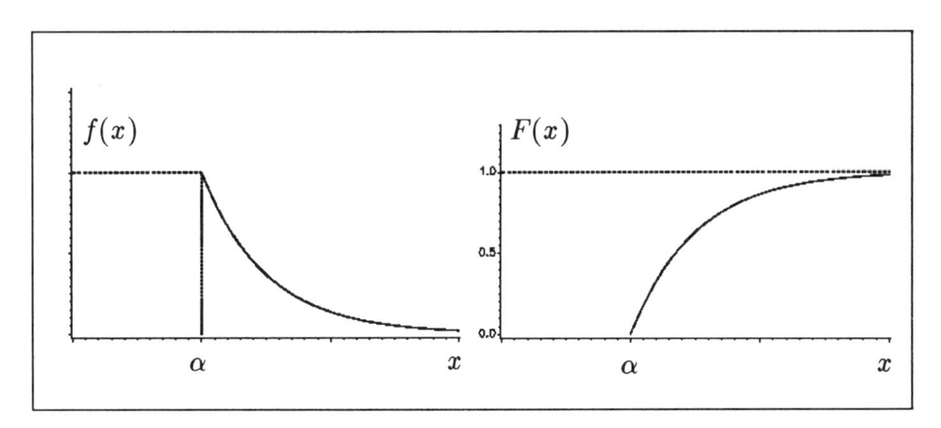

Abbildung A.1: Dichte- und Verteilungsfunktion der modifizierten Exponentialverteilung.

3. Die Fläche des Trapezes berechnet sich folgendermaßen (vgl. Abb. 5.11):

$$A = \frac{1}{2}(b - a + d - c) \cdot h.$$

Da die Fläche auf 1 normiert ist, ergibt sich die Höhe zu

$$h = \frac{2}{(b-a) + (d-c)}.$$

Daraus folgt für die Dichtefunktion der Trapezverteilung:

$$f(x) = \begin{cases} \frac{2}{(b-a)+(d-c)} \cdot \frac{(x-a)}{(c-a)} & \text{für } a \leq x \leq c \\ \frac{2}{(b-a)+(d-c)} & \text{für } c \leq x \leq d \\ \frac{2}{(b-a)+(d-c)} \cdot \frac{(b-x)}{(b-d)} & \text{für } d \leq x \leq b \\ 0 & \text{sonst} \end{cases}$$

§ 6

1. (a) Es gilt: $\int\limits_{-\infty}^{\infty} f_X(x)\, dx \stackrel{!}{=} 1.$

Diese Bedingung ist nur erfüllt, wenn der Parameter b gleich 0 ist.

$$\int_0^1 a \cdot (x^2 + 2x + \frac{5}{3})\, dx = a \cdot (\frac{1}{3}x^3 + x^2 + \frac{5}{3})\Big|_0^1 = 3 \cdot a \overset{!}{=} 1.$$

$$\Rightarrow a = \frac{1}{3}.$$

$$f_X(x) = \begin{cases} \frac{1}{3}(x^2 + 2x + \frac{5}{3}) & \text{für} \quad 0 \le x \le 1 \\ 0 & \text{sonst} \end{cases}$$

(b)

$$\begin{aligned} F_X(x) &= \int_{-\infty}^{x} \frac{1}{3}(\alpha^2 + 2\alpha + \frac{5}{3})\, d\alpha = \int_0^x \frac{1}{3}(\alpha^2 + 2\alpha + \frac{5}{3})\, d\alpha \\ &= \frac{1}{3}\,(\frac{1}{3}\alpha^3 + \alpha^2 + \frac{5}{3}\alpha)\Big|_0^x = \frac{1}{9}x^3 + \frac{1}{3}x^2 + \frac{5}{9}x. \end{aligned}$$

$$F_X(x) = \begin{cases} 0 & \text{für} \quad x < 0 \\ \frac{1}{9}x^3 + \frac{1}{3}x^2 + \frac{5}{9}x & \text{für} \quad 0 \le x \le 1 \\ 1 & \text{für} \quad x > 1 \end{cases}$$

(c)

$$\begin{aligned} E(X) &= \int_{-\infty}^{\infty} x \cdot f_X(x)dx = \frac{1}{3}\int_0^1 x(x^2 + 2x + \frac{5}{3})dx \\ &= \frac{1}{3}\,(\frac{1}{4}x^4 + \frac{2}{3}x^3 + \frac{5}{6}x^2)\Big|_0^1 = \frac{7}{12}. \end{aligned}$$

$$\begin{aligned} Var(X) &= \int_{-\infty}^{\infty} (x - E(X))^2 \cdot f_X(x)\, dx \\ &= E(X^2) - (E(X))^2 \\ &= \frac{1}{3}\int_0^1 x^2(x^2 + 2x + \frac{5}{3})dx - \left(\frac{7}{12}\right)^2 \\ &= \frac{1}{3}\int_0^1 (x^4 + 2x^3 + \frac{5}{3}x^2)dx - \left(\frac{7}{12}\right)^2 \\ &= \frac{1}{3}\,(\frac{1}{5}x^5 + \frac{1}{2}x^4 + \frac{5}{9}x^3)\Big|_0^1 - \left(\frac{7}{12}\right)^2 \end{aligned}$$

$$\begin{aligned} &= \frac{113}{270} - \left(\frac{7}{12}\right)^2 \\ &= 0.0782. \end{aligned}$$

2. (a) Damit

$$P(X=n) = \begin{cases} \frac{c}{n^2} & \text{für} \quad n = 1, 2, 3, \ldots \\ 0 & \text{sonst} \end{cases}$$

eine Wahrscheinlichkeitsverteilung ist, muß gelten:

- $P(X=n) \geq 0$ für alle $n \in \mathbb{N}$. Dies ist erfüllt für alle $c > 0$.
- $\sum_{n=1}^{\infty} P(X=n) \stackrel{!}{=} 1$

  $\sum_{n=1}^{\infty} \frac{c}{n^2} = c \cdot \sum_{n=1}^{\infty} \frac{1}{n^2} =^{2} c \cdot \frac{\pi^2}{6} \stackrel{!}{=} 1 \Rightarrow c = \frac{6}{\pi^2} > 0.$

(b) $E(X) = \sum_{n=1}^{\infty} n \cdot P(X=n) = \sum_{n=1}^{\infty} n \cdot \frac{c}{n^2} = \sum_{n=1}^{\infty} \frac{c}{n} = c \cdot \sum_{n=1}^{\infty} \frac{1}{n}.$

Die Reihe $\sum_{n=1}^{\infty} \frac{1}{n}$ divergiert.

$\Rightarrow$ Der Erwartungswert der Zufallsvariablen X existiert nicht.

3. (a) $\int_{-\infty}^{\infty} f_X(x)\, dx \stackrel{!}{=} 1.$

$$\begin{aligned} \int_c^{\infty} k \cdot x^{-\gamma-1}\, dx &= -k \cdot \frac{1}{\gamma} \cdot x^{-\gamma} \Big|_c^{\infty} \qquad \text{(falls } \gamma > 0\text{)} \\ &= \lim_{x \to \infty} -k \cdot \frac{1}{\gamma} \cdot x^{-\gamma} + k \cdot \frac{1}{\gamma} \cdot c^{-\gamma} \\ &= 0 + k \cdot \frac{1}{\gamma} \cdot c^{-\gamma} = 1 \\ &\Rightarrow \quad k = \gamma \cdot c^{\gamma}. \end{aligned}$$

$$\begin{aligned} F_X(x) &= \int_c^{x} \gamma \cdot c^{\gamma} \alpha^{-\gamma-1}\, d\alpha = \gamma \cdot c^{\gamma}\, (-\frac{1}{\gamma}\alpha^{-\gamma}) \Big|_c^{x} \\ &= c^{\gamma}(-x^{-\gamma} + c^{-\gamma}) \\ &= -c^{\gamma}\, x^{-\gamma} + 1. \end{aligned}$$

[2] Siehe z.B. Rottmann, K. (1961), Math. Formelsammlung, BI-Hochschultaschenbücher, S.127 f.

(b) $F_X(x_\alpha) = -c^\gamma \cdot x_\alpha^{-\gamma} + 1 = \alpha.$

$$\Rightarrow \quad \begin{array}{rcl} x_{0.1} & = & c \cdot \sqrt[\gamma]{\frac{10}{9}} \\ x_{0.5} & = & c \cdot \sqrt[\gamma]{2} \\ x_{0.9} & = & c \cdot \sqrt[\gamma]{10} \end{array}$$

(c)

$$\begin{aligned} E(X) &= \int_c^\infty x \cdot \gamma \cdot c^\gamma x^{-\gamma-1} dx \\ &= \gamma \cdot c^\gamma \int_c^\infty x^{-\gamma} dx \\ &= \gamma \cdot c^\gamma \left(-\frac{1}{\gamma-1} \cdot x^{-(\gamma-1)}\right)\Big|_c^\infty \qquad \text{(falls } \gamma > 1) \\ &= \frac{\gamma}{\gamma-1} \cdot c^\gamma \left(-\lim_{x\to\infty} x^{-(\gamma-1)} + c^{-(\gamma-1)}\right) \\ &= \frac{\gamma}{\gamma-1} \cdot c. \end{aligned}$$

Für $0 < \gamma \leq 1$ existiert der Erwartungswert nicht.

$$\begin{aligned} Var(X) &= E(X^2) - (E(X))^2 \\ &= \gamma \cdot c^\gamma \int_c^\infty x^2 \cdot x^{-\gamma-1} dx - \left(\frac{\gamma}{\gamma-1} \cdot c\right)^2 \\ &= \gamma \cdot c^\gamma \int_c^\infty x^{-\gamma+1} dx - \left(\frac{\gamma}{\gamma-1} \cdot c\right)^2 \\ &= \gamma \cdot c^\gamma \left(-\frac{1}{\gamma-2} \cdot x^{-(\gamma-2)}\right)\Big|_c^\infty - \left(\frac{\gamma}{\gamma-1} \cdot c\right)^2 \ \text{(f. } \gamma > 2) \\ &= \frac{\gamma}{\gamma-2} \cdot c^\gamma \left(-\lim_{x\to\infty} x^{-(\gamma-2)} + c^{-(\gamma-2)}\right) - \left(\frac{\gamma}{\gamma-1} \cdot c\right)^2 \\ &= c^2\left(\frac{\gamma}{\gamma-2} - \left(\frac{\gamma}{\gamma-1}\right)^2\right). \end{aligned}$$

Für $1 < \gamma \leq 2$ existiert die Varianz nicht.

4. Aus $F_X(x_i) = 1 - 2^{-x_i}$ an den Sprungstellen $x_i = 1, 2, \ldots$ folgt:

$$P_X(x_i) = F_X(x_i) - F_X(x_{i-1})$$

$$\begin{aligned} &= 1 - 2^{-x_i} - (1 - 2^{-(x_i-1)}) \\ &= 2^{-x_i+1} - 2^{-x_i} = 2 \cdot 2^{-x_i} - 2^{-x_i} = 2^{-x_i} \text{ für } x_i := 2, 3, \ldots, \\ P_X(1) &= F_X(1) - 0 = \frac{1}{2}. \end{aligned}$$

$$\begin{aligned} E(X) &= \sum_{i=1}^{\infty} x_i \cdot P_X(x_i) = \sum_{i=1}^{\infty} x_i \cdot \left(\frac{1}{2}\right)^{x_i} \\ &= \frac{1}{2} \cdot \sum_{i=1}^{\infty} i \cdot (\frac{1}{2})^{i-1} \\ &= \frac{1}{2} \cdot \sum_{i=1}^{\infty} \frac{d}{dq}(q^i)\Big|_{q=\frac{1}{2}} = \frac{1}{2} \cdot \frac{d}{dq} \cdot \left(\sum_{i=0}^{\infty} q^i\right)\Big|_{q=\frac{1}{2}}{}^{3} \\ &= \frac{1}{2} \cdot \frac{d}{dq} (\frac{1}{1-q})\Big|_{q=\frac{1}{2}} = \frac{1}{2} \cdot \left(\frac{1}{(1-\frac{1}{2})^2}\right) - 2. \end{aligned}$$

$$\begin{aligned} Var(X) &= E(X^2) - (E(X))^2 \\ &= \sum_{i=1}^{\infty} x_i^2 \cdot 2^{-x_i} - 2^2 \\ &= \sum_{i=1}^{\infty} i^2 \cdot \left(\frac{1}{2}\right)^i - 4. \end{aligned}$$

Es gilt allgemein: $\sum_{i=1}^{\infty} i^2 \cdot q^i = \frac{q(1+q)}{(1-q)^3}$ für $|q| < 1$:

$$Var(X) = \frac{\frac{1}{2} \cdot \frac{3}{2}}{(\frac{1}{2})^3} - 4 = 2.$$

§ 7

1. (a) $E(X) = \sum_i x_i \cdot P(X = x_i) = -3 \cdot 0.2 + \ldots + 3 \cdot 0.15 = 0.2.$

$$\begin{aligned} Var(X) &= \sum_i (x_i - E(X))^2 \cdot P(X = x_i) \\ &= (-3 - 0.2)^2 \cdot 0.2 + \ldots + (3 - 0.2)^2 \cdot 0.15 = 4.86. \end{aligned}$$

[3] Geometrische Reihe mit $|q| < 1$.

(b) Transformation der Zufallsvariablen X in $Y = 3 \cdot X - 2$

$Y = y$	-11	-8	-5	-2	1	4	7
$P(Y = y)$	0.2	0.1	0.1	0.1	0.05	0.3	0.15

(c) Bestimmung des Erwartungswertes und der Varianz von Y aus der Wahrscheinlichkeitsverteilung von Y.

$$E(Y) = \sum_i y_i \cdot P(Y = y_i) = -11 \cdot 0.2 + \ldots + 7 \cdot 0.15 = -1.4.$$

$$Var(Y) = \sum_i (y_i - E(Y))^2 \cdot P(Y = y_i) = (-11 - (-1.4))^2 \cdot 0.2$$

$$+ \ldots + (7 - (-1.4))^2 \cdot 0.15 = 43.74.$$

Der Erwartungswert und die Varianz von Y können aber auch direkt aus den entsprechenden Lage- bzw. Streuungsparametern der Zufallsvariablen X mit Hilfe der Transformation bestimmt werden.

$$E(Y) = E(3 \cdot X - 2) = 3 \cdot E(X) - 2 = -1.4.$$

$$Var(Y) = Var(3 \cdot X - 2) = 9 \cdot Var(X) = 43.74.$$

2. (a)

$$f_G(x) = \begin{cases} 0 & \text{für} \quad x < 0 \\ \lambda \cdot e^{-\lambda x} & \text{für} \quad x \geq 0 \end{cases}$$

$$F_G(x) = \begin{cases} 0 & \text{für} \quad x < 0 \\ 1 - e^{-\lambda x} & \text{für} \quad x \geq 0 \end{cases}$$

$H(x) = x^2$,

$H'(x) = 2x > 0 \quad$ für $\quad x > 0$

$\Rightarrow$ H streng monoton wachsend für $x \in [0, \infty)$
$\Rightarrow$ Umkehrfunktion H^{-1} existiert.
Bestimmung der Umkehrfunktion:

$\xi = x^2$

$\Rightarrow x = +\sqrt{\xi}$, da $x \in [0, \infty)$;

Dichtefunktion $f_{H \circ G}$:

$$f_{H \circ G}(\xi) = \begin{cases} \lambda \cdot e^{-\lambda \sqrt{\xi}} \cdot \frac{1}{2 \cdot \sqrt{\xi}} & \text{für} \quad \xi > 0 \\ 0 & \text{sonst} \end{cases}$$

Verteilungsfunktion $F_{H\circ G}$:

$$F_{H\circ G}(\xi) = \begin{cases} 1-e^{-\lambda\sqrt{\xi}} & \text{für } \xi > 0 \\ 0 & \text{sonst} \end{cases}$$

(b) Median von $H \circ G$:

$$F_{H\circ G}(\xi_z) = 1-e^{-\lambda\sqrt{\xi_z}} = \frac{1}{2}$$

$$\Rightarrow \quad \xi_z = \left(\frac{\ln 2}{\lambda}\right)^2$$

Der Median der exponentialverteilten Zufallsvariable G ist $x_z = \frac{\ln 2}{\lambda}$, d.h. $\xi_z = x_z^2$.
Der Erwartungswert von $H \circ G$ berechnet sich folgendermaßen:

$$\begin{aligned} E(H\circ G) &= \int_{-\infty}^{\infty} H\circ G(x)\cdot f_G(x)\,dx \\ &= \int_0^{\infty} x^2\cdot\lambda\cdot e^{-\lambda x}\,dx \\ &= E(X^2) = \frac{2}{\lambda^2} \quad \text{(siehe Bsp. 6.5.4).} \end{aligned}$$

Es gilt hier also

$E(X^2) = E(H\circ G)$, aber $E(H\circ G) \neq (E(X))^2$.

(c) $K(x) = \dfrac{1}{1+x^2}$

$$K'(x) = -\frac{2\cdot x}{(1+x^2)^2} < 0 \quad \text{für} \quad x \in (0,\infty).$$

$\Rightarrow K(x)$ streng monoton fallend im Bereich $(0,\infty)$.
Umkehrfunktion $\xi = \frac{1}{1+x^2}$,
Wertebereich von $K(x) \hat{=}$ Definitionsbereich von $K^{-1}(x)$ ist (0,1).

$$x = +\sqrt{\frac{1}{\xi}-1} = K^{-1}(\xi), \text{ da } x \in (0,\infty).$$

$$(K^{-1})'(\xi) = -\frac{1}{2\cdot\xi^2(\sqrt{\frac{1}{\xi}-1})},$$

$$\begin{aligned} \Rightarrow F_{K\circ G}(\xi) &= P(K\circ G \leq \xi) \\ &= P(K^{-1}\circ K\circ G = G \geq K^{-1}(\xi)) = \end{aligned}$$

$$F_G(K^{-1}(\xi)) = \begin{cases} 0 & \text{für } \xi \leq 0 \\ 1-(1-e^{-\lambda\cdot\sqrt{\frac{1}{\xi}-1}}) & \text{für } \xi \in (0,1) \\ 1 & \text{für } \xi \geq 1 \end{cases}$$

$$= \begin{cases} 0 & \text{für } \xi \leq 0 \\ e^{-\lambda\sqrt{\frac{1}{\xi}-1}} & \text{für } \xi \in (0,1) \\ 1 & \text{für } \xi \geq 1 \end{cases}$$

$f_{K\circ G}(x)$ kann bestimmt werden durch Ableiten von $F_{K\circ G}(\xi)$ oder mit Hilfe der Beziehung

$$f_{K\circ G}(\xi) = \begin{cases} f_G(K^{-1}(\xi)) \cdot |(K^{-1})'(\xi)| & \text{für } \xi \in (0,1) \\ 0 & \text{sonst} \end{cases}$$

$$= \begin{cases} \lambda \cdot e^{-\lambda\sqrt{\frac{1}{\xi}-1}} \cdot \frac{1}{2\cdot\xi^2\sqrt{\frac{1}{\xi}-1}} & \text{für } \xi \in (0,1) \\ 0 & \text{sonst} \end{cases}$$

3.

$$\begin{aligned} P(F(X) \leq t) &\overset{4}{=} P(F^{-1}(F(X)) \leq F^{-1}(t)) \\ &= P(X \leq F^{-1}(t)) \\ &= F_X(F^{-1}(t)) = t \quad \text{für } 0 < t < 1. \end{aligned}$$

§ 8

1. (a)
   Ω = Menge aller produzierten Skipaare, $A(\Omega) = \mathcal{P}(\Omega)$,
   $P(A) = \frac{\#A}{\#\Omega}$.

   (b)
   $L = \{\omega \in \Omega | \omega \text{ Modell L}\}$, $A = \{\omega \in \Omega | \omega \text{ Modell A}\}$,
   $S = \{\omega \in \Omega | \omega \text{ Modell S}\}$:
   $P(L) = \frac{\#L}{\#\Omega} = 0.4$, $P(A) = \frac{\#A}{\#\Omega}$, $P(S) = \frac{\#S}{\#\Omega}$,
   mit $P(L) + P(A) + P(S) = 1$.

   Ereignis B: „Ausschuß“
   Nach dem Satz der totalen Wahrscheinlichkeit gilt:

$$\begin{aligned} P(B) &= P(L) \cdot P(B|L) + P(A) \cdot P(B|A) + P(S) \cdot P(B|S) \\ 0.1 &= 0.4 \cdot 0.07 + P(A) \cdot 0.09 + P(S) \cdot 0.15 \end{aligned}$$

[4] F und F^{-1} wegen Invertierbarkeit und Verteilungsfunktion streng monoton.

mit $P(A) = 0.6 - P(S)$ ergibt sich $P(A) = 0.3$ und $P(S) = 0.3$.

(c)
Der Anteil des Modells S an den fehlerhaften Ski erhält man mit Hilfe des Satzes von Bayes.

$$P(S|B) = \frac{P(S) \cdot P(B|S)}{P(B)} = 0.45.$$

2. (a)
Wahrscheinlichkeitsraum $(\Omega, \mathcal{A}(\Omega), P)$

mit Ω = Menge der verkauften Mikrowellengeräte,

$\mathcal{A}(\Omega) = \mathcal{P}(\Omega)$, $P(A) = \frac{\# A}{\# \Omega}$.
Damit $P(\text{Firma } i) = \frac{\# \text{ Firma } i}{\# \Omega}$ für $i = A, B, C$
und $P(\text{Firma } A) + P(\text{Firma } B) + P(\text{Firma } C) = 1$.
Man kann sinnvollerweise folgende Ereignisse unterscheiden:

A_1 : Gerät der Firma A
A_2 : Gerät der Firma B oder C
D : Reklamation

Nach dem Satz der totalen Wahrscheinlichkeit gilt:

$$P(D) = P(D|A_1) \cdot P(A_1) + P(D|A_2) \cdot P(A_2).$$

Weiter gilt:

$$\begin{aligned}
P(A_2) &= 1 - P(A_1) \\
P(D) &= P(D|A_2) + 0.025, \qquad (P(D|B) = P(D|C) = P(D|A_2)) \\
P(D|A_1) &= P(D|A_2) + 0.04 = P(D) + 0.015 \\
\Rightarrow P(D) &= (P(D) + 0.015) \cdot P(A_1) + (P(D) - 0.025) \cdot (1 - P(A_1)) \\
&= P(A_1) \cdot [P(D) + 0.015 - P(D) + 0.025] + P(D) - 0.025 \\
\Rightarrow P(A_1) &= 0.625.
\end{aligned}$$

(b)
Nach dem Satz von Bayes ist

$$P(A_1|D) = \frac{P(D|A_1) \cdot P(A_1)}{P(D)} = 0.7.$$

3. (a)
Ereignis R: „Reklamation".

$$P(R|A) = 0.2, \quad P(R|B) = 0.1, \quad P(R|C) = 0.1, \quad P(A|R) = 0.4.$$

Satz von der totalen Wahrscheinlichkeit:

$$P(R) = P(A) \cdot P(R|A) + P(B) \cdot P(R|B) + P(C) \cdot P(R|C).$$

Es gilt weiter:

$$P(A) + P(B) + P(C) = 1.$$

$$\begin{aligned} P(R) &= P(A) \cdot P(R|A) + P(B) \cdot P(R|B) + (1 - P(A) - P(B)) \\ &= 0.2 \cdot P(A) + 0.1 \cdot P(B) + 0.1(1 - P(A) - P(B)) \\ &= 0.1 \cdot P(A) + 0.1. \end{aligned}$$

Satz von Bayes:

$$P(A|R) = \frac{P(A) \cdot P(R|A)}{P(R)} \Rightarrow P(A) = 2 \cdot P(R) \Rightarrow P(R) = 0.125.$$

(b)
Weiter gilt nach Bayes:

$$\begin{aligned} P(B|R) &= \tfrac{P(B) \cdot P(R|B)}{P(R)} &= 0.8 \cdot P(B), \\ P(C|R) &= \tfrac{P(C) \cdot P(R|C)}{P(R)} &= 0.8 \cdot P(C). \end{aligned}$$

Ferner ist

$$P(A|R) + P(B|R) + P(C|R) = 1,$$

$$P(A) + P(B) + P(C) = 1$$

und

$$P(A) = 2 \cdot P(R) = 0.25.$$

Daraus folgt: $0.8 \cdot P(B) + 0.8 \cdot P(C) = 0.6$, bzw. $P(B) + P(C) = 0.75$. Das Gleichungssystem ist nicht eindeutig lösbar, d.h. alle $P(B), P(C)$, die $P(B) + P(C) = 0.75$ erfüllen, sind möglich.

§ 9

1. (a)

$$\begin{aligned}
\int_{-\infty}^{\infty}\int_{-\infty}^{\infty} f_{X,Y}(x,y)\,dx\,dy &= \int_{0}^{1}\int_{0}^{2-2y} k\,dx\,dy \\
&= k\cdot\int_{0}^{1} x\big|_{0}^{2-2y}\,dy \\
&= k\cdot\int_{0}^{1}(2-2y)\,dy \\
&= k\cdot(2y-y^2)\big|_{0}^{1} \\
&= k\cdot(2-1)\overset{!}{=}1 \\
\Rightarrow k &= 1.
\end{aligned}$$

(b) **Verteilungsfunktion:** $F_{X,Y}(x,y) = \int_{-\infty}^{x}\int_{-\infty}^{y} f_{X,Y}(\xi,\eta)\,d\eta\,d\xi.$

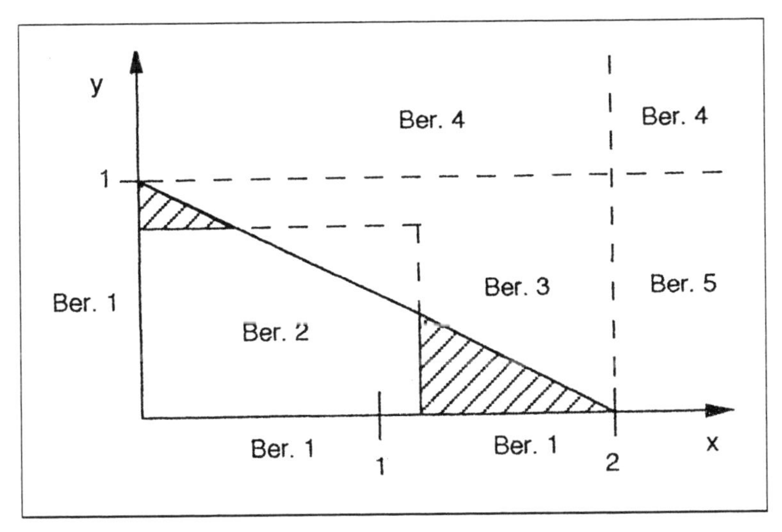

Abbildung A.2: Skizze zur Bestimmung der Verteilungsfunktion $F_{X,Y}(x,y)$.

Bereich 1: $(x \leq 0 \text{ oder } y \leq 0): \; F_{X,Y}(x,y) = 0.$

Bereich 2: $(0 \leq x \leq 2 \text{ und } 0 \leq y \leq 1 - \frac{x}{2}):$
$F_{X,Y}(x,y) = \int_0^y \int_0^x 1 \, dx \, dy = \int_0^y x \, dy = xy.$

Bereich 3: $(0 \leq x \leq 2 \text{ und } 1 - \frac{x}{2} \leq y \leq 1):$
$F_{X,Y}(x,y) = 1 -$ „schraffierte Dreiecksfläche"
$= 1 - \frac{1}{2}(1-y)(2-2y) - \frac{1}{2}(2-x)(1-\frac{x}{2}).$

Bereich 4: $(0 \leq x \leq 2 \text{ und } y > 1):$
$F_{X,Y}(x,y) = 1 - \frac{1}{2}(2-x)(1-\frac{x}{2}).$

Bereich 5: $(x > 2 \text{ und } 0 \leq y \leq 1):$
$F_{X,Y} = 1 - \frac{1}{2}(1-y)(2-2y).$

Bereich 6: $(x > 2 \text{ und } y > 1):$
$F_{X,Y}(x,y) = 1.$

2. (a) Es muß gelten:

$$\int_{-\infty}^{\infty}\int_{-\infty}^{\infty}\int_{-\infty}^{\infty} f_X(x_1,x_2,x_3)\, dx_1\, dx_2\, dx_3 \stackrel{!}{=} 1$$

$\Rightarrow b = 0$, da sonst obiger Ausdruck $\pm\infty$ wäre.

$$\int_{-\infty}^{\infty}\int_{-\infty}^{\infty}\int_{-\infty}^{\infty} f_X(x_1,x_2,x_3)\, dx_1\, dx_2\, dx_3$$

$$= a \cdot \int_0^3 \int_0^2 \int_1^2 (x_1 - 1) x_2 x_3 \, dx_1\, dx_2\, dx_3$$

$$= \frac{a}{2} \cdot \int_0^3 \int_0^2 x_2 x_3 \, dx_2\, dx_3$$

$$= a \cdot \int_0^3 x_3 \, dx_3 = \frac{9}{2} \cdot a \stackrel{!}{=} 1$$

$$\Rightarrow a = \frac{2}{9}.$$

(b)

$$\begin{aligned}
F_X(2,1,1) &= \frac{2}{9}\cdot\int_0^1\int_0^1\int_1^2 (x_1-1)x_2x_3\,dx_1\,dx_2\,dx_3\\
&= \frac{1}{9}\cdot\int_0^1\int_0^1 x_2x_3\,dx_2\,dx_3\\
&= \frac{1}{18}\int_0^1 x_3\,dx_3 = \frac{1}{36}.\\
F_X(-2,1,4) &= \int_{-\infty}^{4}\int_{-\infty}^{1}\int_{-\infty}^{-2} f_x(x_1,x_2,x_3)\,dx_1\,dx_2\,dx_3\\
&= \int_{-\infty}^{4}\int_{-\infty}^{1}\int_{-\infty}^{-2} 0\,dx_1\,dx_2\,dx_3\\
&= 0.
\end{aligned}$$

3. (a)
   - F ist monoton steigend, d.h. für $x, y \in \mathbb{R}^k$, $x_i \le y_i$ für $i = 1, \ldots, k$ gilt: $F(x) \le F(y)$.
   - $\lim\limits_{\substack{x_i \to +\infty \\ \text{für alle } i=1,\ldots,k}} F(x) = 1$
   - $\lim\limits_{\substack{x_i = -\infty \text{ für} \\ \text{ein } i \in \{1,\ldots,k\}}} F(x) = 0$

     Nur wenn alle x_i gegen $+\infty$ gehen, geht $(-\infty, x]$ gegen $\mathbb{R}^k$, aber es genügt, daß eine Komponente gegen $-\infty$ geht (wenn die anderen fest sind, daß $(-\infty, x]$ gegen die leere Menge geht (Jeder Punkt y ist irgendwann nicht mehr abgedeckt.)).
   - $\lim\limits_{\substack{y \to x \\ y \ge x}} F(y) = F(x)$.

   Aber:

   (b) F ist keine Verteilungsfunktion, denn sonst wäre

$$\begin{aligned}
P(((0,0),(1,1)]) &= F(1,1) - F(0,1) - F(1,0) - F(0,0)\\
&= 1 - 1 - 1 + 0 = -1 < 0.
\end{aligned}$$

   F erfüllt aber die vier Eigenschaften aus (a) (vgl. Fußnote 2, § 9).

§ 10

1. Die Zufallsvariable (X, Y) ist bivariat normalverteilt, d.h.

$f_{X,Y}(x,y) =$

$$\frac{1}{2\cdot\pi\sigma_X\sigma_Y\sqrt{1-\varrho^2}}\cdot e^{-\frac{1}{2(1-\varrho^2)}\left[\left(\frac{x-\mu_X}{\sigma_X}\right)^2-2\cdot\varrho\left(\frac{x-\mu_X}{\sigma_X}\right)\left(\frac{y-\mu_Y}{\sigma_Y}\right)+\left(\frac{y-\mu_Y}{\sigma_Y}\right)^2\right]},$$

$$f_X(x) = \int\limits_{-\infty}^{+\infty} f_{X,Y}(x,y)\,dy = \frac{1}{\sqrt{2\pi}\sigma_X}\cdot e^{-\frac{1}{2}\left(\frac{x-\mu_X}{\sigma_X}\right)^2}.$$

Die bedingte Dichte von Y unter der Bedingung $X = x$ berechnet sich dann folgendermaßen:

$$f_{Y|X=x}(y|x) = \frac{f_{XY}(x,y)}{f_X(x)} =$$

$$\frac{\frac{1}{2\pi\sigma_X\sigma_Y\sqrt{1-\varrho^2}}e^{-\frac{1}{2(1-\varrho^2)}\left[\left(\frac{x-\mu_X}{\sigma_X}\right)^2-2\varrho\left(\frac{x-\mu_X}{\sigma_X}\right)\left(\frac{y-\mu_Y}{\sigma_Y}\right)+\left(\frac{y-\mu_Y}{\sigma_Y}\right)^2\right]}}{\frac{1}{\sqrt{2\pi}\sigma_X}e^{-\frac{1}{2}\left(\frac{x-\mu_X}{\sigma_X}\right)^2}} =$$

$$\frac{1}{\sqrt{2\pi}\sigma_Y\sqrt{1-\varrho^2}}\frac{e^{-\frac{1}{2(1-\varrho^2)}\left(\frac{x-\mu_X}{\sigma_X}\right)^2}}{e^{-\frac{1}{2}\left(\frac{x-\mu_X}{\sigma_X}\right)^2}}e^{-\frac{1}{2(1-\varrho^2)}[-2\varrho(\frac{x-\mu_X}{\sigma_X})(\frac{y-\mu_Y}{\sigma_Y})+(\frac{y-\mu_Y}{\sigma_Y})^2]} =$$

$$\frac{1}{\sqrt{2\pi}\sigma_Y\sqrt{1-\varrho^2}}e^{-\frac{1}{2}\frac{\varrho^2}{1-\varrho^2}\left(\frac{x-\mu_X}{\sigma_X}\right)^2}e^{\frac{1}{2(1-\varrho^2)}[-2\varrho(\frac{x-\mu_X}{\sigma_X})(\frac{y-\mu_Y}{\sigma_Y})+(\frac{y-\mu_Y}{\sigma_Y})^2]} =$$

$$\frac{1}{\sqrt{2\pi}\sigma_Y\sqrt{1-\varrho^2}}e^{-\frac{1}{2(1-\varrho^2)\sigma_Y^2}\left[\varrho^2\frac{\sigma_Y^2}{\sigma_X^2}(x-\mu_X)^2-2\varrho\frac{\sigma_Y}{\sigma_X}(x-\mu_X)(y-\mu_Y)+(y-\mu_Y)^2\right]} =$$

$$\frac{1}{\sqrt{2\pi}\sigma_Y\sqrt{1-\varrho^2}}e^{-\frac{1}{2(1-\varrho^2)\sigma_Y^2}\left[(y-\mu_Y)-\varrho\frac{\sigma_Y}{\sigma_X}(x-\mu_X)\right]}.$$

Diese bedingte Dichte ist wiederum normalverteilt mit folgenden Parametern:

$$E(Y|X = x) = \mu_Y + \varrho \cdot \frac{\sigma_Y}{\sigma_X}(x - \mu_X)$$

und

$$Var(Y|X = x) = \sigma_Y^2 \cdot (1 - \varrho^2).$$

2. (a) $\int\limits_{-\infty}^{\infty}\int\limits_{-\infty}^{\infty} f_{XY}(x,y)\, dx\, dy \overset{!}{=} 1,$

   bzw. gesamtes Volumen unter dem Dichtegebirge $\overset{!}{=} 1$. Da hier konstante Höhen vorliegen, ist diese Volumenberechnung einfach:

   Volumen $= 1 \cdot \frac{4}{15} + 11 \cdot k \overset{!}{=} 1 \Rightarrow k = \frac{1}{15}$.

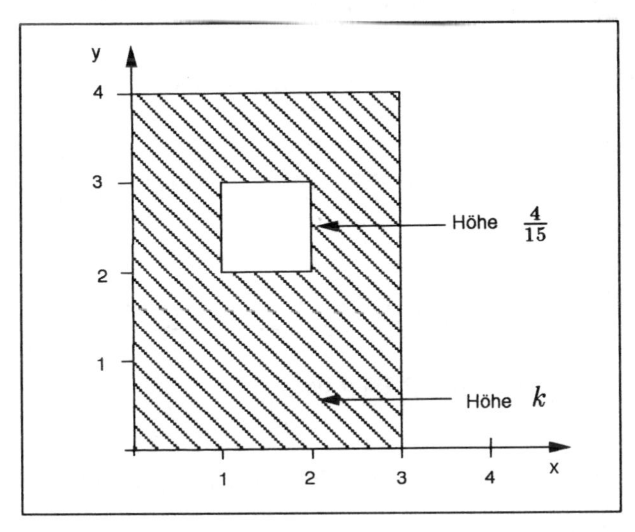

Abbildung A.3: Skizze zur Bestimmung der Konstanten k.

(b)

$$f_X(x) = \int\limits_{-\infty}^{\infty} f_{X,Y}(x,y)\, dy = \begin{cases} \frac{4}{15} & \text{für} \quad 0 \leq x \leq 1 \text{ oder } 2 \leq x \leq 3 \\ \frac{7}{15} & \text{für} \quad 1 < x < 2 \\ 0 & \text{sonst} \end{cases}$$

$$f_Y(y) = \int_{-\infty}^{\infty} f_{X,Y}(x,y)\,dx = \begin{cases} \frac{3}{15} & \text{für} \quad 0 \le x \le 2 \text{ oder } 3 \le x \le 4 \\ \frac{6}{15} & \text{für} \quad 2 < x < 3 \\ 0 & \text{sonst} \end{cases}$$

(jeweils aus Zeichnung direkt ersichtlich!).

(c) $E(X) := \int_{-\infty}^{\infty} x \cdot f_X(x)\,dx = 1.5$

ist aufgrund der Symmetrie ablesbar!

$F_{X,Y}(1.5; 2.5) = P(X \le 1.5 \text{ und } Y \le 2.5) =$

$$\int_{-\infty}^{1.5}\int_{-\infty}^{2.5} f_{X,Y}(x,y)\,dy\,dx = \frac{1}{15}(2+0.5+1) + \frac{4}{15}\cdot\frac{1}{4} = \frac{3}{10}.$$

$$P(1 \le x < 3) = \int_{1}^{3} f_X(x)\,dx = \frac{7}{15}\cdot 1 + \frac{4}{15}\cdot 1 = \frac{11}{15}.$$

$P(X \in [-1;5] \text{ und } Y \in [2;3]) =$

$$\int_{-1}^{5}\int_{2}^{3} f_{X,Y}(x,y)\,dy\,dx = P(Y \in [2;3]) = \int_{2}^{3} f_Y(y)\,dy = \frac{6}{15}\cdot 1 = \frac{2}{5}.$$

$E(X|Y \in [1.5; 2.5]) = E(X) = 1.5,$

da auch bei dem eingeschränkten y-Bereich die Symmetrie erhalten bleibt.

(d) X und Y unabhängig $\iff f_{X,Y}(x,y) = f_X(x) \cdot f_Y(y)$ für alle $x, y \in \mathbb{R}$.

Hier: z.B. $f_{X,Y}(\frac{3}{2}; \frac{3}{2}) = \frac{1}{15} \neq \frac{7}{15} \cdot \frac{3}{15} = f_X(\frac{3}{2}) \cdot f_Y(\frac{3}{2})$

$\Longrightarrow$ X und Y sind abhängig.

3. (a) Tabelle mit allen möglichen Konstellationen (es wird zwischen den Reisenden unterschieden!):

	X_1	X_2	X_3	N	$P \cdot 27$
	3	0	0	1	1
	0	3	0	1	1
	0	0	3	1	1
	2	1	0	2	3 [5]
	2	0	1	2	3
	1	2	0	2	3
	1	0	2	2	3
	0	2	1	2	3
	0	1	2	2	3
	1	1	1	3	6
$\sum$	-	-	-	-	27

Hieraus sind die gemeinsamen Wahrscheinlichkeitsverteilungen direkt ablesbar:

X_1 \ X_2	0	1	2	3	$P(X_1 = x_1)$
0	$\frac{1}{27}$	$\frac{3}{27}$	$\frac{3}{27}$	$\frac{1}{27}$	$\frac{8}{27}$
1	$\frac{3}{27}$	$\frac{6}{27}$	$\frac{3}{27}$	0	$\frac{12}{27}$
2	$\frac{3}{27}$	$\frac{3}{27}$	0	0	$\frac{6}{27}$
3	$\frac{1}{27}$	0	0	0	$\frac{1}{27}$
$P(X_2 = x_2)$	$\frac{8}{27}$	$\frac{12}{27}$	$\frac{6}{27}$	$\frac{1}{27}$	1

[5] Jeder der 3 Reisenden könnte im 2. Abteil sitzen $\Longrightarrow$ 3 Möglichkeiten.

X_1 \ N	1	2	3	$P(X_1 = x_1)$
0	$\frac{2}{27}$	$\frac{6}{27}$	0	$\frac{8}{27}$
1	0	$\frac{6}{27}$	$\frac{6}{27}$	$\frac{12}{27}$
2	0	$\frac{6}{27}$	0	$\frac{6}{27}$
3	$\frac{1}{27}$	0	0	$\frac{1}{27}$
$P(N = n_1)$	$\frac{3}{27}$	$\frac{18}{27}$	$\frac{6}{27}$	1

(b) $E(N) = \sum_{n=1}^{3} n \cdot P(N = n) = 1 \cdot \frac{3}{27} + 2 \cdot \frac{18}{27} + 3 \cdot \frac{6}{27} = \frac{19}{9}.$

$$E(X_1) = \sum_{x_1=0}^{3} x_1 \cdot P(X_1 = x_1) = 1.$$

$$Var(N) = E(N^2) - [E(N)]^2 = \sum_{n=1}^{3} n^2 \cdot P(N = n) - [E(N)]^2 =$$

$$1 \cdot \frac{3}{27} + 4 \cdot \frac{18}{27} + 9 \cdot \frac{6}{27} - (\frac{19}{9})^2 = \frac{26}{81}.$$

$$Var(X_1) = E(X_1^2) - [E(X_1)]^2 = \frac{2}{3}.$$

(c) N und X_1 unabhängig $\Longleftrightarrow$

$P(N = n, X_1 = x_1) = P(N = n) \cdot P(X_1 = x_1)$ für alle n und x_1.

Hier: $P(N = 1, X_1 = 2) = 0 \neq \frac{3}{27} \cdot \frac{6}{27} = P(N = 1) \cdot P(X_1 = 2) \Longrightarrow$ N und X_1 sind abhängig. Dasselbe Resultat erhält man für X_1 und X_2.

§ 11

1. Nach § 4 ist X bernoulliverteilt, wenn X die Werte 0 und 1 annimmt mit $P(X = 1) = p$ und $P(X = 0) = 1 - p$, oder $P(X = x) = p^x(1 - p)^{1-x}$ für $x = 0$ bzw. $x = 1$. Bei einer n-fachen unabhängigen Wiederholung von X erhalten wir eine n-dimensionale Zufallsvariable $Y = (Y_1, \ldots Y_n)$ mit unabhängigen Komponenten, die identisch wie X verteilt sind:

$$
\begin{aligned}
P(Y = y) &= \prod_{i=1}^{n} P(Y = y_i) = \prod_{i=1}^{n} P(X = y_i) \\
&= \prod_{i=1}^{n} p^{y_i}(1-p)^{1-y_i} = p^{\sum_{i=1}^{n} y_i} (1-p)^{n-\sum_{i=1}^{n} y_i}.
\end{aligned}
$$

Dabei sind $y_1, \dots, y_n \in \{0, 1\}$, also $\sum_{i=1}^{n} y_i$ entspricht der Anzahl der y_i mit $y_i = 1$. Betrachtet man nun die Zufallsvariable $Z = \sum_{i=1}^{n} Y_i$, so ist

$$
\begin{aligned}
Z = k &\iff \sum_{i=1}^{n} Y_i = k \\
&\iff Y = (Y_1, \dots, Y_n) = (y_1, \dots, y_n) = y \text{ mit } \sum_{i=1}^{n} y_i = k.
\end{aligned}
$$

Da es genau $\binom{n}{k}$ verschiedene Vektoren y gibt, bei denen exakt k Komponenten = 1 und die restlichen 0 sind, gilt:

$$
\begin{aligned}
P(Z = k) &= \sum_{y:\sum_{i=1}^{n} y_i = k} P(Y = y) = \sum_{y:\sum_{i=1}^{n} y_i = k} p^k (1-p)^{n-k}, \\
&= \binom{n}{k} p^k (1-p)^{n-k},
\end{aligned}
$$

Z ist somit binominalverteilt.

2. Sei (γ, δ) ein Teilintervall von $[0, \alpha]$ der Länge s (also $s \leq \alpha$). Dann gilt (vgl.§ 5 (9))

$$
\begin{aligned}
P(T \in (\gamma, \delta)) &= F(\delta) - F(\gamma) \\
&= \frac{1}{\alpha}(\delta - 0) - \frac{1}{\alpha}(\gamma - 0) = \frac{\delta - \gamma}{\alpha} = \frac{s}{\alpha}.
\end{aligned}
$$

Sei X die Anzahl der Punkte, die bei n-facher unabhängiger Wiederholung von T in (γ, δ) liegen. Nach Aufgabe 1 ist X binomialverteilt mit

$p = \frac{s}{\alpha}$:

$$\begin{aligned} P(X = k) &= \binom{n}{k} \left(\frac{s}{\alpha}\right)^k \left(\frac{\alpha - s}{\alpha}\right)^{n-k} \\ &= \binom{n}{k} \left(\frac{s}{\alpha}\right)^k \left(1 - \frac{s}{\alpha}\right)^{n-k}. \end{aligned}$$

§ 12

1. Die Dichtefunktion einer bivariat normalverteilten Zufallsvariablen (X, Y) lautet (vgl. 9.9.2):

$$f_{X,Y}(x, y) = \frac{1}{2\pi\sigma_X\sigma_Y\sqrt{1-\rho^2}} e^{-\frac{1}{2(1-\rho^2)}[(\frac{x-\mu_X}{\sigma_X})^2 - 2\rho(\frac{x-\mu_X}{\sigma_X})(\frac{y-\mu_Y}{\sigma_Y}) + (\frac{y-\mu_Y}{\sigma_Y})]}.$$

X,Y unkorreliert heißt, daß der Korrelationskoeffizient $\rho = 0$ ist.

$$\begin{aligned} f_{X,Y}(x, y) &= \frac{1}{2\pi\sigma_X\sigma_Y} e^{-\frac{1}{2}[(\frac{x-\mu_X}{\sigma_X})^2 + (\frac{y-\mu_Y}{\sigma_Y})^2]} \\ &= \frac{1}{\sqrt{2\pi}\sigma_X} e^{-\frac{1}{2}(\frac{x-\mu_X}{\sigma_Y})^2} \frac{1}{\sqrt{2\pi}\sigma_Y} e^{-\frac{1}{2}(\frac{y-\mu_Y}{\sigma_Y})^2} \\ &= f_X(x) \cdot f_Y(y) \end{aligned}$$

d.h. die gemeinsame Dichtefunktion von (X, Y) läßt sich als Produkt der beiden Randdichten darstellen. Somit sind X,Y unabhängig.

2. (a) $F_{X,Y}(x, y) = \int\limits_{-\infty}^{y} \int\limits_{-\infty}^{x} f_{X,Y}(\alpha, \beta) d\alpha\, d\beta$

$$= \int\limits_0^y \int\limits_0^x (\alpha + \beta)\, d\alpha\, d\beta$$

$$= \int\limits_0^y \left(\frac{1}{2}\alpha^2 + \alpha\beta\right)\Big|_0^x d\beta = \int\limits_0^y \left(\frac{1}{2}x^2 + x\beta\right) d\beta$$

$$= \left(\frac{1}{2}\beta x^2 + \frac{1}{2}\beta^2 x\right)\Big|_0^y = \frac{1}{2}xy(x + y)$$

für $0 \leq x \leq 1, 0 \leq y \leq 1$.
Für andere Werte von x und oder y ist zu beachten, daß $f_{X,Y}$ nur

in einem eingeschränkten Bereich positiv ist:

$$F_{X,Y}(x,y) = \begin{cases} 0 & \text{für} \quad x < 0 \text{ oder } y < 0 \\ \frac{1}{2}xy(x+y) & \text{für} \quad 0 \le x \le 1,\ 0 \le y \le 1 \\ \frac{1}{2}x(x+1) & \text{für} \quad 0 \le x \le 1,\ 1 < y \\ \frac{1}{2}y(y+1) & \text{für} \quad 1 < x,\ 0 \le y \le 1 \\ 1 & \text{für} \quad 1 < x,\ 1 < y \end{cases}$$

(b) $f_X(x) = \int\limits_0^1 (x+y)dy = x + \frac{1}{2}.$

$$f_X(x) = \begin{cases} x + \frac{1}{2} & \text{für} \quad 0 \le x \le 1 \\ 0 & \text{sonst} \end{cases}$$

$$f_Y(y) = \int\limits_0^1 (x+y)dx = y + \frac{1}{2}$$

$$f_Y(y) = \begin{cases} y + \frac{1}{2} & \text{für} \quad 0 \le y \le 1 \\ 0 & \text{sonst} \end{cases}$$

(c) $E(X) = \int\limits_0^1 x\ f_X(x)\ dx = \int\limits_0^1 x(x+\frac{1}{2})dx = \frac{7}{12}.$

$$E(Y) = \int\limits_0^1 y\ f_Y(y)\ dy = \int\limits_0^1 y(y+\frac{1}{2})dy = \frac{7}{12}.$$

$$E(X \cdot Y) = \int\limits_0^1 \int\limits_0^1 x \cdot y \cdot f_{X,Y}(x,y)\ dx\ dy$$

$$= \int\limits_0^1 \int\limits_0^1 x \cdot y(x+y)\ dx\ dy = \frac{1}{3}.$$

(d) X, Y sind dann unabhängig, wenn gilt:

$$\begin{aligned} f_{X,Y}(x,y) &= f_X(x) \cdot f_Y(y) \\ (x+y) &\ne (x+\frac{1}{2}) \cdot (y+\frac{1}{2}) \end{aligned}$$

$\Longrightarrow$ X,Y sind nicht unabhängig.

(e) $\rho = \frac{Cov(X,Y)}{\sqrt{Var(X) \cdot Var(X)}}$

$$\begin{aligned} Cov(X,Y) &= E(X \cdot Y) - E(X) \cdot E(Y) \\ &= \frac{1}{3} - (\frac{7}{12})^2 = -\frac{1}{144}. \end{aligned}$$

$$\begin{aligned} Var(X) &= E(X^2) - [E(X)]^2 \\ &= \int_{x=0}^{1} x^2(x + \frac{1}{2})dx - \left(\frac{7}{12}\right)^2 = \frac{11}{144}. \end{aligned}$$

$$\begin{aligned} Var(Y) &= E(Y^2) - [E(Y)]^2 \\ &= \int_{y=0}^{1} y^2(y + \frac{1}{2})dy - \left(\frac{7}{12}\right)^2 = \frac{11}{144}. \end{aligned}$$

$$\Longrightarrow \quad \rho = \frac{-\frac{1}{144}}{\sqrt{\frac{11}{144} \cdot \frac{11}{144}}} = -\frac{1}{11}.$$

3. (a) $Cov(N, X_1) = E(N \cdot X_1) - E(N) \cdot E(X_1)$.

$N \cdot X_1 = n \cdot x_1$	0	1	2	3	4	6	9
$P(N \cdot X_1 = n \cdot x_1)$	$\frac{8}{27}$	0	$\frac{6}{27}$	$\frac{7}{27}$	$\frac{6}{27}$	0	0

$$E(N \cdot X_1) = 2 \cdot \frac{6}{27} + 3 \cdot \frac{7}{27} + 4 \cdot \frac{6}{27} = \frac{19}{9}.$$

$$\Longrightarrow Cov(N, X_1) = \frac{19}{9} - 1 \cdot \frac{19}{9} = 0.$$

N und X_1 sind also unkorreliert, aber nicht unabhängig (vgl. das Ergebnis aus Aufgabe 10.3(c)).

(b) $Cov(X_1, X_2) = E(X_1 \cdot X_2) - E(X_1) \cdot E(X_2)$.

$X_1 \cdot X_2 = x_1 \cdot x_2$	0	1	2	3	4	6	9
$P(X_1 \cdot X_2 = x_1 \cdot x_2)$	$\frac{15}{27}$	$\frac{6}{27}$	$\frac{6}{27}$	0	0	0	0

$$\Longrightarrow Cov(X_1, X_2) = \frac{2}{3} - 1 \cdot 1 = -\frac{1}{3},$$

d.h. X_1 und X_2 sind also korreliert und damit auch abhängig.

(c) $\rho = \frac{Cov(X_1, X_2)}{\sqrt{Var(X_1)} \cdot \sqrt{Var(X_2)}} = \frac{-\frac{1}{3}}{\sqrt{\frac{2}{3}} \cdot \sqrt{\frac{2}{3}}} = -\frac{1}{2}.$

§ 13

1. (a) X+Y poissonverteilt mit den Parametern λ_1, λ_2.

$$\begin{aligned} P(X+Y=k) &= P(X=i \text{ und } Y=k-i \text{ für } i=0,\ldots,k) \\ &= \sum_{i=0}^{k} P(X=i)\cdot P(Y=k-i) \\ &= \sum_{i=0}^{k} \frac{\lambda_1^i\,\lambda_2^{k-i}}{i!(k-i)!} e^{-\lambda_1}\cdot e^{-\lambda_2} \\ &= e^{-\lambda_1-\lambda_2} \sum_{i=0}^{k} \binom{k}{i} \frac{\lambda_1^i\,\lambda_2^{k-i}}{k!} \\ &= e^{-\lambda_1-\lambda_2} \frac{(\lambda_1+\lambda_2)^k}{k!} \end{aligned}$$

$\Longrightarrow$ $X+Y$ ist poissonverteilt mit Parameter $\lambda_1+\lambda_2$.

(b) Induktionsanfang: n=2 mit $\lambda_1 = \lambda_2 = \lambda$ (siehe a).
Induktionsannahme: Behauptung richtig für n-1.
Induktionsschritt: Setze X=Summe von n-1 unabhängigen mit λ poissonverteilten Zufallsvariablen, Y poissonverteilte Zufallsvariable mit Parameter λ. Aus dem Teil a) folgt:
X+Y ist poissonverteilt mit $\lambda_1 + \lambda_2 = (n-1)\lambda + \lambda = n\lambda$.

2. (a) Die Zufallsvariable T_1 sei gleichverteilt auf dem Intervall $[20, 120]$:

$$f_1(t) = \begin{cases} \frac{1}{100} & t \in [20, 120] \\ 0 & \text{sonst} \end{cases}$$

$$F_1(t) = \begin{cases} 0 & t < 20 \\ \frac{t-20}{100} & 20 \le t \le 120 \\ 1 & 120 < t \end{cases}$$

Die Zufallsvariable T_2 sei exponentialverteilt mit Parameter $\lambda = \frac{1}{50}$:

$$f_2(t) = \begin{cases} \lambda e^{-\lambda t} & \text{für} \quad t \ge 0 \\ 0 & \text{sonst} \end{cases}$$

$$F_2(t) = \begin{cases} 0 & \text{für } t < 0 \\ 1 - e^{-\lambda t} & \text{für } t \geq 0 \end{cases}$$

Für die Lebensdauer des Parallelsystems ergibt sich dann:

$$\begin{aligned} P(T_s \leq t) &= P(max\ \{T_1, T_2\} \leq t) \\ &= P(T_1 \leq t \text{ und } T_2 \leq t) \\ &= P(T_1 \leq t) \cdot P(T_2 \leq t) = F_1(t) \cdot F_2(t). \end{aligned}$$ [6]

$$P(T_s \leq t) = \begin{cases} 0 & \text{für} \quad t < 20 \\ (\frac{t-20}{100})(1 - e^{-\frac{t}{50}}) & \text{für} \quad 20 \leq t \leq 120 \\ 1 - e^{-\frac{t}{50}} & \text{für} \quad 120 < t \end{cases}$$

(b) Die Lebensdauer des Reihensystems ist:

$$\begin{aligned} P(T_s \leq t) &= P(min\ \{T_1, T_2\} \leq t) = P(T_1 \leq t \text{ oder } T_2 \leq t) \\ &= 1 - P(T_1 > t \text{ und } T_2 > t) \\ &= 1 - P(T_1 > t) \cdot P(T_2 > t) \\ &= 1 - (1 - F_1(t)) \cdot (1 - F_2(t)) \end{aligned}$$

$$= \begin{cases} 0 & \text{für} \quad t < 20 \\ 1 - (1 - \frac{t-20}{100})e^{-\frac{t}{50}} & \text{für} \quad 20 \leq t \leq 120 \\ 1 & \text{für} \quad 120 < t \end{cases}$$

(c) Parallelsystem:

$$P(T_s > 80) = 1 - P(T_s \leq 80) = 1 - \frac{80 - 20}{100}(1 - e^{-\frac{80}{50}}) = 0.521.$$

Reihensystem:

$$P(T_s > 80) = 1 - P(T_s \leq 80) = (1 - \frac{80 - 20}{100})e^{-\frac{80}{50}} = 0.0807.$$

3. Die Zufallsvariable G_1 sei gleichverteilt auf dem Intervall $[a, b]$, d.h.

$$f_{G_1}(\xi_1) = \begin{cases} \frac{1}{b-a} & \xi_1 \in [a, b] \\ 0 & \text{sonst} \end{cases}$$

Die Zufallsvariable G_2 sei exponentialverteilt, d.h.:

$$f_{G_2}(\xi_2) = \begin{cases} \lambda e^{-\lambda \xi_2} & \xi_2 > 0 \\ 0 & \text{sonst} \end{cases}$$

[6] Wegen der Unabhängigkeit beider Bauteile.

Sind G_1 und G_2 unabhängig, so ist

$$f_{G_1,G_2}(\xi_1,\xi_2) = \begin{cases} \frac{\lambda}{b-a}e^{-\lambda\xi_2} & \xi_1 \in [a,b], \xi_2 > 0 \\ 0 & \text{sonst} \end{cases}$$

Gesucht ist die Dichtefunktion der eindimensionalen Zufallsvariablen $Y_2 = G_1 + G_2$. Um die Transformationsregel für zweidimensionale Zufallsvariablen anwenden zu können, faßt man Y_1 als Randdichte einer zweidimensionalen Zufallsvariablen $Y = (Y_1, Y_2)$ auf. Y_1 wird dabei „möglichst einfach" gewählt. Es erfolgt also folgende Transformation: $G = (G_1, G_2) \rightarrow Y = (Y_1, Y_2)$ mit $Y_1 = G_1$, $Y_2 = G_1 + G_2$.
Die Transformationsfunktion wird mit h bezeichnet:

$$\begin{aligned} \eta_1 &= h_1(\xi_1,\xi_2) = \xi_1, \\ \eta_2 &= h_2(\xi_1,\xi_2) = \xi_1 + \xi_2, \end{aligned}$$

$$det(h'(\xi_1,\xi_2)) = \begin{vmatrix} \frac{\partial h_1}{\partial \xi_1} & \frac{\partial h_1}{\partial \xi_2} \\ \frac{\partial h_2}{\partial \xi_1} & \frac{\partial h_2}{\partial \xi_2} \end{vmatrix} = \begin{vmatrix} 1 & 0 \\ 1 & 1 \end{vmatrix} = 1 \neq 0,$$

d.h. die Voraussetzungen zur Anwendung von Satz 13.19 sind erfüllt.
Umkehrtransformation:

$$\begin{aligned} \xi_1 &= h_1^{-1}(\eta_1,\eta_2) = \eta_1, \\ \xi_2 &= h_2^{-1}(\eta_1,\eta_2) = \eta_1 - \eta_2, \end{aligned}$$

Die Funktionaldeterminate der Umkehrfunktion ist dann:

$$det((h^{-1})'(\eta_1,\eta_2)) = \begin{vmatrix} \frac{\partial h_1^{-1}}{\partial \eta_1} & \frac{\partial h_1^{-1}}{\partial \eta_2} \\ \frac{\partial h_2^{-1}}{\partial \eta_1} & \frac{\partial h_2^{-1}}{\partial \eta_2} \end{vmatrix} = \begin{vmatrix} 1 & 0 \\ -1 & 1 \end{vmatrix} = 1.$$

Die Definitionsbereiche von η_1 und η_2 ergeben sich wie folgt:

$$\xi_1 \in [a,b] \overset{\eta_1=\xi_1}{\Longrightarrow} \eta_1 \in [a,b],$$

$$\xi_2 \in [0,\infty) \overset{\xi_2=\eta_2-\eta_1}{\Longrightarrow} \eta_2 - \eta_1 \in [0,\infty) \Longrightarrow \eta_2 \in [\eta_1,\infty).$$

Also ist

$$f_Y(\eta_1, \eta_2) = f_G(h_1^{-1}(\eta_1, \eta_2), h_2^{-1}(\eta_1, \eta_2)) \cdot det((h^{-1})'(\eta_1, \eta_2))$$

$$= \begin{cases} \frac{\lambda}{b-a} e^{-\lambda(\eta_2 - \eta_1)} \cdot 1 & \text{für} \quad \eta_1 \in [a, b], \eta_2 \in [\eta_1, \infty) \\ 0 & \text{sonst} \end{cases}$$

Nun ist noch die Randdichte von $Y_2 = G_1 + G_2$ zu bestimmen.

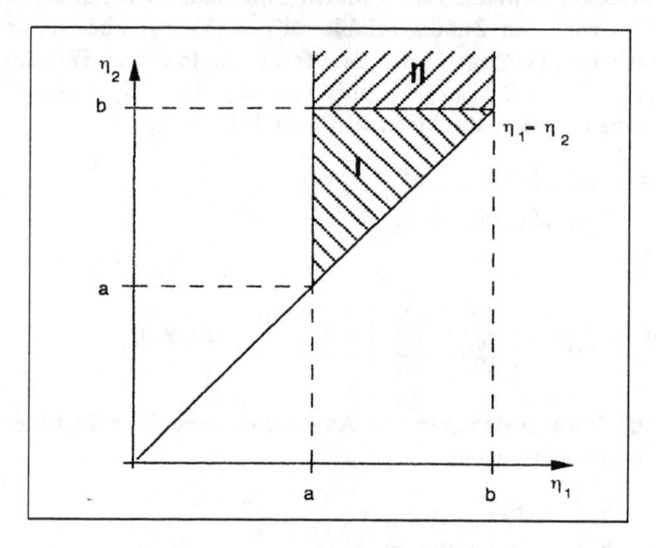

Abbildung A.4: Zur Bestimmung der Randdichte von $Y_2 = G_1 + G_2$.

Fallunterscheidung:

- $\eta_2 \in [a, b] \Rightarrow f_Y(\eta_1, \eta_2) \neq 0$ für $\eta_1 \in [a, \eta_2]$:

$$\begin{aligned} f_{Y_2}(\eta_2) &= \int_a^{\eta_2} \frac{\lambda}{b-a} e^{\lambda\eta_1 - \lambda\eta_2} \, d\eta_1 \\ &= \int_a^{\eta_2} \frac{\lambda}{b-a} e^{\lambda\eta_1} \, e^{-\lambda\eta_2} \, d\eta_1 = \frac{\lambda}{b-a} e^{-\lambda\eta_2} \int_a^{\eta_2} e^{\lambda\eta_1} \, d\eta_1 \\ &= \frac{\lambda}{b-a} e^{-\lambda\eta_2} \left(\frac{1}{\lambda} e^{\lambda\eta_1}\right)\Big|_a^{\eta_2} = \frac{\lambda}{b-a} e^{-\lambda\eta_2} \frac{1}{\lambda}(e^{\lambda\eta_2} - e^{\lambda a}) \\ &= \frac{1}{b-a}(1 - e^{\lambda a - \lambda\eta_2}). \end{aligned}$$

- $\eta_2 \in [b, \infty) \Longrightarrow f_Y(\eta_1, \eta_2) \neq 0$ für $\eta_1 \in [a, b]$:

$$
\begin{aligned}
f_{Y_2}(\eta_2) &= \int_a^b \frac{\lambda}{b-a} e^{\lambda\eta_1 - \lambda\eta_2}\, d\eta_1 \\
&= \frac{\lambda}{b-a} e^{-\lambda\eta_2} \int_a^b e^{\lambda\eta_1}\, d\eta_1 \\
&= \frac{\lambda}{b-a} e^{-\lambda\eta_2} \frac{1}{\lambda} e^{\lambda\eta_1} \Big|_a^b \\
&= \frac{1}{b-a} \left(e^{\lambda(b-\eta_2)} - e^{\lambda(a-\eta_2)}\right)
\end{aligned}
$$

- $\eta_2 < a \Longrightarrow f_Y(\eta_1, \eta_2) = 0$ für alle η_1.

$$
f_{Y_2}(\eta_2) = f_{G_1+G_2}(\eta_2) = \begin{cases} \frac{1}{b-a}(1 - e^{\lambda a - \lambda\eta_2}) & \eta_2 \in [a, b] \\ \frac{1}{b-a}(e^{\lambda(b-\eta_2)} - e^{\lambda(a-\eta_2)}) & \eta_2 \in [b, \infty) \\ 0 & \text{sonst} \end{cases}
$$

§ 14

1. (a) Tschebyscheffsche Ungleichung:

$$
P(|\overline{X}_n - E(X)| < c) \geq 1 - \frac{Var(\overline{X}_n)}{c^2},
$$

X sei hierbei die Zufallsvariable der Geburtenrate. $\overline{X}_n$ sei das Stichprobenmittel bei Stichprobenumfang n. Damit ist $Var(\overline{X}_n) = \frac{Var(X)}{n}$. Hier ist n = 100 und c = 2.

$$
\begin{aligned}
1 - \frac{Var(X)}{n \cdot c^2} &\geq 0.95 \\
\Longrightarrow 0.95 &\leq 1 - \frac{Var(X)}{100 \cdot 4} \Longleftrightarrow Var(X) \leq 20,
\end{aligned}
$$

d.h. die Varianz der Geburtenrate darf höchstens 20 betragen.

(b) Normalverteilung:

$$\begin{aligned}
& P(|\overline{X}_n - E(X)| < c) \\
= \quad & 2 \cdot P(\overline{X}_n - E(X) \leq c) - 1 \\
= \quad & 2 \cdot P\left(\frac{\overline{X}_n - E(X)}{\sqrt{\frac{Var(X)}{n}}} \leq \frac{c}{\sqrt{\frac{Var(X)}{n}}}\right) - 1 \\
= \quad & 2 \cdot \Phi\left(\frac{c}{\sqrt{Var(X)}}\sqrt{n}\right) - 1 \geq 0.95 \\
\Longleftrightarrow \quad & \Phi\left(\frac{c}{\sqrt{Var(X)}}\sqrt{n}\right) \geq 0.975 \\
\overset{\text{Tabelle}}{\Longleftrightarrow} \quad & \frac{c}{\sqrt{Var(X)}}\sqrt{n} \geq 1.96 \\
\Longleftrightarrow \quad & Var(X) \leq \frac{c^2 \cdot n}{1.96^2} = \frac{400}{1.96^2} \approx 104,
\end{aligned}$$

d.h. jetzt darf die Varianz der Geburtenrate höchstens 104 betragen. [Verdeutlichen Sie sich, warum dieser Wert größer als der in Teil (a) ist !]

2. Analog zum Beispiel zu Beginn von § 3 bilden wir einen Laplaceschen Wahrscheinlichkeitsraum mit der statistischen Masse als Grundgesamtheit. Das quantitative Merkmal betrachten wir als Zufallsvariable X. Dann entspricht $\bar{x}$ dem Erwartungswert $E(X)$ und s der Varianz $Var(X)$.

   Nach der Tschebyscheffschen Ungleichung gilt dann:

   Relative Häufigkeit der Werte in $[\bar{x} - 2s, \bar{x} + 2s]$:

   $$P(|X - \bar{x}| < 2 \cdot s) \geq 1 - \frac{1}{2^2} = 1 - \frac{1}{4} = \frac{3}{4}.$$

   Relative Häufigkeit der Werte in $[\bar{x} - 3s, \bar{x} + 3s]$:

   $$P(|X - \bar{x}| < 3 \cdot s) \geq 1 - \frac{1}{3^2} = \frac{8}{9}.$$

   [Prüfen Sie dies anhand konkreter Datensätze nach!]

3. (a) Die Wahrscheinlichkeit dafür, daß ein Schläger defekt ist, beträgt 5 %. Bei Entnahme von 40 Schlägern liegt dann eine B(40,0.05)-Verteilung vor. Sei X die Anzahl der defekten Schläger, so gilt:

   $$X \sim B(40, 0.05).$$

Also: $P(1 \leq X \leq 5) = \sum_{i=1}^{5} \binom{40}{i} 0.05^i \cdot 0.95^{40-i} = \ldots = 0.8576.$

(b)

$$\begin{aligned} E(X) &= n \cdot p = 40 \cdot 0.05 = 2, \\ Var(X) &= n \cdot p(1-p) = 1.9. \end{aligned}$$

Tschebyscheff:

$P(|X - E(X)| < c) \geq 1 - \frac{Var(X)}{c^2}$

Hier: $P(1 \leq X \leq 5) \geq P(1 \leq X \leq 3) =$

$P(0 < X < 4) = P(|X - 2| < 2) \geq 1 - \frac{1.9}{2^2} = 0.525.$

Diese Abschätzung ist sehr grob, da

- das Verfahren nach Tschebyscheff i.a. nur sehr grob ist.
- ein asymmetrischer Bereich um $E(X)$ vorliegt und so eine zweite Abschätzung gemacht werden muß.

(c) Die Annäherung durch Normalverteilung (mit $\mu = 2$, $\sigma^2 = 1.9$ und Stetigkeitskorrektur):

$P(1 \leq X \leq 5) \approx \Phi(\frac{5.5 - 2}{\sqrt{1.9}}) - \Phi(\frac{0.5 - 2}{\sqrt{1.9}}) =$

$\Phi(2.54) - \Phi(-1.09) = 0.8566.$

Annäherung durch Poissonverteilung (mit $\lambda = n \cdot p = 2$) :

$P(1 \leq X \leq 5) = \sum_{i=1}^{5} \frac{2^i}{i!} e^{-2} = e^{-2}(2 + 2 + \frac{4}{3} + \frac{2}{3} + \frac{4}{15}) = 0.8481.$

Beide Anpassungen sind trotz des relativ kleinen Stichprobenumfangs von n = 40 recht gut. Obwohl $n \cdot p$ recht klein ist, liefert die Normalverteilung sogar noch die bessere Anpassungsgüte.

Referenzen

<u>Bemerkung:</u> Wir beschränken uns hier bewußt auf die im Text zitierten Werke, da es sich bei dem vorliegenden Text um eine Einführung handelt. Für eine umfangreiche Literaturliste sei auf Bamberg/Baur (1991) und Hartung (1989) hingewiesen, wobei der Leser bei Bamberg/Baur zu wichtigen Teilgebieten der Statistik auch auf weiterführende Literatur hingewiesen wird. Für Literaturhinweise zu einzelnen Verfahren der Statistik wird Hartung (1989) empfohlen.

Bamberg, G., Baur, F. (1991)
Statistik. 7.Auflage, Oldenbourg.

Barner, M., Flohr, F. (1982)
Analysis I. 2.Auflage, W. de Gruyter.

Barner, M., Flohr, F. (1982)
Analysis II. W. de Gruyter.

Bauer, H. (1978)
Grundzüge der Maßtheorie. 7.Auflage, W. de Gruyter.

Bol, G. (1989)
Deskriptive Statistik. Oldenbourg.

Bunday, B.D. (1986)
Basic Queueing Theory. Arnold.

Ehlers, L. (1983)
Ein Beitrag zur Zusammenhangsanalyse in wachsenden Datenbeständen. VDI-Verlag.

Gaede, K.-W. (1977)
Zuverlässigkeit: Mathematische Modelle. Hanser.

Hartung, J. (1989)
Statistik. 7.Auflage, Oldenbourg.

Kall, P. (1983)
Lineare Algebra für Ökonomen. Teubner.

Kennedy, G. (1982)
Einladung zur Statistik. Campus (Aus dem Englischen übersetzt).

Owen, D.B. (1962)
Handbook of Statistical Tables. Addison-Wesley.

Rohatgi, V.K. (1976)
An Introduction to Probability Theory and Mathematical Statistics. Wiley & Sons.

Rottmann, K. (1961)
Mathematische Formelsammlung. BI-Hochschultaschenbücher S.159.

Rutsch, M. (1987)
Statistik 2: Daten modellieren. Birkhäuser.

Schmitz, N., Lehmann, F. (1976)
Monte-Carlo-Methoden 1. *Mathematical Systems in Economics Nr.28, Anton Hain.*

Namen- und Sachregister

Mit ff.... wird angedeutet, daß der Begriff im Anschluß an diese Seitenangabe laufend benutzt wird. Die Lösungen der Übungsaufgaben sind nicht berücksichtigt.